液压元件安装调试与故障维修
图解·案例

黄志坚　编著

北　京

冶 金 工 业 出 版 社

2013

内 容 简 介

本书采用大量典型案例介绍液压泵、液压阀、液压执行件与液压辅件等安装、调试、维护、测试、故障诊断与排除、修理、技术改进的思路、措施、技巧、要领与策略。本书以"用图说话"的方式，借助图形符号将液压装置与故障及维修过程与方法等进行图解转化，使其更加简洁、清晰、形象、直观，内容浅显易懂，更易于被读者理解和掌握。

本书可作为从事液压元件与系统安装调试、使用维护以及设计制造等工作的工程技术人员的参考用书，也可作为工科院校机电等相关专业学生的教学用书以及高职高专类液压维修技术的培训教材。

图书在版编目(CIP)数据

液压元件安装调试与故障维修：图解·案例/黄志坚编著. —北京：冶金工业出版社，2013.10

ISBN 978-7-5024-6393-9

Ⅰ.①液… Ⅱ.①黄… Ⅲ.①液压元件—设备安装 ②液压元件—故障修复 Ⅳ.①TH137.5

中国版本图书馆 CIP 数据核字(2013) 第 241983 号

出 版 人 谭学余
地 址 北京北河沿大街嵩祝院北巷 39 号，邮编 100009
电 话 (010)64027926 电子信箱 yjcbs@ cnmip. com. cn
责任编辑 刘小峰 常国平 美术编辑 彭子赫 版式设计 孙跃红
责任校对 禹 蕊 责任印制 张祺鑫
ISBN 978-7-5024-6393-9
冶金工业出版社出版发行；各地新华书店经销；北京慧美印刷有限公司印刷
2013 年 10 月第 1 版，2013 年 10 月第 1 次印刷
169mm×239mm；19.5 印张；380 千字；300 页
56.00 元

冶金工业出版社投稿电话：(010)64027932 投稿信箱：tougao@cnmip. com. cn
冶金工业出版社发行部 电话：(010)64044283 传真：(010)64027893
冶金书店 地址：北京东四西大街 46 号(100010) 电话：(010)65289081(兼传真)
(本书如有印装质量问题，本社发行部负责退换)

· 前 言 ·

液压传动与控制技术在国民经济与国防各部门的应用日益广泛，液压设备在装备体系中占十分重要的位置。

液压系统是结构复杂且精密度高的机、电、液综合系统，液压故障因故障点隐蔽、因果关系复杂、易受随机性因素影响、失效分布较分散。

液压元件是液压系统的基本组成单元。液压元件主要包括液压泵、液压阀、液压执行机构（液压缸与液压马达）、液压辅件。液压元件种类繁多，规格型号在不断增加。随着技术的进步，新型液压元件被开发出来，新型液压元件控制技术更加复杂，使用维修要求更严格。

理解液压元件的工作原理与技术特点是顺利完成液压设备使用维修任务的前提。为帮助广大专业技术人员尤其是初学者掌握液压元件使用与维修技术，编著了此书。

全书采用大量典型案例介绍液压泵、液压阀、液压执行件与液压辅件等安装、调试、维护、测试、故障诊断与排除、修理、技术改进的思路、措施、技巧、要领与策略。作为典型，它具有代表性，读者可将书中例子与液压维修实际问题进行对比、概括，得出进一步的结论，由此使专业知识不断丰富。

本书借助图形符号将液压装置与故障及维修过程与方法等进行图解转化，使其更加简洁、清晰、形象、直观，更易于被人们理解、掌握，因此本书内容相对浅显，这对初学者更加有利。

本书的一大特点是在文中相关部位标示了"特别提醒"与"小技

巧"，用简短的文字提示重要技术问题与方法，便于读者记住。

　　本书可供液压元件与系统使用、维修人员，机电专业的大学生参考，也可供相关专业的工程技术人员阅读；同时，还可用作液压维修技术培训教材。

　　由于编著者水平所限，书中不足之处，欢迎广大读者批评指正。

编著者
2013 年 5 月

·目　录·

1 液压元件安装调试与故障维修

1.1 液压元件

液压元件可分为液压泵、控制阀、执行机构与液压辅件等四大类。

1.1.1 液压泵

液压泵是一种将机械能转换为液压能的元件，它负责向液压系统提供符合要求的压力油源，是液压系统的动力元件。液压泵的特点是：（1）结构较复杂，加工工艺、材料及安装要求均较高。（2）液压泵是液压系统中负载最大、运行时间最长的元件，故磨损劣化的速度也快。（3）液压泵装拆不方便，为了保证安装精度，一般不宜经常拆卸。液压泵是液压系统的关键元件，液压泵损坏后，会对系统压力与流量带来一系列影响。液压泵的损坏主要发生在工作部分、运动件及动力传递零件上，如工作部分的磨损、轴承损坏及传动轴扭断。

液压泵按结构主要分为齿轮泵、叶片泵与轴向柱塞泵三种；按压力等级可分为低压泵、中低压泵与高压泵三种；按排量的大小可分为大型泵与小型泵；按排量变化情况可分为定量泵与变量泵。

1.1.2 控制阀

控制阀主要包括压力阀、方向阀与流量阀。

（1）压力阀。压力阀是液压系统的压力调节与限定元件。压力阀主要包括各类溢流阀、减压阀与顺序阀。目前，大多数压力阀均为二级阀。压力阀一旦失效，便会引起压力失调（如压力下跌、无压力、压力波动及不可调等）、压力阀芯卡死及弹簧折断等。压力阀也是诊断与监测的重点对象。

（2）方向阀。方向阀用来控制液压回路的通断的液流的正反流向。方向阀主要包括各类换向阀和单向阀。换向阀是断续工作的，其寿命以换向次数计。换向阀的损坏主要是阀芯配合面磨损、阀芯卡死、弹簧折断或疲软以及电磁铁损坏等。换向阀在使用中容易装反，换向阀的阀芯也容易装反。换向阀损坏后，液压系统的动作次序会出现错乱。单向阀的损坏主要发生在密封面上。

（3）流量阀。流量阀用来控制流经油路的流量，以控制执行件的运动速度。流量阀主要是各类调速阀与节流阀。流量阀的失效主要在于节流口堵塞、阀芯卡死等。流量阀失效以后，液压系统会出现运动速度失控症状。

1.1.3　执行机构

执行机构主要包括液压缸与液压马达。

（1）液压缸。液压缸在压力油的作用下推动负载作直线运动。液压缸的损坏主要发生在密封件之上。密封件损坏引起液压缸运动速度变慢与爬行，并引起外泄漏。

（2）液压马达。液压马达在压力油的推动下产生旋转运动，对负荷输出转速与扭矩。液压马达主要有齿轮马达、叶片马达、轴向或径向柱塞式液压马达。液压马达的主要损坏是工作部分及运动件磨损，使间隙增大，进而引起输出扭矩与转速下降、泄漏增大及振动增大。在一个工作周期中，液压马达一部分时间处于工作状态，另一部分时间处于停止状态，其运动速度也比较慢，与液压泵相比，磨损速度要慢。

1.1.4　液压辅件

液压辅件包括密封件、过滤器、蓄能器、冷却器等。

（1）蓄能器。蓄能器主要用于吸收压力与流量的脉动、作辅助能源和系统保压。

（2）过滤器。过滤器用于过滤油液中的各类污染物，保护液压系统，是重要的液压元件。

（3）冷却器。冷却器用于冷却系统运行中产生的热量，维持温度的平衡。

（4）密封件。密封件是液压系统维持正常压力的保证因素。液压装置的能量流与物料流是一致的，且前后相通，故液压回路中任一处发生密封问题都会引起系统能量传递的偏差。

（5）其他。其他液压辅件主要是管件、管夹、接头、仪表等。

1.2　液压元件的安装调试与故障维修

液压元件的使用维修主要包括元件的安装调试、维护检查、故障诊断与排除以及重要元件的修理等。

1.2.1　液压元件的安装调试

在安装液压元件时，元器件都必须进行压力和密封试验。

液压泵及其传动必须有较高的同心度，即使是挠性连轴节也要尽量同心。

用法兰安装的阀，固定螺钉不能拧得太紧，应根据产品的具体要求确定，因为太紧有时反而会造成接口密封不良或单面压紧现象；液压油缸的安装应考虑热膨胀的影响，在行程大和温度高时，必须保证缸的一端浮动，同时，液压缸的密封圈不要装得太紧，特别是 U 形密封圈，以免引起工作阻力太大。

液压泵在试验中应考虑轴的平稳性和轴的同心性。轴的平稳性通过手动泵轴检查，如果运转不平稳，应从装配同心度、壳体压紧力、单面压紧等方面检查，查明原因加以反应，使运转平稳；轴的同心性在装配中应加以考虑和克服。

设备安装与试验合格之后，须进行运转调试，对设备做一些调整，使设备达到技术性能满足生产工艺的各项要求。运转调试的主要内容是空载运转与负载运转。

设备空载运转是为了全面检查各个液压元件、各种辅助装置的工作是否正常可靠，工作循环或各种动作的自动转接是否符合要求，以便做好负荷运转的准备工作。其具体步骤可参照下列各项进行：

（1）液压泵卸荷压力是否在允许数值内，声音是否正常。

（2）油箱中液面表面是否有空气泡沫，油位高度是否在规定范围内。

（3）试验时，应将溢流阀全部打开再启动液压泵，运转十多分钟后无异常现象，才能将压力徐徐调节到规定值，以防液压泵损坏。

（4）用手操纵换向阀，使工作油缸以最大行程作多次往复运动或使马达在某种速度下转动。其目的是排除积存在液压系统中的空气。

（5）检查所有压力阀、压力继电器等压力调节元件工作的正确性和可靠性。其方法是将运动部件顶在刚性挡块上或用其他方式使其停止移动，用压力表测试。

（6）检查液压缸在大行程、大速度下运动是否正常。

（7）检查系统中各元件及管道有无外泄漏、内泄漏，其数值是否在允许范围内。由于油液进入管道和液压缸中，油箱中的油位随之下降，应补加油至规定高度范围。

（8）各部件在空载条件下按预定的自动工作循环或工作顺序试运动，检查各个动作是否协调可靠、运动的节拍是否正确、各液压传动机构工作行程及作用时间是否正确。

（9）检查各工作部件启动、换向和速度换接时的运动是否平稳可靠，是否有爬行、冲击跳动等现象；自动润滑是否正常，连锁保险装置的工作是否协调可靠；动作的灵敏性能是否达到规定的技术要求。

（10）在液压缸直线往复运动的整个长度上，通过对压力表指针的观察，检查设备各有关部件装配、调整及其制造质量。

（11）在液压系统空载连续运行一段时间后，检查工作油液温升，其值不应超过规定值。

1.2.2 液压元件的维护检查

日常检查即用目视、听觉和手摸等简单的方法进行外观检查。检查时，既要检查局部也要注意设备整体。在检查中发现的异常情况，对妨碍液压设备继续工作的应做应急处理；对其他的则应仔细观察并记录，到定期维护时予以解决。在泵的启动前后和停车前进行检查，最容易发现问题。泵启动时的操作必须十分小心，在寒冷地区等低温状态启动和长期停车后启动更要谨慎。

防止油液污染是液压设备维护工作中的头等大事，贯穿于设备的整个寿命周期。

设备运行初期阶段，应加强管理，不放过任何异常现象，及时处理并做好详细记录。特别注意设备初期运行 50～100h 进行的第一次换油，换油前要用清洗油对整个液压系统进行清洗且全部放净，以后要定期清洗过滤网、过滤芯，定期对油液进行取样检测，及时查明油液污染的原因，消除污染渠道，使故障率降到最低。

设备运行中期，应特别注意结合液压系统的随机表现，将故障控制在萌芽状态；对工作频繁的元件进行定期检测。此期间对设备维护的好坏直接关系到整台设备使用寿命的长短。

设备运行后期，应加强日检、周检和月检的力度，分管设备工程师要了解设备的状况，发现问题及时提供技术指导。要定期对元件进行全面检验，已失效元件应进行修理或更换，减少被迫停机时间，从而达到单台设备寿命周期费用最经济。

防高温、防泄漏、防气蚀、防振动与噪声、防事故等也是液压元件维护的重点。

1.2.3 液压元件故障诊断与排除

液压元件故障诊断与排除的主要工作内容有：

(1) 判定故障的性质与严重程度。根据现场状况，判断存在什么故障，是什么性质的问题（压力、速度、动作还是其他），问题的严重程度（正常、轻微故障、一般故障还是严重故障）。

(2) 查找失效元件及失效位置。根据症状及相关信息，找出故障点，以便进一步排除故障。这里主要弄清"问题出在何处"。

(3) 进一步查找引起故障的初始原因，如液压油污染、液压件可靠性低、环境因素不合要求等。这里主要弄清故障的外部原因。

(4) 机理分析。对故障的因果关系链进行深入的分析与探讨，弄清问题产生的来龙去脉。

故障排除主要是消除引起故障的各类因素，使系统恢复正常。

1.2.4 液压元件的修理

液压元件的修理一般是通过更换某些损坏的零件或修复磨损件来实现的。

更换件主要是轴承、弹簧、摩擦副、密封件、过滤器等。

液压元件中的一些机械零件磨损后可通过冷、热机加工处理恢复精度。例如，通过磨削加工使液压泵配流盘划伤的表面恢复粗糙度要求；通过化学复合镀修复液压阀等。

2 液压泵安装调试与故障维修

液压泵是液压系统的动力元件，其负荷大、精度高、价格贵、易损坏。本章结合图解介绍各类液压泵的结构、功能、损坏状况，以及安装、调试、维护、检查、故障诊断与排除、修理方法。

2.1 液压泵概述

2.1.1 液压泵正常工作的三个必备条件

液压泵工作原理如图 2-1 所示。

液压泵正常工作需要三个必备条件：

（1）必须具有一个由运动件和非运动件所构成的密闭容积（图 2-1 中 2 与 3 形成的空腔）。

（2）密闭容积的大小随运动件的运动作周期性的变化，密闭容积由小变大时吸油，由大变小时压油。图 2-1 中，偏心轮 1 旋转推动活塞 2 左右移动。活塞 2 右移，容积变大，泵经单向阀 6 从油箱吸油。活塞 2 左移，容积变小，油经单向阀 5 压入系统。

密闭容积增大到极限时，先要与吸油腔隔开，然后才转为排油；密闭容积减小到极限时，先要与排油腔隔开，然后才转为吸油。

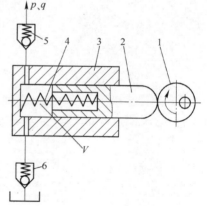

图 2-1　液压泵工作原理
1—偏心轮；2—活塞；3—泵体；
4—弹簧；5，6—单向阀

2.1.2 液压泵的主要性能参数

2.1.2.1 液压泵的压力

（1）工作压力 p：泵工作时的出口压力，大小取决于负载。

（2）额定压力 p_s：正常工作条件下按实验标准连续运转的最高压力。

（3）吸入压力：泵的进口处的压力。

2.1.2.2 液压泵的排量、流量和容积效率

（1）排量 V：液压泵每转一转理论上应排出的油液体积，又称为理论排量或

几何排量。常用单位为 cm^3/r。排量的大小仅与泵的几何尺寸有关。

（2）平均理论流量 q_t：泵在单位时间内理论上排出的油液体积，$q_t = nv$，单位为 m^3/s 或 L/min。

（3）实际流量 q：泵在单位时间内实际排出的油液体积。在泵的出口压力不为零时，因存在泄漏流量 Δq，因此 $q = q_t - \Delta q$。

（4）瞬时理论流量 q_{sh}：任一瞬时理论输出的流量，一般泵的瞬时理论流量是脉动的，即 $q_{sh} \neq q_t$。

（5）额定流量 q_s：泵在额定压力、额定转速下允许连续运转的流量。

（6）容积效率 η_v：

$$\eta_v = q/q_t = (q_t - \Delta q)/q_t$$
$$= 1 - \Delta q/q_t = 1 - kp/nV$$

式中，k 为泄漏系数。

2.1.2.3 泵的功率和效率

（1）输入功率 P_r：驱动泵轴的机械功率为泵的输入功率，$P_r = T\omega$。

（2）输出功率 P：泵输出的液压功率，$P = pq$。

（3）总效率 η_p：

$$\eta_p = P/P_r = pq/T\omega = \eta_v \eta_m$$

式中，η_m 为机械效率。

2.1.2.4 泵的转速

（1）额定转速 n_s：额定压力下能连续长时间正常运转的最高转速。

（2）最高转速 n_{max}：额定压力下允许短时间运行的最高转速。

（3）最低转速 n_{min}：正常运转允许的最低转速。

（4）转速范围：最低转速和最高转速之间的转速。

2.1.3 液压泵的分类、选用及符号

液压泵按运动部件的形状和运动方式分为齿轮泵、叶片泵、柱塞泵、螺杆泵等。齿轮泵又分外啮合齿轮泵和内啮合齿轮泵。叶片泵又分双作用叶片泵、单作用叶片泵和凸轮转子泵。柱塞泵又分径向柱塞泵和轴向柱塞泵。液压泵按排量能否变化分定量泵和变量泵。单作用叶片泵、径向柱塞泵和轴向柱塞泵可以作变量泵。选用原则：是否要求变量，要求变量选用变量泵；工作压力：柱塞泵的额定压力最高；工作环境：齿轮泵的抗污能力最好；噪声指标：双作用叶片泵和螺杆泵属低噪声泵；效率：轴向柱塞泵的总效率最高。液压泵的图形符号如图 2-2 所示。

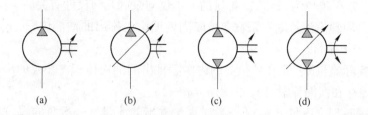

图 2-2　液压泵的图形符号

（a）单向定量液压泵；（b）单向变量液压泵；

（c）双向定量液压泵；（d）双向变量液压泵

2.2　齿轮泵安装调试与故障维修

齿轮泵是液压系统中应用十分广泛的动力元件，具有结构简单、价格便宜、自吸能力强、抗油液污染能力强等优点。

2.2.1　齿轮泵结构图示及其主要磨损部位

CB 型齿轮泵结构如图 2-3 所示。

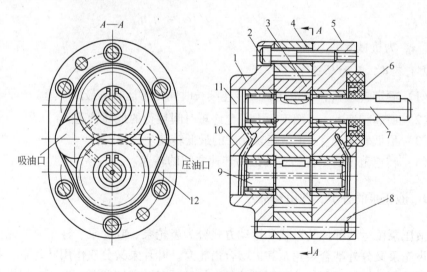

图 2-3　CB 型齿轮泵结构

1—后盖；2—螺钉；3—齿轮；4—泵体；5—前盖；6—油封；7—长轴；

8—销；9—短轴；10—滚针轴承；11—压盖；12—泄油通槽

图 2-4 所示为力士乐 GC 型内啮合齿轮泵。

泵的磨损主要是：泵前、后端盖的磨损；齿轮端面的磨损；齿顶与泵壳之间

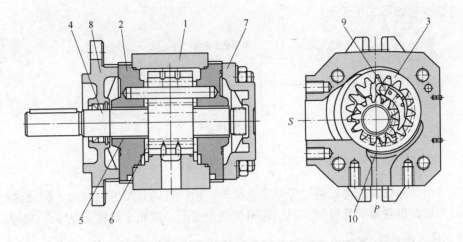

图 2-4 力士乐 GC 型内啮合齿轮泵

1—泵体；2—轴承罩；3—环形齿轮；4—小齿轮轴；5—轴承；6—轴向补偿板；

7—泵盖；8—安装法兰；9—支撑销；10—压力区

的磨损。这些磨损部位与泵内泄漏及温升有关，也与压力、流量下降有关。

泵轴断裂，与不供油有关；轴承的磨损，与压力波动及噪声增大有关；密封件的损坏，与外泄漏有关。

2.2.2　齿轮泵的安装与调试

2.2.2.1　齿轮泵的安装

齿轮泵与电机必须有较高的同心度，即使是挠性联轴节也要尽量同心。泵的转动轴与电机输出轴之间的安装采用弹性联轴节，其同轴度不得大于 0.1mm；采用轴套式联轴节的同轴度不得大于 0.05mm；倾斜角不大于 1°。

泵轴端一般不得承受径向力，不得将带轮、齿轮等传动零件直接安装在泵的轴上。未按上述要求会造成故障。例如，某机构的液压泵是通过齿轮传动来连接，如图 2-5 所示。其机构经常在使用过一段时间后就出现压力低的故障。究其原因几乎毫无例外是该液压泵的内泄过大造成的，通过拆检可发现，液压泵扫膛严重，造成内泄。造成扫膛的原因是由于轴承的磨损和轴的弯曲变形。拆检也可发现泵轴承一般都没有磨损超差，说明轴的弯曲变形是造成扫膛的主要原因，而该泵安装不正确是导致这一问题最根本的原因。泵轴

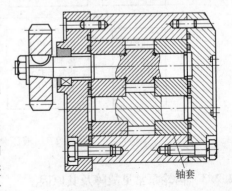

轴套

图 2-5　液压泵与齿轮传动

的弯曲变形如图 2-6 所示。

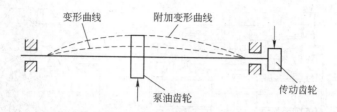

图 2-6 泵轴的弯曲变形

由于该齿轮泵是通过齿轮传动来连接的，齿轮传动会产生径向力，正是这一径向力加在齿轮泵的悬臂轴上，引起附加挠曲变形，造成了扫膛-压力低的故障。

特别提醒： 泵的支座或法兰和电动机应有共同的安装基础。基础、法兰或支座都必须有足够的刚度。在底座下面及法兰和支架之间装上橡胶隔振垫，以降低噪声。对于安装在油箱上的自吸泵，通常泵中心至油箱液面的距离不得大于500mm；对于安装在油箱下面或旁边的泵，为了便于检修，吸入管道上应安装截止阀。进口、出口位置和旋转方向应符合标明的要求，不得接反。要拧紧进出油管口接头连接螺钉，密封装置要可靠，以免引起吸空、漏油，影响泵的工作性能。

2.2.2.2 齿轮泵的调试

齿轮泵安装完成后，必须经过泵的检查与调试，观察泵的工作是否正常，调试步骤与要求如图 2-7 所示。其他类型的泵调试方法与此相似。

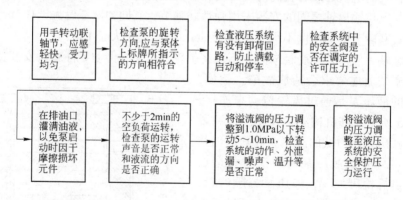

图 2-7 液压泵调试步骤与要求

2.2.3 齿轮泵常见故障及其原因

齿轮泵常见故障及其原因如下：

（1）泵不出油。如果在主机调试中发现齿轮泵不出油，首先检查齿轮泵的旋转方向是否正确。齿轮泵有左旋、右旋之分，如果转动方向不对，其内部齿轮啮合产生的容积差形成的压力油将使油封被冲坏而漏油。其次，检查齿轮泵进油口端的滤油器是否堵塞，如堵塞，会造成吸油困难或吸不到油，并产生吸油胶管被吸扁的现象。

（2）油封被冲出。

1）齿轮泵旋向不对。当泵的旋向不正确时，高压油会直接通到油封处，由于一般低压骨架油封最多只能承受 0.5MPa 的压力，因此将使油封被冲出。

2）齿轮泵轴承受到轴向力。产生轴向力往往与齿轮泵轴伸端与联轴套的配合过紧有关，即安装时将泵用锤子硬砸或通过安装螺钉硬拉而将泵轴伸端强行压进联轴套。这样就使泵轴受到一个向后的轴向力，当泵轴旋转时，此向后的轴向力将迫使泵内部磨损加剧。由于齿轮泵内部是靠齿轮端面和轴套端面贴合密封的，当其轴向密封端面磨损严重时，泵内部轴向密封会产生一定的间隙，结果导致高低压油腔沟通而使油封冲出。这种情况在自卸车行业中出现得较多，主要是主机上联轴套的尺寸不规范所致。

3）齿轮泵承受过大的径向力。如果齿轮泵安装时的同轴度不好，会使泵受到的径向力超出油封的承受极限，将造成油封漏油。同时，也会造成泵内部浮动轴承损坏。

（3）建立不起压力或压力不够。出现此种现象大多与液压油的清洁度有关，如油液选用不正确或使用中油液的清洁度达不到标准要求，均会加速泵内部的磨损，导致内泄。因此，应选用含有添加剂的矿物液压油，这样可以防止油液氧化和产生气泡。油液的黏度标准为 160～800m²/s。过滤精度为：输入油路小于 60μm，回油路为 10～25μm。观察故障齿轮泵的轴套和侧板，若所用油液的清洁度差，会导致摩擦副表面产生明显的沟痕，而正常磨损的齿轮泵密封面上只会产生均匀的面痕。

特别提醒： **液压油的清洁度、氧化安定性、抗泡沫性能等与液压泵的磨损关系密切，选用液压油时应关注相关参数。**

（4）流量达不到标准。

1）进油滤芯太脏，吸油不足。

2）泵的安装高度高于泵的自吸高度。

3）齿轮泵的吸油管过细造成吸油阻力大。一般最大的吸油流速为 0.5～1.5m/s。

4）吸油口接头漏气造成泵吸油不足。通过观察油箱里是否有气泡即可判断系统是否漏气。

（5）轮泵炸裂。铝合金材料齿轮泵的耐压能力为 38～45MPa，在无制造缺陷的前提下，齿轮泵炸裂肯定是受到了瞬间高压所致。

1）出油管道有异物堵住，造成压力无限上升。

2）安全阀压力调整过高，或者安全阀的启闭特性差、反应滞后，使齿轮泵得不到保护。

3）系统如使用多路换向阀控制方向，有的多路阀可能为负开口，这样将遇到因死点升压而憋坏齿轮泵。

（6）发热。

1）系统超载，主要表现为压力或转速过高。

2）油液清洁度差，内部磨损加剧，使容积效率下降，油从内部间隙泄漏节流而产生热量。

3）出油管过细，油流速过高，一般出油流速为 3 ~ 8m/s。

小技巧：人手指感觉温度的误差不大于 4 ~ 6℃。当液压系统温度为 0℃ 左右时，用手指触摸感觉冰凉；10℃ 左右手感较凉；20℃ 左右手感稍凉；30℃ 左右手感微温有舒适感；40℃ 左右手感如触摸高烧病人；50℃ 左右手感较烫；60℃ 左右手感很烫并可忍受 10s 左右；70℃ 左右手感灼痛且接触部位很快出现红色；80℃ 以上瞬间接触手感"麻辣火烧"。可据此判断泵的发热温升。

（7）噪声严重及压力波动。

1）滤油器污物阻塞不能起滤油作用；油位不足，吸油位置太高，吸油管露出油面。

2）泵体与泵盖的两侧没有纸垫产生硬物冲撞；泵体与泵盖不垂直密封，旋转时吸入空气。

3）泵的主动轴与电机联轴器不同心，有扭曲摩擦；泵齿轮啮合精度不够。

小技巧1：液压泵的噪声分别由吸入空气和机械精度低所引起。吸入空气引起的噪声沉闷且周期性不明显。机械精度低引起的噪声更加尖厉且周期性明显。可据此判别故障原因。

小技巧2：液压泵机械精度主要涉及三方面：泵设计制造、泵安装调试、泵运行时间及负荷。可分别从这三方面查找泵系统精度低的实际原因。

2.2.4　影响齿轮泵寿命的因素

影响齿轮泵寿命的因素概括如下：

（1）轴承。齿轮泵报废的大多数情况是因为轴承损坏。较为理想的轴承材料是 SF 型复合材料。此材料是以钢板为基体，烧结铜网为中间层，以塑料（填充四氟己烯、改性聚甲醛）为摩擦面的润滑材料。该材料机械强度高、摩擦系数小、噪声低、耐磨性好、抗腐蚀性好、导热性好、尺寸小、成本低，可在无油或少油润滑工况下和较宽的工作温度范围内使用。

（2）端面间隙问题。齿轮泵在使用中常因内泄漏增加、容积效率下降、压力下降而报废。齿轮端面泄漏量占总泄漏量的75%～80%。因此，合理的端面间隙至关重要。齿轮泵合理端面间隙见表2-1。

表2-1 齿轮泵合理端面间隙

排量/mL	间隙/mm	排量/mL	间隙/mm
2.5～10	0.02～0.04	40	0.02～0.06
16～32	0.02～0.05		

如果间隙超过表2-1规定的范围，则容积效率低，压力达不到额定压力；若间隙太小，运行中因磨损使间隙急剧加大，使内泄漏增加。

（3）工艺。为保证齿轮泵前、后端盖之间的合理间隙，齿轮泵的加工和装配十分重要。齿轮两端面与孔轴心线的垂直度误差不能超过0.01mm，且装在轴上后，其轴向应处于浮动状态。为保证装配后两轴的相互位置，在加工前、后两轴承孔时，中心距误差不应超过0.03mm。另外，输入轴端断裂也是常见现象。为此必须掌握好轴的热处理工艺，使其既具有一定的强度和硬度，又有较高的抗冲击韧性，防止其断裂。

（4）材料与组件。为保证齿轮泵运行中具有合理的间隙与配合，相关材料的耐磨性是重要的性能指标。选用合理的材料和适当的热处理工艺很重要。油封漏油也是常见的报废原因。因此，要选用材质好的油封，同时在加工装配时注意油封与衬套的配合要牢固，油封内孔与泵轴应具有足够的张紧力，不能漏油。

（5）安装使用。正确地安装和合理使用齿轮泵，对于延长泵的使用寿命也很重要。泵输入轴颈与电机轴连接时，同轴度误差不能超过0.1mm。切记不能用皮带连接。另外，应根据泵的使用说明书选用合适的液压油，且在泵入口处加过滤器，根据液压系统的工作环境定期过滤、更换液压油。

综上所述，影响齿轮泵寿命的因素如图2-8所示。

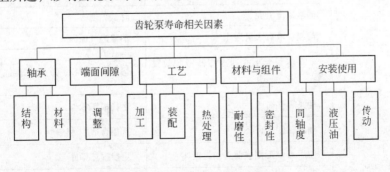

图2-8 影响齿轮泵寿命的因素

2.2.5 内啮合齿轮泵常见故障与排除

内啮合齿轮泵压力高、无困油现象、流量脉动小、噪声低，性能优于外啮合齿轮泵。内啮合齿轮泵常见故障、原因与排除方法见表2-2。

表 2-2　内啮合齿轮泵常见故障与排除

故　障	故　障　原　因	排　除　方　法
流量不够或不出油	吸油口滤油器吸入阻力较大	降低吸入阻力
	吸油管漏气、油液面太低	消除漏气原因、提高油液面
	吸入滤网堵死	清洗滤网
	油温过高	冷却油液
	零件磨损	更换零件
	泵反转	纠正转向
	键剪断	换新键
压力波动或没有压力	液压系统中压力阀本身不能正常工作	更换压力阀
	系统中有空气	排除空气
	吸入不足，夹有空气	加大吸油管径
	吸油管上螺栓松动、漏气	拧紧吸入口连接螺栓
	泵中零件损坏	更换零件
噪声过大	吸入阻力太大，吸力不足	增加管径，减少弯头
	泵体内有空气	开车前泵体内注满工作油
	前后盖密封圈损坏	换密封圈
	油泵安装机架松动	固紧机架
	安装油泵时，同轴度、垂直度超差，使主轴受径向力	重新安装校正同轴度、垂直度
	轴承磨损严重	更换轴承
	油液黏度太大	降低黏度
	油箱油液有大量泡沫	消除进气原因
油温上升过快	油箱容积太小或油冷却器冷却效果太差	增加油箱容积，改进冷却装置
	油泵零件损坏	更换损坏零件
	油液黏度过高	选用合适的油液
油泵漏油	前后盖O形圈或前盖油封损坏	更换损坏零件
	泵体内回油孔堵塞	清洗泵体回油孔

2.2.6 齿轮泵修复

齿轮泵修复包括泵体的修复、泵轴的修复、齿轮的修复。具体介绍如下：

（1）泵体的修复。由于吸油腔和排油腔压力相差很大，齿轮和轴承都受到径向不平衡力的作用，因此泵体内壁的磨损都发生在吸油腔一侧，可采用电镀青铜合金工艺来修复。电镀之前，泵体内必须用油石或金刚砂粉修整光洁。

1）镀前处理。处理方法与一般电镀青铜合金工艺处理方法一样。

2）电解液配方。电解液配方见表2-3。

表 2-3 电解液配方

成分或参数	量 值	成分或参数	量 值
氯化亚铜（$CuCl_2$）	$20 \sim 30g/L$	三乙醇胺［$N(CH_2CH_2OH)_3$］	$50 \sim 70g/L$
锡酸钠（$Na_2SnO_3 \cdot 3H_2O$）	$60 \sim 70g/L$	温 度	$50 \sim 60℃$
游离氰化钠（NaCN）	$3 \sim 4g/L$	阴极电流密度	$1 \sim 15A/dm^2$
氢氧化钠（NaOH）	$25 \sim 30g/L$	阳极合金板	含锡$10\% \sim 20\%$

3）镀后处理。

4）120℃恒温处理。泵体的常用材料为HT120铸铁和铸铝合金。泵体的两支承中心距偏差为0.03~0.04mm，两支承孔中心线的不平行度偏差为0.01~0.02mm，支承孔轴线对端面的垂直度为0.01~0.012mm，支承孔本身的圆度和圆柱度均为0.01mm，齿轮孔和支承孔的同轴度为0.02mm，泵体内壁粗糙度为0.8，轴孔粗糙度为1.6。镀后机加工达到上述要求即可。

（2）泵轴的修复。一般长、短轴与滚针的接触处容易磨损。磨损严重时，可用镀铬工艺修复。齿轮轴一般用45号钢、40Cr、20Cr。热处理后表面HRC硬度60左右，表面粗糙度为0.2，圆度和圆柱度均不得大于0.005mm，轴颈与安装齿轮部分轴的配合表面同轴度为0.01mm，两轴颈的同轴度为0.02~0.03mm。

（3）齿轮的修复。

1）齿形。用油石去除拉伤或已磨成多棱形部位的毛刺，再将齿轮啮合面调换方位适当对研，可继续使用。肉眼观察能见到的严重磨损件，应更换齿轮。

2）齿轮圆。对于低压齿轮泵，齿轮圆的磨损对容积效率影响不大。但对中高压齿轮泵，则应电镀外圆或更换齿轮。机加工时，齿形精度对中高压齿轮泵为6~7级，对中低压齿轮泵为7~8级。内孔与齿顶圆同轴度允差小于0.02mm，两端面平行度误差小于0.007mm。内孔、齿顶圆、两端面粗糙度为0.4μm。

2.2.7 联合收割机双联齿轮泵拆卸与安装

联合收割机等液压系统动力元件采用双联齿轮泵。其拆装与安装时应注意以下事项：

（1）拆卸注意事项。

1）油泵从机体上拆下后，立即用塑料盖或塞子把油管接头和泵的开口堵上，以防脏物进入液压系统。然后，用干净的柴油或汽油清洗泵的外部。

2）为保证拆后正确装配，拆前应用废锯条或类似的工具沿泵轴线方向在前盖、中心泵体、泵壳、后盖上划"X"形或"V"形标记。

3）液压泵是精密元件，要确保整个泵在拆卸过程中无灰尘和杂质混入；不能用抹布、棉纱擦拭零件；零件清洗后用压缩空气吹干或风干。

4）需要在台钳上夹紧轴泵时，注意不要夹在中心泵体上，以防变形。

5）拆卸油泵时，先用专用工具取下 8 个螺栓，再用木棒敲击转动轴轴头，便可分解齿轮泵。注意：撞击主动轴时不要用力过大，轻轻敲击，多敲几次。拆卸顺序如图 2-9 所示。

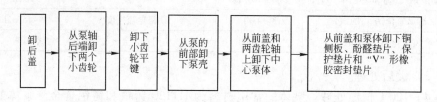

图 2-9 双联齿轮泵拆卸顺序

（2）安装注意事项。

1）检查所有零件使用磨损情况，注意轴套润滑槽必须在高压腔一侧，轴套不能从座孔中窜出。用优质金刚砂布擦去所有的划痕和毛刺，处理后注意清洗。

2）安装时，易损件必须全部更新，包括铜侧板、酚醛垫片、保护垫片、V形橡胶密封垫、O 形密封圈和轴端油封。

3）用机油或液压油润滑所有零件后再进行装配。

4）把 V 形橡胶密封垫片安装在前盖和泵壳的凹处，并使唇边向下安装。安装时既要细心，又要有耐心，要保证唇边不颠倒，所有唇边都应放到槽中，决不允许有翻边现象。

5）按原划好标记装配各零件，安装次序与拆卸次序相反。中心泵体的半月形空腔不要对着前盖，而应朝向泵壳方向。装入泵壳槽内的 O 形密封圈必须平展，不应有扭曲现象。

6）安装好各零件后，用螺栓拧紧，拧紧力矩为 37 ~ 40N·m。

7）用机油或液压油涂抹转动轴油封，并小心将其装到主动齿轮轴上，密封唇朝内，用木槌敲击使油封定位。安装时注意不要将密封唇装反，不要损坏油封。

8）油泵装配完后，安装传动皮带轮。用手旋转皮带轮时会有些阻力，但旋转几圈后，应能转动自如。

9）将油泵安装在机体上，油管和软管安装在泵上，给泵加入干净液压油，连接油管法兰盘，安装法兰盘前要保证无空气进入。启动发动机，在不操纵液压控制手柄情况下，中速动转3min；在同样转速下，操纵控制手柄约3min，以建立压力；然后加大油门至最高转速，操纵控制手柄3min，关闭发动机，检查齿轮泵有无漏油现象。

特别提醒： 液压元件安装与拆卸过程中，必须做到"三防一保证"，即防污染、防弄错、防损坏，保证安全。

2.2.8 塔机顶升系统液压泵故障的排除

某TQY系列塔机顶升系统（见图2-10和图2-11），在使用中出现顶升液压缸缸筒上升一半（活塞杆在下）突然停止的故障，致使塔帽上下两难，直接影响施工进度，误工误时。

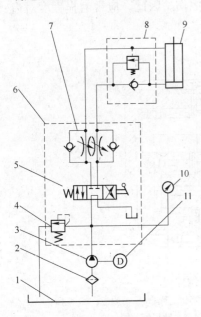

图2-10 某TQY塔机顶升液压
系统工作原理

1—油箱；2—滤油器；3—齿轮泵；
4—溢流阀；5—手动换向阀；
6—组合阀；7—节流阀；
8—限速锁；9—液压缸；
10—压力表；11—电机

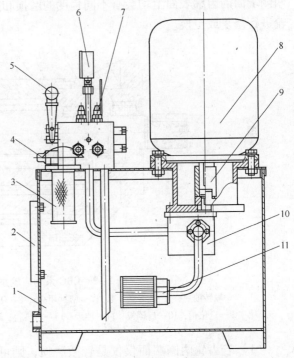

图2-11 某TQY塔机顶升系统液压泵站

1—油箱；2—液位计；3—空气滤清器；4—溢流阀；
5—手动换向阀；6—压力表；7—节流阀；8—电机；
9—联轴器；10—齿轮泵；11—滤油器

经过拆卸检查发现故障原因全部是齿轮泵泵体爆裂，系统打不上油，造成液压缸上下两难。更换新的齿轮泵后，短时间内又出现这种情况，不能从根本上解决问题。

故障产生的原因不是齿轮泵质量不好，而是电动机经十字滑块联轴器与齿轮泵连接的同轴度不好，泵轴上所受的径向载荷超过泵制造厂的规定，将液压油挤向泵体的一边，使泵体超过耐压极限而爆裂，导致系统停止工作。

将十字滑块联轴器的配合间隙放大 0.1mm，以消除安装误差，修正电动机经滑块联轴器与齿轮泵连接的同轴度误差。装配后电动机与齿轮泵的连接运转灵活、无卡滞现象。

2.2.9　CBG 系列齿轮泵修理

2.2.9.1　主要零件的修理方法

A　齿轮

图 2-12 所示为 CBG 系列齿轮泵的结构图。当齿轮泵运转日久之后，在齿轮两侧端面的齿廓表面上均会有不同程度的磨损和擦伤。因此，应视磨损程度对齿轮进行修复或更换。

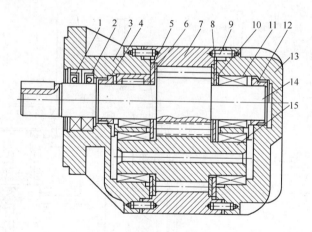

图 2-12　CBG 系列齿轮泵结构

1，2—旋转油封；3—前泵盖；4，12—密封环；5，8—O 形密封圈；6—前侧板；7—泵体；
9—定位销；10—后侧板；11—轴承；13—后泵盖；14—主动齿轮；15—被动齿轮

（1）若齿轮两侧端面仅仅是轻微磨损，则可用研磨法将磨损痕迹研去并抛光，即可重新使用。

（2）若齿轮端面已严重磨损，齿廓表面虽有磨损但并不严重（用着色法检查，即指齿高接触面积达 55%、齿向接触面积达 60% 以上者）。对此，可将严重磨损的齿轮放在平面磨床上，将磨损处磨去（若能保证与孔的垂直度，也可采用精车)。但须注意，另一只齿轮也必须修磨至同等厚度（即两齿轮厚度的差值应在 0.005mm 以下）。并将修磨后的齿轮用油石将齿廓的锐边倒钝，但不宜倒角。

（3）齿轮经修磨后厚度减小，为保证泵的容积效率和密封，泵体端面也必须做相应的磨削，以保证修复后的轴向间隙合适，防止内泄漏。

（4）若齿轮的齿廓表面因磨损或刮伤严重形成明显的多边形时，此时的啮合线已失去密封性能，则应先用油石研去多边形处的毛刺，再将齿轮啮合面调换方位，即可继续使用。

（5）若齿轮的齿廓接触不良或刮伤严重，已没有修复价值时，则应予以更换。

B 泵体

泵体的吸油腔区域内常产生磨损或刮伤。为提高其机械效率，该类泵的齿轮与泵体间的径向间隙较大，通常为 0.10 ~ 0.16mm。因此，一般情况下齿轮的齿顶圆不会碰擦泵体的内孔。但泵在刚启动时压力冲击较大，压油腔处会对齿轮形成单向的径向推动，可导致齿顶圆柱面与泵体内孔的吸油腔处碰擦，造成磨损或刮伤。由于该类齿轮泵的泵体两端面上开有卸荷槽，故不能翻转 180°使用。如果吸油腔有轻微磨损或擦伤，可用油石或砂布去除其痕迹后继续使用。因为径向间隙对内泄漏的影响较轴向间隙小，所以对使用性能没有多大影响。

泵体与前后泵盖的材料无论是普通灰口铸铁还是铝合金，它们的结合端面均要求有严格的密封性能。修理时，可在平面磨床上磨平，或在研磨平板上研平，要求其接触面一般不低于 85%。其精度要求是：平面度允差 0.01mm，端面对孔的垂直度允差 0.01mm，泵体两端面平行度允差 0.01mm，两齿轮轴孔轴心线的平行度允差 0.01mm。

C 轴颈与轴承

（1）齿轮轴轴颈与轴承、轴颈与骨架油封的接触处出现磨损，轻的经抛光后即可继续使用，严重的应更换新轴。（2）滚柱轴承座圈热处理的硬度较齿轮的高，一般不会磨损，若运转日久后产生刮伤，可用油石轻轻擦去痕迹即可继续使用。对刮伤严重的，可将未磨损的另一座圈端面作为基准面将其置于磨床工作台上，然后对磨损端面进行磨削加工。应保证两端面的平行度允差和端面对内孔的垂直度允差均在 0.01mm 范围内。若内孔和座圈均磨损严重，则应及时换用新的轴承座圈。（3）滚柱（针）轴承的滚柱（针）长时间运转后，也会产生磨损。若滚柱（针）发生剥落或出现点蚀麻坑时，必须更换滚柱（针），并应保证所有滚柱（针）直径的差值不超过 0.003mm，其长度差值允差为 0.1mm 左右。滚柱（针）应如数地充满于轴承内，以免滚柱（针）在滚动时倾斜，使运动精度恶化。（4）轴承保持架若已损坏或变形时，应予以更换。

D　侧板

侧板损坏程度与齿轮泵输入端的外连接形式有着十分密切的关系。通常，原动机械通过联轴套（节）与泵连接，联轴套在轴向应使泵轴可自由伸缩，在花键的经向面上应有 0.5mm 左右的间隙，这样，原动机械在驱动泵轴时就不会对泵产生斜推力，泵内齿轮副在运转过程中即自动位于两侧板间转动，轴向间隙在装配时已确定（0.05～0.10mm），即使泵运转后温度高达 70℃ 时，齿轮副与侧板间仍会留有间隙，不会因直接接触而产生"啃板"现象，以致烧伤端面。但是，轴与联轴套的径向间隙不能过大。否则，一是花键处容易损坏，二是因 CBG 泵本身在结构上未采取有效的消除径向力的措施，在泵运行时轴套会跳动，进而会导致齿轮与侧板因产生偏磨而"啃板"。

修理侧板的常用工艺：

（1）由于齿轮表面硬度一般高达 HRC62 左右，故宜选用中软性的小油砂石将齿轮端面均匀打磨光滑，当用平尺检查齿轮端面时，须达到不漏光的要求。

（2）若侧板属轻微磨损，可在平板上铺以马粪纸进行抛光；对于痕迹较深者，应在研磨平板上用粒度为 W10 的绿色碳化硅加机油进行研磨，研磨完后应将黏附在侧板上的碳化硅彻底洗净。

（3）若侧板磨损严重，但青铜烧结层尚有相当的厚度时，可将侧板在平面磨床上精磨，其平面度允差和平行度允差均应在 0.005mm 左右，表面粗糙度应优于 0.4μm。

（4）若侧板磨损很严重，其上的青铜烧结层已磨薄甚至有脱落、剥壳现象时，应更换新侧板。建议两侧侧板同时更换。

E　密封环

CBG 系列齿轮泵中的密封环（见图 2-12 中的 4 和 12）是由铜基粉末合金 6-6-3 烧结压制而成的，具有较为理想的耐磨和润滑性能。该密封环的制造精度高，同轴度也有保证，且表面粗糙度 R_a 优于 1.6μm。密封环内孔表面与齿轮轴轴颈需有 0.024～0.035mm 的配合间隙，以此作为节流阻尼的功能来密封泵内轴承处的高压油，以提高泵的容积效率，保证达到使用压力的要求。当泵的输入轴联轴节处产生倾斜力矩或滚柱轴承磨损产生松动时，均会导致密封环的不正常磨损。若液压油污染严重，颗粒磨损会使密封环内孔处的配合间隙扩大，若超过 0.05mm 时，容积效率将显著下降。

修复密封环的常用方法：

（1）缩孔法。车制一个钢套 2 （见图 2-13）作

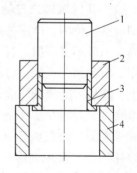

图 2-13　缩孔法修复密封环
1—压出棒；2—钢套；
3—密封环；4—压出支撑环

为缩孔套，其内径比密封环3的外径小0.05mm，在压力机上将密封环压入钢套2内并保持12h以上，或在200~230℃电热炉内定形保温2~3h，然后用压出棒压出，密封环的内径即可缩小0.03mm左右。在采用此法修复密封环时，要注意密封环凸肩的外圆柱面和内端面均不能遭到损伤或形成凸块状，因为此处若出现高低不平的状态，可造成泵的容积效率和压力下降。

（2）镀合金法。在有刷镀或电镀设备的地方，可采用内孔镀铜或镀铅锌合金的方法，以加大内孔厚度尺寸。电镀后因其尺寸精度较差，须经精磨或精车，以保证其配合尺寸。车、磨加工时，最好采用一个略带锥形的外套，将密封环推进套内再上车床或磨床上加工，以避免因直接用三爪卡盘夹持而引起的变形。

2.2.9.2 拆检要点和装配顺序

拆卸检查CBG系列齿轮泵时应注意下列事项：

（1）拆开后须重点检查的部位。

1）检查侧板是否有严重烧伤和磨痕，其上的合金金属是否脱落或磨耗过甚或产生偏磨。若存在无法用研磨方法消除的上述缺陷，应及时更换。

2）检查密封环4、12与轴颈的径向间隙是否小于0.05mm，若超差应予以修理。

3）测量轴和轴承滚柱之间的间隙是否大于0.075mm。超过此值时，应更换滚柱轴承。

（2）操作顺序与装配要领。

1）泵的转向应与机器的要求一致。若须改变转向，则应重新组装。

2）切记将前侧板（见图2-14）上的通孔b放在吸油腔侧，否则高压油会将旋转油封冲坏。

3）清洗全部零件后，装配时应先将密封环放入前、后泵盖上的主动齿轮轴孔内。

4）将轴承装入前、后泵盖轴承孔内，但须保证其轴承端面低于泵盖端面0.05~0.15mm。

5）将前侧板6装入泵体一端（靠前泵盖处），使其侧板的铜烧结面向内，使圆形卸荷槽（盲孔a）位于泵的压油腔一端，侧板大孔与泵体大孔要对正，并将O形密封圈5装在前侧板的外面。

6）将带定位销9的泵体7装在前泵盖上，并将定位销插入前泵盖的销孔内，轻压泵体使泵体端面和侧板压紧。装配时，要注意泵体进、出油口的位置应与泵的转向一致。

7）将主动齿轮14和被动齿轮15轻轻装入轴承

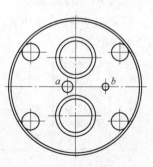

图2-14 前侧板

孔内，使其端面与前侧板端面接触。

8）将后侧板 10 装入泵体的后端后，再将密封圈 8 装在后侧板外侧。

9）将后泵盖 13 装入泵体凹缘内，使其端面与后侧板的端面接触。

10）将泵竖立起来，放好铜垫圈后穿入螺钉拧紧，其拧紧力矩为 132N·m。

11）将内骨架旋转油封 1、2 背对背地装入前泵盖处的伸出轴颈上。

12）将旋转油封 1 前的孔用弹性挡圈装入前泵盖的孔槽内。

13）装配完毕后，向泵内注入清洁的液压油，用手均匀转动时应无卡阻、单边受力或过紧的感觉。

14）泵的进、出油口用塞子堵紧，防止污染物侵入。

2.2.9.3　修复及试车

修复装配时的注意事项：

（1）仔细地去除毛刺，用油石修钝锐边。注意，齿轮不能倒角或修圆。

（2）用清洁煤油清洗零件，未退磁的零件在清洗前必须退磁。

（3）注意轴向和径向间隙。目前，各类齿轮泵的轴向间隙是由齿厚和泵体直接控制的，中间不用纸垫。组装前，用千分尺分别测出泵体和齿轮的厚度，使泵体厚度较齿轮大 0.02 ~ 0.03mm，组装时用厚薄规测取径向间隙，此间隙应保持在 0.10 ~ 0.16mm 之间。

（4）对于齿轮轴与齿轮间用平键连接的齿轮泵，齿轮轴上的键槽应具有较高的平行度和对称度。装配后，平键顶面不应与键槽槽底接触，长度不得超出齿轮端面。平键与齿轮键槽的侧向配合间隙不能太大，以齿轮能轻轻拍打推进为好。两配合件不得产生径向摆动。

（5）须在定位销插入泵体、泵盖定位孔后，方可对角交叉均匀地紧固固定螺钉，同时用手转动齿轮泵长轴，感觉转动灵活并无轻、重现象时即可。

齿轮泵修复装配以后，必须经过试验或试车，有条件的可在专用齿轮泵试验台上进行性能试验，对压力、排量、流量、容积效率、总效率、输出功率以及噪声等技术参数一一进行测试。而在现场、一般无油泵试验台的条件下，可装在整机系统中进行试验，通常称为修复试车或随机试车，其步骤如图 2-15 所示。

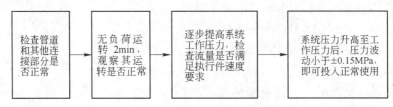

图 2-15　齿轮泵现场修复试运行步骤

2.2.10 起重机液压系统齿轮泵的修理

2.2.10.1 泵壳的修理

一些大吨位汽车起重机多采用双联或三联齿轮泵，这些泵精度较高、价格较贵。经长期使用后，泵壳内孔会被磨损或拉伤，过去常采用焊补或更换泵壳的办法，但所用时间长、费用高，目前多采用金属刷镀的方法。由于齿轮泵泵壳采用高级铝合金材料制作，根据其化学成分和硬度，较好的修复方法是选用刷镀铜技术。刷镀铜的硬度（HB80～90）比电镀铜的硬度（HB50～80）高一些，与泵壳硬度比较接近，能够满足使用要求。刷镀泵壳可请刷镀厂协办，也可购买刷镀电源、镀液等自行刷镀。在具有蓄电池充电的条件下，稍加改造即可进行刷镀。

2.2.10.2 齿轮的修理

齿轮经过长期使用后，齿厚和齿顶圆部位都会被磨损，使齿轮泵容积效率降低。修理办法：一是更换齿轮泵，二是对齿轮进行修复。修复齿形的方法是电镀。电镀时，要保护好齿轮轴两端与轴承接触的轴径部位，不要使其被镀上。镀后要精确测量齿顶圆尺寸，若过大，应在磨床上进行加工，达到要求为止；若齿厚尺寸过大，可用手工研磨，去掉多余的尺寸。此外，也可在装配时细心观察，找到适合原泵体中心距的啮合齿形。因为电镀层会有些不均匀，所以齿轮的每一个齿的厚度都是不一样的，可将镀层厚的齿和镀层薄的齿啮合在一起；又因为齿轮泵两个齿轮的齿数相等，所以也可以找一对齿数相等，且中心距与原中心距一致的齿轮来代替。齿轮修理步骤如图 2-16 所示。

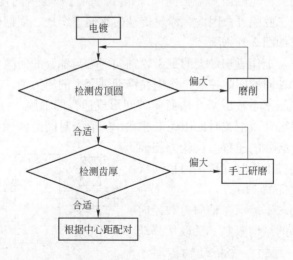

图 2-16　齿轮修理步骤

2.2.11 双联齿轮泵的故障分析与改进

2.2.11.1 结构形式

某双联齿轮泵结构为浮动轴套型轴向间隙自动补偿。产品的安装方式为输入花键轴与传动轴输出端的花键套相连,传动轴的另一端与分动箱取力器输出端连接,传动夹角约 5°,最高转速 1497r/min,双联齿轮泵的排量为 25mL/r 和 25mL/r,额定压力为 20MPa,容积效率大于 90%,额定转速为 2000r/min。其结构形式如图 2-17 所示。

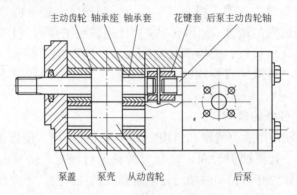

主动齿轮 轴承座 轴承套 花键套 后泵主动齿轮轴

泵盖 泵壳 从动齿轮 后泵

图 2-17 双联齿轮泵结构

2.2.11.2 故障

齿轮泵通过传动轴带动齿轮副啮合,在啮合过程中,形成一个连续的吸油、排油过程。为保证能够可靠地得到高压液体,其齿轮的周边环境需要进行密闭。由于齿轮是运动件,也只能允许齿轮同周边的零件存在微小间隙。齿轮的齿顶和壳体内孔表面间及齿轮端面和盖板间间隙很小,而且啮合齿的接触面接触紧密,起密封作用并把二腔隔开。因此,齿轮传动时泵便连续地、周期性地排油。齿轮泵正常工作状态如图 2-18 所示。

对齿轮泵正常工作影响最大的是齿轮轴向两端与轴套的间隙和齿轮外圆同泵壳的间隙。齿轮轴向的间隙控制是作用在浮动轴套上的压力油,使浮动轴套与齿轮端面按一定的压紧系数压紧,从而使其间形成适当的油膜。浮动轴套中有 DU 材料轴承,在泵启动或空载时油压还未建立,O 形密封圈的弹性可以使浮动轴套与齿轮之间产生必要的压紧。齿轮外圆面的间隙控制是通过工作时低压端齿顶同泵壳内圆贴合来保证的。

该齿轮泵要求不能承受轴向力和径向力,而由于产品的结构限制,采取从分动箱取力器取力,通过一个传动轴传递动力。传动轴一端用法兰盘与取力器连接,

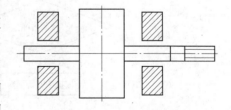

图 2-18 齿轮泵正常工作状态

另一端用花键套与齿轮泵花键连接。

传动过程中，传动轴的重力和转动时的离心力以及扰动力，在齿轮泵输入轴上施加了轴向力和径向力，轴向力通过花键套与花键的滑动消除。齿轮泵的外接齿轮轴是一个悬伸臂，当径向力作用在悬伸臂上时，使齿轮轴有转动的趋势。

当作用力不足以克服齿轮的压紧力时，齿轮泵的内部环境还能够保持正常工作状态，齿轮泵仍能够正常工作；当作用力超过齿轮的压紧力时，使齿轮同轴套分离并形成足够的间隙时，齿轮泵将由于高低压腔室之间出现内漏而失效。齿轮泵异常工作状态如图 2-19 所示。

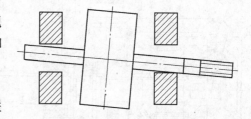

图 2-19 齿轮泵异常工作状态

2.2.11.3 改进方案

为了解决该问题，采取在原双联齿轮泵前端采用双列球轴承支撑结构，消除传动轴带来的径向力对齿轮泵的不利影响。这样可以使得齿轮泵的齿轮轴不受外界径向力的影响，从而保证了齿轮泵的正常工作。齿轮泵与传动轴采用一根短轴进行连接，通过在泵前端面增加一个双列球轴承，使得从传动轴传递来的径向力通过球轴承传递到泵壳上。通过结构变化，将传动轴的径向力阻截在齿轮轴之外，切断外界径向力的传入，明显改善齿轮泵的工作条件，故障得到消除。改进后齿轮泵结构如图 2-20 所示。

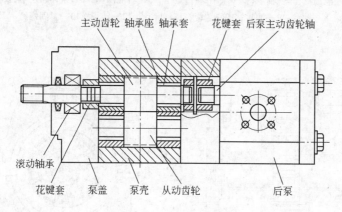

图 2-20 改进后齿轮泵结构

2.3 叶片泵安装调试与故障维修

叶片泵的额定压力为 6～16MPa，高水平的达 21MPa 以上。叶片泵的流量脉动小，噪声较低，大多数用在固定设备上，如机床、组合机床、部分塑料注射机和自制设备等。

2.3.1 叶片泵结构图示及其主要磨损部位

　　YB1 型叶片泵结构如图 2-21 所示，力士乐公司 PV 型变量叶片泵结构如图 2-22 所示。

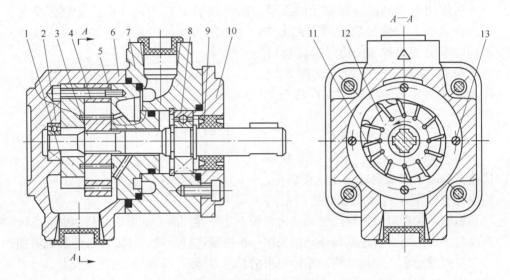

图 2-21　YB1 型叶片泵结构

1—左配油盘；2—轴承；3—泵轴；4—定子；5—右配油盘；6—泵体；7—前泵体；
8—轴承；9—油封；10—盖板；11—叶片；12—转子；13—紧固螺钉

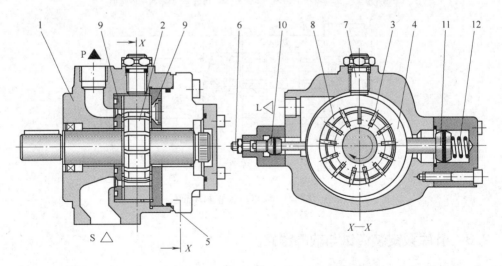

图 2-22　PV 型变量叶片泵结构

1—壳体；2—转子；3—叶片；4—定子环；5—泵盖；6—流量设定螺钉；7—高度调整螺钉；
8—油腔；9—油口侧板；10—小活塞；11—大活塞；12—弹簧

拆开叶片泵，可检查泵的下列方面：

（1）定子内曲线的磨损情况，配流盘的磨损情况。这些磨损与输出流量、压力下降、内泄漏增大、元件发热等有关，也与压力波动增大有关。定子内曲线的磨损主要发生在吸油过渡区，如图2-23所示。

（2）转子安装方向是否正确。它与噪声增大有关。

（3）转子端面磨损情况，转子叶片槽磨损情况。它们与内泄漏增大有关。

（4）转子是否断裂。它与流量下降及脉动有关，也与噪声增大有关。图2-24所示为某叶片泵转子断裂的情况，导致断裂的两个基本因素是应力集中与交变载荷。

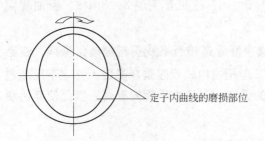

定子内曲线的磨损部位

图2-23　定子内曲线的磨损　　　　图2-24　转子损坏的情形

（5）叶片是否卡滞在叶片槽内。它与流量下降及脉动有关。

（6）叶片的磨损情况。它与噪声增大有关。

（7）轴承的磨损情况。它与噪声增大有关。

（8）密封件的磨损情况。它与外泄漏有关。

（9）轴是否断裂；泵内是否沉积磨屑或其他污物。

2.3.2　叶片泵安装调试

液压泵安装要求是刚性联轴器两轴的同轴度误差不大于0.05mm；弹性联轴器两轴的同轴度误差不大于0.1mm，两轴的角度误差小于1°；驱动轴与泵端应保持5~10mm距离。对于叶片泵，一般要求不同轴度不得大于0.1mm，且与电机之间应采用挠性连接。

液压泵吸油口的过滤器应根据设备的精度要求而定。对于叶片泵，油液的清洁度应达到国家标准等级16/19级，使用的过滤器精度大多为25~30μm。吸油口过滤器的正确选择和安装会使液压故障明显减少，各元件的使用寿命可大大延长。

特别提醒： **为避免泵抽空，液压泵吸油口严禁使用精密过滤器。**

特别提醒： 进油管的安装高度不得大于 0.5m。进油管必须清洗干净，与泵进油口配合的油泵紧密结合，必要时可加上密封胶，以免空气进入液压系统中。

进油管道的弯头不宜过多，进油管道口应接有过滤器，过滤器不允许露出油箱的油面。当泵正常运转后，其油面距过滤器顶面至少应有 100mm，以免空气进入。过滤器的有效通油面积一般不低于泵进油口油管横截面积的 50 倍，并且过滤器应经常清洗，以免堵塞。

吸入管、压出管和回油管的通径不应小于规定值。

特别提醒： 吸入管流速 0.5 ~ 1.5m/s，压出管流速 3 ~ 8m/s，回油管流速 1.5 ~ 2.5m/s。

小技巧： 为了防止泵的振动和噪声沿管道传至系统引起振动、噪声，在泵的吸入口和压出口可各安装一段软管。但压出口软管应垂直安装，长度不应超过 400 ~ 600mm；吸入口软管要有一定的强度，避免由于管内有真空度而使其出现变扁现象。

叶片泵调试的步骤及要求与齿轮泵基本相同。

2.3.3　叶片泵的合理使用

液压系统需要流量变化时，特别是需要大流量的时间比需要小流量的时间要短时，最好采用双联泵或变量泵。

例如，机床的进给机构，当快进时，需要流量大；工进时，需要流量小。两者相差几十倍甚至更多。为了满足快进时液压缸需要的大流量，要选用流量较大的泵，但到工进时，液压缸需要的流量很小，使绝大部分高压液压油经溢流阀溢流。这不仅消耗了功率，还会使系统发热。为了解决这个问题，可以选用变量叶片泵。当快进时，压力低，泵排量（流量）最大；当工进时，系统压力升高，泵自动使排量减小，基本上没有油从溢流阀溢流。也可以采用双联叶片泵，低压时大小两个泵一起向系统供油；工进高压时，小泵高压、小流量供油，大泵低压、大流量经卸荷阀卸荷后供油。

又如，机床液压卡盘和卡紧装置，或其他液压卡紧装置，大多数采用集中泵站供油，即用 1 台泵供给多台机床使用。该系统的特点是：当卡紧或松卡时希望很快，而且要考虑到所有机床同时卡紧，所以系统需要流量较大；可一经卡紧后，只要继续保持压力（即卡紧），即不需要流量的时间要比装卡过程中需要流量的时间长得多。

因此，这种系统中的泵绝大部分时间在做无用功，白白浪费了功率，造成系统发热；且对泵来讲，总是在最高工作压力下工作是很不利的，夏天时，可能由于系统温度过高，不得不暂时停机。为了解决这一矛盾，可以把油箱加大，利用油箱散热。但这是个消极的办法，虽能使系统温度保持稳定，但功率仍被浪费，液压泵也在磨损。

小技巧：较好的办法是采用蓄能器，用蓄能器储存一部分压力油。当系统压力达到最高工作压力时，液压泵卸荷，系统需要的保压流量由蓄能器供给；当系统压力降到最低工作压力时，液压泵再度工作，这样系统不发热，故障不易发生，油箱也小，液压泵的寿命也可延长，这种工况就比较合理。

2.3.4 叶片泵组装

叶片泵装配要注意以下事项：

（1）叶片、转子、定子和配流盘等元件必须去毛刺和去磁。一般用振动抛光法去毛刺。

（2）将泵体、泵盖和其他元件清洗干净，这是叶片泵安装调试顺利进行的保证。泵体、泵盖均是铸件（粘着砂粒），由于叶片泵各元件的配合精度高，只要液压油内有极少的砂粒就能造成转子和配流盘间"拉毛"，使泵损坏。

（3）严格控制每台泵的叶片的长度、转子厚度和定子厚度间的配合尺寸。叶片泵在试验台上调试，主要是调整泵体和泵盖的连接螺栓来控制配流盘与转子间的间隙。这个间隙越小，容积效率就越高，损泵的可能性也就越大。为了既提高容积效率，又避免损泵，就必须控制叶片、定子和转子间轴向的配合尺寸。以YB-B74叶片泵为例，其转子的公称尺寸：外圆为$\phi88$mm，厚度为24mm；经验数据：叶片的长度比转子的厚度小0.005mm，转子的厚度比定子的厚度小0.04mm。这一配合使叶片泵的容积效率达92%，且不会损泵。所以在安装前若将叶片的长度、转子厚度和定子厚度分组配装，可使叶片泵的质量进一步提高。

2.3.5 叶片泵常见故障产生原因及排除方法

叶片泵常见故障产生原因及排除方法见表2-4。

表2-4 叶片泵常见故障产生原因及排除方法

现　象	产生原因	排除方法
液压泵吸不上油或无压力	原动机与液压泵旋向不一致	纠正原动机旋向
	液压泵传动键脱落	重新安装传动链
	进、出油口接反	按说明书选用正确接法
	油箱内油面过低，吸入管口露出油面	补充油液至最低油标线以上
	转速太低吸力不足	提高转速达到液压泵最低转速以上
	油黏度过高，使叶片运动不灵活	选用推荐黏度的工作油

现　象	产　生　原　因	排　除　方　法
液压泵吸不上油或无压力	油温过低，使油黏度过高	加温至推荐正常工作油温
	系统油液过滤精度低，导致叶片在槽内卡住	拆洗、修磨液压泵内脏件，仔细重装，并更换油液
	吸入管道或过滤装置堵塞造成吸油不畅	清洗管道或过滤装置，除去堵塞物，更换或过滤油箱内油液
	吸入口过滤器过滤精度过高，造成吸油不畅	按说明书正确选用过滤器
	吸入管道漏气	检查管道各连接处，并予以密封、紧固
	小排量液压泵吸力不足	向泵内注满油
流量不足达不到额定值	转速未达到额定转速	按说明书指定额定转速选用电动机转速
	系统中有泄漏	检查系统，修补泄漏点
	由于泵长时间工作、振动使泵盖螺钉松动	拧紧螺钉
	吸入管道漏气	检查各连接处，并予以密封、紧固
	吸油不充分： （1）油箱内油面过低； （2）入口滤油器堵塞或通流量过小； （3）吸入管道堵塞或通径小； （4）油黏度过高或过低	补充油液至最低油线以上； 清洗过滤器或选用通流量为泵流量2倍以上的滤油器； 清洗管道，选用不小于泵入口通径的吸入管； 选用推荐黏度工作油
	变量泵流量调节不当	重新调节至所需流量
压力升不上去	泵不上油或流量不足	重新调节至所需流量
	溢流阀调整压力太低或出现故障	重新调试溢流阀压力或修复溢流阀
	系统中有泄漏	检查系统、修补泄漏点
	由于泵长时间工作、振动，使泵盖螺钉松动	拧紧螺钉
	吸入管道漏气	检查各连接处，并予以密封、紧固
	吸油不充分	检查各连接处，并予以密封、紧固
	变量泵压力调节不当	重新调节至所需压力

现 象	产 生 原 因	排 除 方 法
噪声过大	吸入管道漏气	检查管道各连接处，并予以密封、紧固
	吸油不充分	检查各连接处，并予以密封、紧固
	泵轴和原动机轴不同心	重新安装达到说明书要求精度
	油中有气泡	补充油液或采取措施，把回油口浸入油面以下
	泵转速过高	选用推荐转速范围
	泵压力过高	降压至额定压力以下
	轴密封处漏气	更换油封
	油液过滤精度过低，导致叶片在槽中卡住	拆洗修磨泵内脏件并仔细重新组装，同时更换油液
	变量泵止动螺钉调整失当	适当调整螺钉至噪声达到正常
过度发热	油温过高	改善油箱散热条件或增设冷却器使油温控制在推荐正常工作油温范围内
	油黏度太低，内泄过大	选用推荐黏度工作油
	工作压力过高	降压至额定压力以下
	回油口直接接到泵入口	回油口接至油箱液面以下
振动过大	泵轴与电动机轴不同心	重新安装达到说明书要求精度
	安装螺钉松动	拧紧螺钉
	转速或压力过高	调整至许用范围以内
	油液过滤精度过低，导致叶片在槽中卡住	拆洗修磨泵内脏件，并仔细重新组装，同时更换油液或重新过滤油箱内油液
	吸入管道漏气	检查管道各连接处，并予以密封、紧固
	吸油不充分	检查管道各连接处，并予以密封、紧固
	油液中有气泡	补充油液或采取措施，把回油口浸入油面以下
外泄漏	密封老化或损伤	更换密封
	进出油口连接部位松动	紧固螺钉或管接头
	密封面磕碰	修磨密封面
	外壳体砂眼	更换外壳体

2.3.6 YB 型叶片油泵的维修

叶片泵的心脏零件是定子、配流盘、转子及叶片。它们均安装在泵体内,由传动轴通过花键带动,配流盘通过螺钉固定在定子的两侧面,并用销子将其余三件定位。由于定子、配流盘、转子和叶片同在一个密封的工作室内,因相互之间的间隙很小,经常处于满载荷的工作状态。油泵本身存在密封的困油现象,如冷却不及时使油温升高,各零件热胀,将润滑油膜顶破,造成叶片泵的损坏。同时,润滑油的质量也会造成叶片泵的损坏。

2.3.6.1 定子的修复

在叶片油泵工作时,叶片在高压油及离心力的作用下,紧靠定子曲线面,叶片与定子曲线表面接触压力大而磨损快,特别在吸油腔部分,叶片根部由较高的载荷压力顶住。因此,吸油腔部分最容易磨损。当曲线表面轻微磨损时,用油石抛光即可。

小技巧: 既经济又方便的修复方法是将定子翻转 180°安装,并在对称位置重新加工定位孔,使原吸油腔变为压油腔。

2.3.6.2 叶片的修复

叶片一般与定子内环表面接触。叶片顶端和配流盘相对运动的两侧易磨损,磨损后可利用专用工具装夹修磨,恢复其精度(见图 2-25)。

将要修复的叶片油泵中的全部叶片一次装夹在夹具中(见图 2-26),磨两侧和两端面。叶片与转子槽相接触的两面如有磨损可放在平磨上修磨,但应保证叶片与槽的配合间隙在 0.015 ~ 0.025mm 之间,并且能上、下滑动灵活,无阻滞现象。然后装入专用夹具,修磨棱角(见图 2-27)。修复叶片棱角应注意:若叶片的倒角为 1 × 45°,则在修磨时应达到大于 1 × 45°,

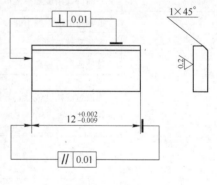

图 2-25 叶片

基本上达到叶片厚度的二分之一,最好修磨成圆弧形并去毛刺,这样可减少叶片沿定子内环表面曲线作用力的突变现象,以免影响输油量和噪声。

2.3.6.3 转子的修复

转子两端面磨损,轻者用油石将毛刺和拉毛处修光、推平,严重的则用芯棒放在外圆磨床上将端面磨光。转子磨去量与叶片的磨去量同样多,以保证叶片略低于转子高度。同时,保证两端平行度在 0.008mm 以内,端面与内孔垂直度在

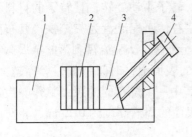

图 2-26　维修叶片
1—底盘；2—叶片；3—压板；4—顶丝

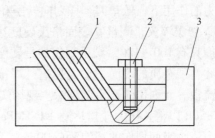

图 2-27　修磨棱角
1—夹具；2—叶片；3—螺丝

0.01mm 以内。

2.3.6.4　配流盘的修复

配流盘的端面和孔径最易磨损，端面磨损后可将磨损面在研磨平板上只用粗砂布将被叶片刮伤处粗磨平，然后再用极细纱布磨平。若端面严重磨损，可以在车床上车平，但必须注意应保证端面和内孔垂直度为 0.01mm，平行度为0.005 ~ 0.01mm，只允许端面中凹；若车削太多，配流盘过薄后容易变形。若配流盘内孔磨损，轻者可用砂布修光即可，严重者必须调换新的配流盘或将配流盘放在内圆磨床上修磨内孔，保证圆度和锥度在 0.005mm 以内，孔径与转子单配。YB 型叶片泵转子和配流盘的端面修磨后，为控制其轴向间隙，泵体也必须相应地修磨。

2.3.6.5　装配注意事项

装配前各零件必须仔细清洗；叶片在转子槽内，能自由、灵活移动，保证其间隙为 0.015 ~ 0.025mm；叶片高度略低于转子高度，其值为 0.05mm；轴向间隙控制在 0.04 ~ 0.07mm 之间；紧固螺钉用力必须均匀；装配完后用手旋转主动轴，应保证平稳，无阻滞现象。

2.3.7　YB1-6 型定量叶片泵烧盘机理分析及修复

2.3.7.1　烧盘机理分析

某 YB1-6 型双作用式定量叶片泵，其压油配流盘结构如图 2-28 所示。在额定压力 6.3MPa 时，经计算，内侧向外的推力最大约为 3700N，而外侧向内的推力最大约为 6760N，承力比约为 1.8。巨大的力差使配流盘压向定子和转子部位泄漏时，其中的机械杂质微粒随着泄漏油进入转子与配流盘之间，这时杂质微粒不但要做径向运动，同时要随转子的转动做旋转运动。这时杂质微粒中较硬的颗粒在轴

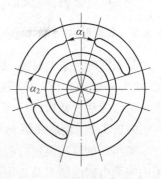

图 2-28　压油配流盘结构

向力的作用下，像车刀一样划向转子和配流盘。转子主动旋转，且转子的材料为 20Cr 渗碳淬火，测量其表面洛氏硬度达到 60 左右，而配流盘为灰铸铁，其布氏硬度只有 100～120，结果划伤的是硬度较低的配流盘。从配流盘剥落的金属微粒黏结在硬杂质的表面，形成焊瘤，焊接在转子的表面上，时间越长，焊瘤越大，配流盘表面划伤的环沟就越深。现场实地测量其中一个烧盘的油泵，工作噪声达到 85dB 以上，压力振摆达到 ±1.1MPa，转子表面的焊瘤高度约 0.2mm，相对应的配流盘表面划伤的环沟深 0.09mm。

2.3.7.2　预防烧盘的措施

预防 YB 型双作用式定量叶片泵烧盘，延长其寿命，最主要的措施是保持油液的清洁和预防出口压力的超载。

（1）保持油液的清洁。每季度清洗、更换一次油液，及时更换泵的进口滤油器，在系统回油口加接过滤精度较高的滤油器，可使泵的寿命延长约一倍。泄漏油经过滤后再进入油箱，油泵的寿命将会进一步提高。

（2）减小压油配流盘内、外侧的承力比。若将压油配流盘外侧的承压面积减小，使内外侧的承力比减小到 1.2，即使在额定压力的 1.5 倍即 9.6MPa 的情况下，该配流盘的内、外推力之差也不过只有 1490N，是原泵的 50%。该类型泵向外的推开力和压向定子的力之比为 1∶1.25，而这一环节没有引起厂家足够的重视。减小承力比理论上可大大缓解烧盘现象的产生。

（3）适当提高配流盘材料的表面硬度。可用表面淬火的方法，对铸铁材料配流盘的表面进行热处理，使其表面硬度适当提高。或改用铸钢调质做配流盘，当其洛氏硬度提高到 20～30 时，可在一定程度上减轻烧盘现象。

（4）改变转子与配流盘摩擦副。在配流盘的表面镶一层青铜，这样可以改变转子与配流盘之间的摩擦系数，以达到减小划伤配流盘、转子产生焊瘤的烧盘现象。这一应用在高压齿轮泵上的措施能否用于叶片泵有待试验研究。

2.3.7.3　烧盘叶片泵的修复

烧盘叶片泵的修复如图 2-29 所示。

2.3.8　双联叶片泵损坏原因分析

某双联叶片泵型号为 SQP43-53-38-56，该泵的性能参数：压力 70kg/cm^2；流量 148L/min，112L/min。该泵在运行十几年后，压力下降，噪声增大，以致吸不上油，无法正常运行。换上的新泵使用不到一年便出现同样的故障现象。

2.3.8.1　原液压泵的解剖现象及损坏原因分析

将损坏的液压泵进行解剖，发现定子曲线内表面严重磨损（见图 2-30）。定子内表面由四段圆弧及四段过渡曲线组成。定子由合金钢制成，滑道曲面经硬化处理（渗碳或氮化）并磨光，以承受叶片端部的滑磨及接触应力。叶片由热处

```
                        烧盘叶片泵的修复
                              │
          ┌───────────────────┴───────────────────┐
```

修复转子：	修复配流盘：
(1)将转子上的焊瘤刮掉或在平面磨上将焊瘤磨掉，严格控制磨削量，尽量不要磨得太多。可在焊瘤刮掉或磨掉后，再在研磨机上光整。	(1)测量配流盘上环状沟槽的深度，以最深的沟槽深度调整砂轮的进给量，以刚好将沟槽磨平为最好。
(2)原转子与定子有30μm的厚度差。若磨过的转子厚度与原来尺寸相差不超过20μm，可不磨削定子而直接安装。	(2)若两侧配流盘磨掉的厚度在0.3mm之内，可直接安装使用，这时要更换新的压油配流盘外侧的O形密封圈。
(3)若磨削量超过了20μm，可将定子同时磨薄相同尺寸，以保证转子与配流盘之间的间隙	(3)若磨削量超过了0.3mm，可将该密封圈换成断面直径大一号的，同时加宽沟槽尺寸

图 2-29　烧盘叶片泵的修复

理后具有高硬度的钢材制成，其与滑道接触的一端通常制成光滑的圆角，但发现排油区 *AB*、*EF* 两段弧磨损最为严重，已磨出沟槽，叶片前端（与定子接触端）有摩擦亮痕。

由图 2-30 可知：排油区为 *AB*、*EF*，吸油区为 *CD*、*GH*（按叶片转动方向）、在排油区，叶片根部通有压力油，以保证叶片顶部与定子内表面可靠接触。从叶片径向运动看，叶片在 *AB*、*EF*、*CD*、*GH* 四段有径向加速度存在，在此圆弧与过渡曲线相连点（即 *A ~ H* 点）处有

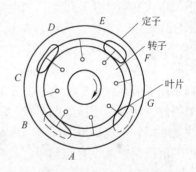

图 2-30　液压泵结构原理图

径向速度突变，不同程度存在柔性冲击，如果液压泵吸、排油不畅，吸空断油，将导致润滑油膜发生破坏而产生干摩擦，若无介质将摩擦产生的热量带走，将导致内泄增加、压力下降、气穴、噪声等故障现象恶性循环而损坏液压泵。

同时，该液压泵吸油不畅，致使叶片与定子内表面接触油膜发生了破坏，相对滑动面形成了强烈干摩擦，*AB*、*EF* 两端排油区尤为严重，产生了大量的热量且无法及时散开（油泵外壳烫手），致使油温剧升，从而使叶片与定子接触表面软化，黏结撕裂而形成沟槽。恶性循环的结果导致液压泵内泄增加、排量减少、气穴而产生噪声、压力下降及不能满足设备正常运行的使用要求。

该机主系统有 4 台主泵，4 台供油泵和该叶片泵安装在高位放置的油箱上，因而油箱上振动较大，造成叶片泵径向力增加，破坏了径向力平衡和叶片与定子曲面的油膜密封。另外，油冷却器的冷却性能降低，相对地增加了油箱散热效果，因而只将油箱内的液压油添加到略高于最低油位。关键原因是叶片泵本身吸

抽能力较差,再降低液面,致使叶片泵的吸油发生吸空,吸油腔已产生严重负压导致气穴现象而产生气泡,气泡的存在使叶片与定子之间失去保护油膜,介质不足使叶片的径向力平衡状态发生改变,摩擦加剧,噪声增大,产生热量,恶性循环的结果进一步使吸排油完全中断,损坏液压泵。

2.3.8.2 解决办法

将损坏的叶片泵定子内表面研磨修整后,重新装回原位。将该泵的安装位置移到地面,此时泵的吸油口低于油箱底部,属倒灌吸油。此时,泵的压力升高(但因手工研磨,不能完全吻合,压力无法达到最高值),发热、噪声等故障消失,泵正常运行。

2.3.9 限压式变量叶片泵的使用及调节

2.3.9.1 问题的提出

某现场的液压系统采用如图 2-31 所示的限压式变量叶片泵。系统采用外反馈限压式变量叶片泵供油,当电磁换向阀通电时,液压缸的下腔通压力油,液压缸杆伸出推起重物;当液压缸运动到极限位置时,系统要保压维持重物不下落(即实现工进、保压工作循环),系统设计为采用开泵保压方式。在现场实际应用时,当液压缸运动到极限点时,电机有转不动的现象,为了防止烧毁电机,现场采用了关泵保压,但由于电磁换向阀的阀体与阀芯间具有一定的间隙,密封效果不好。特别是当换向阀经过一段时间工作磨损后,泄漏量增大,液压缸常常很快地缩回,系统不得不间隔一段时间就重新启动液压泵。按照现场的应用,系统中的液压泵根本没有起到限压式变量叶片泵应该起到的作用。

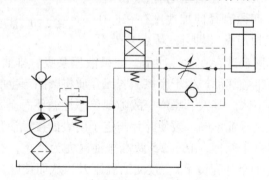

图 2-31 采用限压式变量叶片泵的液压系统

2.3.9.2 限压式变量叶片泵的调节

图 2-32(a)所示为限压式变量叶片泵的结构简图,图 2-32(b)所示为压力—流量特性调节曲线。图 2-32(a)中 1 为限定流量的螺钉,2 为液压反馈缸,3 为柱塞,4 为叶片,5 为转子,6 为定子,7 为限压弹簧。对于限压式变量叶片泵,通

过对限流螺钉 1 和限压弹簧 7 的调整可以对系统的最大流量和系统的拐点（B 点）压力进行调整（相应地决定了系统的最高压力），如图 2-32(b) 中双箭头指向情况。

2.3.9.3 现场调节

现场对限压式变量叶片泵的工作要求分别是：快进、夹紧（保压）、快退工作循环；快进、工进、快退工作循环；工进、夹紧（保压）工作循环。

不论哪一种工作循环，系统的溢流阀都是按安全阀配置的，其调整压力略高于系统的额定压力。

对于快进、夹紧、快退工作循环：快进和快退工作一般是在图 2-32(b) 的 AB 段上实现，夹紧后保压可以是在 C 点工作。调整时，可以首先将限压弹簧调松，在没有负载或负载较小时调定限流螺钉，得到液压缸需要的快速运动速度；然后在液压执行元件达到极限工作位置时调整限压弹簧，确定系统需要的夹紧压力（根据夹紧力确定）。

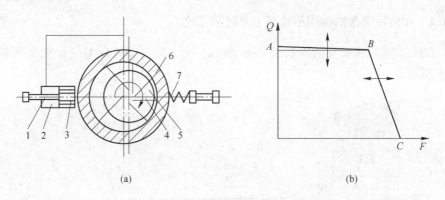

(a)　　　　　　　　　　　　　　(b)

图 2-32　限压式变量叶片泵
(a) 结构简图；(b) 特性曲线

对于快进、工进、快退工作循环：快进和快退工作也是在 AB 段上实现，工进是在 BC 段的合适点实现。调整时也是首先将限压弹簧调松，在没有负载或负载较小时调定限流螺钉，得到液压缸需要的快速运动速度；在工进负载下，逐步调紧限压螺钉，液压缸开始运动，速度会逐渐加大，最后使工作速度满足要求即可。

对于工进、夹紧工作循环：要限流螺钉和限压弹簧配合调整，满足系统工进的流量压力工作点，首先调整限流螺钉，在液压缸空载情况下获得比工进要求速度大 20% 左右的速度；然后在工进负载的作用下调整限压弹簧，达到工进时的速度要求。

现场出现调整问题的原因如图 2-33 所示。

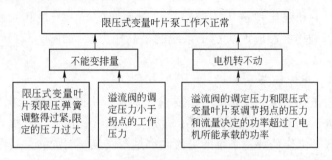

图 2-33 现场出现调整问题的原因

2.4 轴向柱塞泵安装调试与故障维修

轴向柱塞泵具有压力高、功率大、易于改变排量等突出优点,被广泛应用。这类泵结构复杂,使用维修的技术管理要求也高。

2.4.1 轴向柱塞泵结构图示及其主要磨损部位

SCY 型轴向柱塞泵结构如图 2-34 所示。力士乐 A10VSO 型变量柱塞泵如图 2-35 所示。

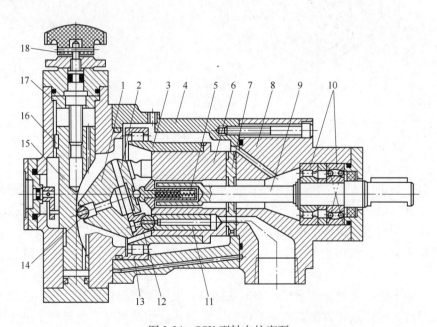

图 2-34 SCY 型轴向柱塞泵

1—斜盘;2—压盘;3—镶套;4—中间泵体;5—定心弹簧;6—柱塞缸体;7—配油盘;
8—前泵体;9—主传动花键轴;10,13—轴承;11—柱塞;12—滑阀;
14—销轴;15—活塞;16—导向键;17—后泵盖;18—调节手轮

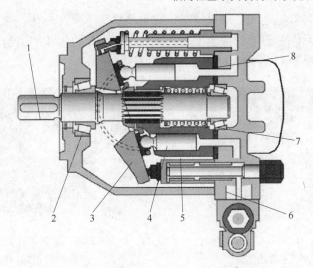

图 2-35　力士乐 A10VSO 型变量柱塞泵

1—主轴；2，7—轴承；3—斜盘；4—柱塞；5—转子；6—变量机构；8—配流盘

斜轴式无铰轴向柱塞泵如图 2-36 所示。

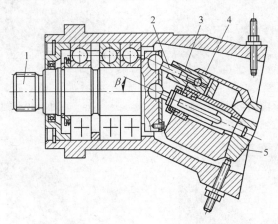

图 2-36　斜轴式无铰轴向柱塞泵

1—传动轴；2—连杆；3—柱塞；4—缸体；5—配流盘

拆卸分解轴向柱塞泵，可检查泵的下列方面：

（1）配流盘是否磨损、拉槽。柱塞与缸孔之间的间隙是否过大。这些磨损与压力、流量下降，泄漏油管内泄漏增大等症状有关。

（2）中心弹簧是否疲软或折断，它与压力、流量下降有关。

（3）柱塞阻尼孔是否阻塞，它与滑靴干摩擦时泵在运行中发出尖叫声有关。

（4）滑靴与柱塞头是否松动，它与噪声增大有关。

（5）滑靴与斜盘之间的磨损情况，它与泵效率下降、发热、噪声增大有关。

（6）内部元件是否因气蚀出现表面损坏；泵内是否沉积磨屑与污物。

图 2-37 ~ 图 2-42 所示为柱塞泵损坏的零件。

图 2-37 柱塞因污染卡死在
柱塞孔中的情形

图 2-38 斜轴式柱塞泵铜质
滑靴严重损坏的情形

图 2-39 轴承内圈与泵轴相对
转动导致轴磨损严重

图 2-40 轴承损坏

图 2-41 右侧滑靴端面被磨平

图 2-42 配流盘损坏

2.4.2 轴向柱塞泵的安装与调试

2.4.2.1 轴向柱塞泵的安装

轴向柱塞泵安装精度具体要求为：（1）支座安装的轴向柱塞泵，其同轴度检查允差为0.1mm。（2）采用法兰安装时，安装精度要求其芯轴径向法兰同轴度检查公差为0.1mm；法兰垂直度检查允差为0.1mm。（3）采用轴承支架安装皮带轮或齿轮，然后通过弹性联轴节与泵连接，来保证泵的主动轴不承受径向力和轴向力。可以允许承受的力应严格控制在许用范围内，特殊情况下还要对转子进行精密的动平衡实验，以尽量避免共振。

泵的回油管用来将泵内漏出的油排回油箱，同时起冷却和排污的作用。通常泵壳体内回油压力不得大于0.05MPa。因此，泵的泄漏回油管不宜与液压系统其他回油管连在一起，以免系统压力冲击波传入泵壳体内，破坏泵的正常工作或使泵壳体内缺润滑油，形成干摩擦，烧坏元件。应将泵的泄漏回油管单独通入油箱，并插入油箱液面以下，以防止空气进入液压系统。

特别提醒： 泵的回油管不能直接接至吸油管，因为液压泵的外泄回油管排出的是热油，容易使泵体温度升高，对泵的使用寿命很不利。泵的外泄漏油管与吸油管相连，还会造成泵体里未充满所需的液压油，这更是不利的。

特别提醒： 为了防止泵的振动和噪声沿管道传至系统引起振动、噪声，在泵的吸入口和压出口可各安装一段软管。但压出口软管应垂直安装，长度不应超过400~600mm；吸入口软管要有一定的强度，避免由于管内有真空度而使其出现变扁现象。

油液的清洁度应达到国家标准等级16/19级（NAS10）或说明书的要求。

2.4.2.2 变量泵安装精度的检查

柱塞泵安装时必须保证泵与电机的同心度符合要求。某 A7V-355 型泵为支架安装形式，其检测方法如图 2-43 和图 2-44 所示（磁性千分表座安装端面对电机输出轴的垂直度原始误差不大于0.01mm）。

某 A7V-250 型泵为法兰安装形式，其安装精度检测方法如图 2-45 ~ 图 2-47 所示。

2.4.2.3 泵站点检内容与方法

在日常点检中，对泵站的最低压力、泵本身的工作状况、系统各个部位的温度等进行检查，并关注其变化趋

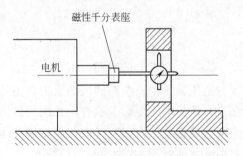

图 2-43 检查泵安装孔对电机
输出轴的同轴度检查
（径跳不大于0.2mm）

势，就能及时发现系统的劣化趋势。即使发生故障了，也能通过比较故障状态的参数和系统正常工作时的参数，快速定位故障和处理故障。

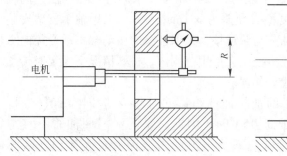

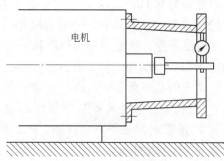

图 2-44 支座上泵的安装端面对
电机输出轴的垂直度检查
（端跳不大于0.1mm,R为原安装螺孔分布圆半径）

图 2-45 法兰上泵安装孔对
电机输出轴的垂直度检查
（振摆允差不大于0.1mm）

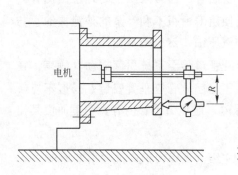

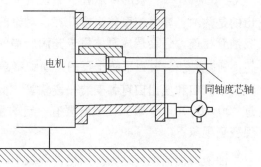

图 2-46 泵安装端面对
电机轴的垂直度检查
（振摆允差不大于0.1mm，R为原安装
螺孔分布圆半径）

图 2-47 泵轴对电机输出轴的
同轴度检查
（振摆允差不大于0.1mm）

A 泵站压力的点检

液压系统中，泵站的供油压力是关系整个系统是否能稳定运行的关键参数，在日常点检中必须重点检查。系统的供油压力与液压泵容积效率和整个系统的内泄漏直接相关，大多数时候，泵站供油压力并不是突然发生报警的，而是有一个逐渐变化的过程。

通常，泵站压力在系统各大流量的执行机构动作时，下降才比较明显。因此在点检泵站压力时，不能简单地记录任意时刻的压力，而应当记录整个系统需要压力油量最高峰值时的压力，即系统的最低压力，并且在以后每次点检时，记录同样工况下的最低压力，这样的点检才是有效的。通过比较每次检查时的最低压力变化趋势，就可以判断系统压力是否正常。

B 泵的容积效率检查

在现场没有定量的手段，但可以通过检查泵的泄漏油量、泵的加载时间（针对有卸荷和加载控制的定量泵）、单台泵启动时系统压力达到某个压力的时间、泵壳体温度、泵出口压力管路和泄漏管路的温度、变量泵的摆角等，大致判断泵是否正常，容积效率是否存在明显劣化。

小技巧： 泵的容积效率＝泵的实际流量/泵的理论流量×100%。可将压力为零工况下测出的流量视作理论流量，负载压力下测出的流量是实际流量，这样就能算出泵的容积效率。

C 内泄漏的检查

液压系统的油液是在密封的管道或元件内流动的，内泄漏检查不是很容易。在现场，对系统上所有的阀、油缸、管路等，通过用手触摸这些元件表面的温度，可判断元件是否存在严重的内泄漏。因为所有的内泄漏发生时，压力油从高压状态变为低压状态，压力能就会转化为热能，如果内泄漏严重，必然表现为元件表面温度高。内泄漏严重时，还可以听到油流动的声音。

2.4.3 轴向柱塞泵的合理使用

在油路中，斜轴式和斜盘式轴向柱塞泵在额定转速或超过额定转速使用时，泵的进油口均须压力注油，保证液压泵的进油口压力为 0.2～0.4MPa，也就是说需用一个低压补油泵供油，其流量应为主泵流量的120%以上。在降速使用时，进油允许自吸。

斜轴式和斜盘式轴向柱塞泵，壳体上均有两个泄油孔，其作用是泄油和冷却，使用方法为：

（1）使用前将高处的一个泄油孔接上油管，使壳体内的泄漏油能通畅地流回油箱。对于手动伺服变量结构的液压泵，其壳体内油压超过 0.15MPa，将对伺服机构的灵敏度有影响，使用时要特别注意。

（2）把两个泄油口均接上油管，低处油管输入冷却油，高处油管回油箱。在闭式油路中管路最高处应装有排气孔，用以排除油液中的空气，避免产生振动和噪声。

为了延长泵的使用寿命，必须定期地在油路的紊流处取出油样检验。保持油液的清洁度是系统维护保养的重要内容。有时系统不能正常运行，就是因为控制阀阀芯被油污卡死，或产生阻尼、运动不畅。所以每次出现故障时，又找不着其他原因，清洗相关的控制阀（特别是比例阀）是重要的措施。轴向柱塞泵的损坏是从柱塞滑靴的磨损开始的，如图 2-48 所示。当滑靴磨损到与斜盘间的静压油膜形成不了时，则滑靴与斜盘间的摩擦力增大，斜盘被拉伤，摩擦力进一步增大，回程盘破裂，泵的内脏损毁。若定期将磨损（还未完成损坏）的滑靴换掉，就可以避免整泵的损坏。

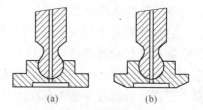

图 2-48　柱塞滑靴
(a) 未磨损的滑靴；(b) 磨损的滑靴

轴向柱塞泵在使用过程中，要注意以下检查：

（1）要经常检查液压泵的壳体温度，壳全外露的最高温度一般不得超过 80℃。

（2）要定期检查工作油液的水分、机械杂质、黏度、pH 值等，若超过规定值，应采取净化措施或更换新油。

特别提醒： **绝对禁止使用未经过净化处理的废油，以及净化后未达到规定标准的假冒伪劣油液。**

（3）及时更换堵塞的过滤器的滤芯。新滤芯必须确认其过滤精度，达不到所要求过滤精度的滤芯，不得使用。

（4）主机进行定期检修时，液压泵不要轻易拆开。当确定发生故障要拆开时，务必注意拆装工具和拆装环境的清洁，拆下的零件要严防划伤碰毛。装配时，各个零件要清洗干净，加油润滑，并注意安装部位，不要装错。

（5）液压泵长期不用时，应将原壳体内油液放出，再灌满含酸值较低的油液，外露加工面涂上防锈油，各油口须用螺堵封好，以防污物进入。

2.4.4　轴向柱塞泵常见故障及排除

轴向柱塞泵的故障产生原因及排除方法见表 2-5。

表 2-5　轴向柱塞泵故障产生原因及排除方法

现　象	原　因	排　除　方　法
流量不够	箱油面过低，油管及滤油器堵塞或阻力太大以及漏气等	检查储油量，把油加至油标规定线，排除油管堵塞，清洗滤油器，紧固各连接处螺钉，排除漏气
	泵壳内预先没有充好油，留有空气	排除泵内空气
	液压泵中心弹簧折断，使柱塞回程不够或不能回程，引起缸体和配油盘之间失去密封性能	更换中心弹簧
	配油盘及缸体或柱塞与缸体之间磨损；对于变量泵有两种可能：如为低压，可能是油泵内部摩擦等原因，使变量机构不能达到极限位置，造成偏角小所致；如为高压，可能是调整误差所致	（1）磨平配油盘与缸体的接触面，单缸研配，更换柱塞； （2）低压时，使变量活塞及变量头活动自如；高压时，纠正调整误差
	油温太高或太低	根据温升选用合适的油液

现　象	原　因	排　除　方　法
压力脉动	配油盘与缸体或柱塞与缸体之间磨损，内泄或外漏过大； 对于变量泵可能由于变量机构的偏角太小，使流量过小，内泄相对增大，因此不能连续对外供油	磨平配油盘与缸体的接触面，单缸研配，更换柱塞，紧固各连接处螺钉，排除漏损； 适当加大变量机构的偏角，排除内部漏损
	伺服活塞与变量活塞运动不协调，出现偶尔或经常性的脉动	偶尔脉动，多因油脏，可更换新油，经常脉动，可能是配合件研伤或憋劲，应拆下修研
	进油管堵塞，阻力大及漏气	疏通进油管及清洗进口滤油器，紧固进油管段的连接螺钉
噪　声	泵体内留有空气	排除泵内的空气
	油箱油面过低，吸油管堵塞及阻力大，以及漏气等	按规定加足油液，疏通进油管，清洗滤油器，紧固进油段连接螺钉
	泵和电动机不同心，使泵和传动轴受径向力	重新调整，使电动机与泵同心
发　热	内部漏损过大	修研各密封配合面
	运动件磨损	修复或更换磨损件
漏　损	轴承回转密封圈损坏	检查密封圈及各密封环节，排除内漏
	各接合处 O 形密封圈损坏	更换 O 形密封圈
	配油盘和缸体或柱塞与缸体之间磨损（会引起回油管外漏增加，也会引起高低腔之间内漏）	磨平接触面，配研单缸，更换柱塞
	变量活塞或伺服活塞磨损	严重时更换
变量机构失灵	控制油道上的单向阀弹簧折断	更换弹簧
	变量头与变量壳体磨损	配研两者的圆弧配合面
	伺服活塞，变量活塞以及弹簧心轴卡死	机械卡死时，用研磨的方法使各运动件灵活
	个别通油道堵死	油脏时，更换新油
泵不能转动（卡死）	柱塞与油缸卡死（可能是油脏或油温变化引起的）	油脏时，更换新油；油温太低时，更换黏度较小的机械油
	滑靴落脱（可能是柱塞卡死，或有负载引起的）	更换或重新装配滑靴
	柱塞球头折断（可能是柱塞卡死，或有负载引起的）	更换零件

2.4.5　斜盘式轴向柱塞伺服双联变量泵应用要点

斜盘式轴向柱塞伺服双联变量泵大量地用于液压伺服系统中，为系统提供高压（35MPa 以下）、大流量、响应快、高效的液压源。

2.4.5.1　泵站

A　斜盘式轴向柱塞伺服双联变量泵

根据工程上的需要确定系统的工作压力（35MPa 以下）及流量，查阅相关的手册或产品目录选择双联泵组合（一般由 1 台伺服变量泵和 1 台定量泵组成）中的变量泵和定量泵的型号，要求它们能同轴机械连接，这是组成双联泵的必要条件。输出的最大流量等于变量泵输出的最大（正）流量与定量泵输出的流量之和。若液压系统需求的最大流量大于 1 台（最大组合的）双联泵的输出流量时，则需多台双联泵组成液压站。每台双联泵的输出口需经插装阀（其流量大于泵的输出流量）接入液压站的输出管，使压力油只能由泵的输出口流入系统，该泵有故障或没有开启时，系统的压力油不会灌入泵中。为了安全，在每台双联泵的输出口必须接入一个安全（卸荷）阀。变量泵的斜盘位置和系统压力必须要有显示。

B　电机

交流异步电动机的同步转速（异步转速略低）可分为 3000r/min（2 级）、1500r/min（4 级）、1000r/min（6 级）、750r/min（8 级）、600r/min（10 级）。泵的驱动电机必须选用异步转速等于（最好略大于）泵的额定转速（连续工作时）的交流异步电动机。

泵的最大输出功率 = 最高压力 × 最大流量，用 p_{max} 表示，p_{max} 持续时间较短。电机功率 $p = p_{max}/k$，k 为交流异步电机的过载系数，取 $1.5 \sim 2$。

C　液压油的过滤

由于伺服系统工作在高压状态，比例阀等液压元件的配合间隙较小，变量泵的滑履和斜盘形成的静压油膜都对油液的清洁度要求较高，它直接影响泵的正常工作和寿命。泵的吸油口和回油口要进行过滤，由于流量大，吸油口过滤的同时可能造成供油不足，即吸空现象，它对泵有很大的损坏，一定要避免。若增大过滤网的过滤面积还避免不了，就只能降低口的过滤精度，同时增加如图 2-49 所示的过滤机，使油箱的油经它过滤达到系统对目标清洁度 18/14（ISO 4406）的要求。

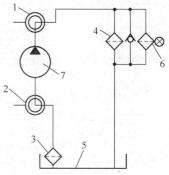

图 2-49　过滤机液压原理

1，2—三通球阀；3，4—过滤器；

5—油箱；6—压差继电器；

7—过滤泵

过滤泵 7 的吸油口选用过滤精度为 50～60（$\beta_{50}\geq75$）的过滤器 3：出口选用过滤精度为 10（$\beta_{10}\geq75$）的过滤器 4，它的极限压差为 0.2～0.35MPa，若达此值，压差继电器 6 接通系统的报警器报警。对于直接进入比例阀等精密元件的油液还要进行精度更高的过滤。为了避免外界的污染，油箱最好做成全封闭式。

D 信号压力供油系统

液压站的双联泵斜盘的支撑和旋转均由信号压力油来完成，由 PC（可编程控制器）发出命令压力和命令流量的电压信号，经放大后，控制泵上的比例阀的动作，从而改变了驱动斜盘的信号压力油的流量和方向，斜盘旋转使变量泵快速响应系统的压力和流量的需求。供给恒压的信号压力油是液压站能正常工作的关键。图 2-50 所示为信号压供油系统。信号泵 3 的进出油口均进行过滤，出口油液的目标清洁度不低于 15/11（ISO 4406）。过滤器 4 的过滤孔径小于 $5\mu m$（$\beta_5\geq$ 75），它的极限压差为 0.35～0.5MPa，若达此值，压差继电器 2 接通报警器报警。为了避免信号泵进口吸空，它的进口选用过滤的孔径小于 $50\mu m$（$\beta_{50}\geq75$）的过滤器 7，它的最大压差不能大于 0.02MPa，且进油口的位置要尽量地远离双联变量泵的进油口位置，以免大流量的双联泵的启动造成信号压的波动。因为信号泵 3 必须进入稳态后才能向系统供油，系统必须有稳定的信号压力油后，双联

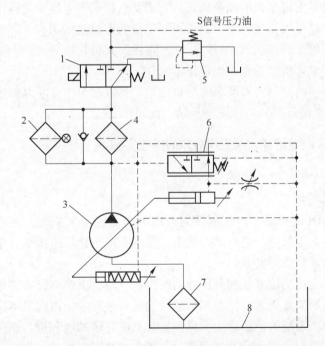

图 2-50 信号压供油系统

1—二位三通电磁阀；2—压差继电器；3—信号泵；4，7—过滤器；
5—安全阀；6—压力先导阀；8—油箱

主泵才能启动。所以液压站（由 PC 控制）启动的顺序是：信号泵启动进入稳态→二位三通电磁阀 1 的线圈通电（接通信号油路）→双联主泵 1 启动→双联主泵 2 启动→……。

2.4.5.2　安装调试

按油路图安装好各元件，系统不允许有泄漏，油路必须清洗干净。按相关资料提供的信息调整各电液参数，使泵带的各传感器工作在正确的范围内。其中，斜盘角位移（流量）传感器电压范围的调整尤为重要。

当每台双联泵的输出为零流量时，双联泵中的变量泵应为负流量（定量泵流量），即定量泵输出的油由变量泵返回油箱；当每台双联泵的输出等于定量泵流量时，变量泵为零流量；当每台双联泵的输出大于定量泵流量时，变量泵为正流量。这样每台双联泵的输出流量能在零至定量泵流量 + 变量泵最大正流量之间连续变化。若整个液压站由 N 台双联泵组成，则输出的流量能在零至 NX（定量泵流量 + 变量泵最大正流量）之间连续变化。

每台变量泵斜盘上的传感器将流量信号变为电压信号（反馈给 PC），其对应值为：若变量泵在最大负流量至最大正流量之间变化时，则斜盘上传感器变换的电压在 − 最大电压至 + 最大电压之间跟随。变量泵和定量泵接成双联泵时，变量泵的最大负流量由定量泵的流量确定，它的斜盘传感器电压变化范围的负端电压值也应根据定量泵的流量调整。对于不同流量的定量泵的组合，其负电压值也调整得不同，应等于（ − 定量泵排量 × 变量泵最大排量电压/变量泵最大排量），该值一定要调整正确，否则泵不能正常工作。

为了使泵站内的每台双联泵的负载均匀，各双联泵中变量泵斜盘的极限位置（传感器电压变化范围）应该调整相同，且同步变化。

2.4.6　液压转向变量柱塞泵失压故障的排除实例

2.4.6.1　卸荷转换故障

A　故障现象

某 EUCLID170 重型卡车液压转向系统由变量柱塞泵驱动，在运行途中转向系统突然产生失压故障。进行动态检查，发现系统工作压力很低，泵内也没有正常的升压与卸荷状态的转换。

初步判断为控制该系统的调压卸荷阀出现故障，更换新阀并调整后系统工作压力及卸荷周期恢复正常。但在车辆随后的运行过程中，再次发生完全相同的故障。检查发现当系统大流量输出、泵恢复对系统升压的过程中，调压卸荷阀对泵失去了正常的控制（在到达高压峰值时，没有出现瞬间快速的卸荷动作，而是使泵出口压力及系统压力逐渐下降，并降至泵卸荷状态设置压力的水平），最后无论流量及转速怎样变化，也不能恢复正常的系统工作压力。

B 变量柱塞转向泵的控制原理

变量柱塞转向泵压力控制原理如图 2-51 所示。该系统工作正常时，升压状态与卸荷状态的转换过程是瞬间快速完成的。调压卸荷阀实质是一个由同步先导压力控制的溢流阀。升压与卸荷动作之所以能瞬间快速完成，从系统工作压力引来的同步先导压力起关键的作用。升压过程中，当柱塞转向泵达到高压输出设定的峰值时，调压卸荷阀要发生溢流动作，由于有同步先导压力的控制，溢流动作能瞬间迅速完成，因而是一种深度溢流状态（即柱塞转向泵的卸荷状态），同时将这一状态锁定，并尽可能维持较长的时间。

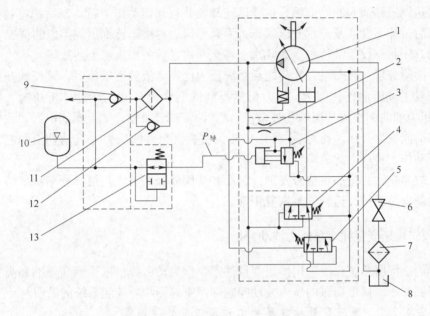

图 2-51 变量柱塞转向泵压力控制原理图

1—变量柱塞泵；2—节流阀；3—调压卸荷阀（16.54MPa，18.96MPa）；4—安全阀（24.82MPa）；
5—补偿阀（4.13MPa）；6—截止阀；7—滤芯；8—油箱；9—单向阀块；10—储能器；
11—高压滤芯；12—旁通阀；13—保险阀

同理，当系统工作压力达到低压峰值时，同步先导压力已经不能锁住调压卸荷阀的深度溢流状态，因此将瞬间恢复柱塞泵的升压工作输出。同时，状态被锁定，并将在达到高压峰值时，调压卸荷阀再次发生深度溢流动作，使柱塞转向泵卸荷。

C 故障分析与排除

检查发现柱塞转向泵在卸荷瞬间 $P_导$ 压力不能瞬间卸压，而是逐渐变低，最后平衡在一个稳定的压力值上。通过分析认为，当调压卸荷阀要发生溢流动作时，由于同步先导压力值太小，致使深度溢流动作不能发生，也不能将状态锁定，而是发生了一般的溢流阀的溢流动作，致使 $P_导$ 压力不能瞬间彻底卸压产生此故障。

　　进一步检查发现，高压滤芯堵塞严重、旁通阀发卡，造成高压滤芯处压降太大，从而降低了系统的同步先导压力值。更换液压油、滤芯及修复旁通阀后，系统运转立刻恢复正常，故障排除。

2.4.6.2　升压转换故障

　　故障现象：车辆启动之初一切正常，当大流量转向输出时，系统压力急剧下降而无法正常工作。检查发现，转向泵在开始运转时，有正常的升压状态，当压力到达调压卸荷阀的峰值后，也能迅速卸荷并且卸荷动作干脆。当系统流量输出失压后，却不能恢复正常升压状态，而且停机后再次运转都出现类似的情况（正常的升压状态仅能维持极少数几次，甚至一次之后就出现了上述故障）。

　　故障分析：转向泵在卸荷之后系统压力已经降低到下限值时，调压卸荷阀已经恢复了升压动作，但 $P_导$ 压力仍然不能瞬间恢复压力。通过分析认为，供给 $P_导$ 压力油的细小的节流阀孔被堵塞，$P_导$ 油流流量极小，加上阀间泄漏，致使调压卸荷阀发生升压动作之后，$P_导$ 仍然无法建立足够的压力去推动补偿阀芯发生升压动作，将产生此故障。

　　故障排除：进一步检查发现，调压卸荷阀体处的节流孔被异物堵塞，清理之后重新安装系统，运转立刻恢复正常。

2.4.7　恒压变量柱塞泵压力波动分析

　　液压伺服系统广泛采用恒压变量柱塞泵作为动力源，以达到高频响和高精度的控制要求。而恒压泵的压力波动问题却严重地影响着控制系统的品质。

2.4.7.1　恒压变量柱塞泵的工作原理及故障现象

　　图 2-52 所示为恒压变量柱塞泵的工作原理。泵出口油压作用在调压阀右侧伺服阀阀芯的右端，弹簧力作用在伺服阀阀芯的左端，弹簧预紧力由调压螺钉设定。当泵出口油压升高时，液压力大于弹簧力，伺服阀阀芯向左移动，使控制油与压力油相通，控制油压升高；当泵出口油压降低时，弹簧力大于液压力，伺服阀阀芯向右移动，使控制油与回油相通，控制油压降低。

　　该控制油压作用在泵体内部的变量活塞上，变量活塞与泵体内的大弹簧共同决定斜盘的倾角。当控制油压升高时，变量活塞上的液压力大于弹簧力，斜盘倾角变小，泵的输出流量减少；当控制油压降低时，弹簧力大于液压

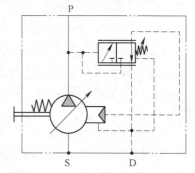

图 2-52　恒压变量柱塞泵工作原理

力，斜盘倾角变大，泵的输出流量增加。这样，就可以通过泵出口压力的变化来改变泵的输出流量，以达到保持系统压力恒定不变的目的。

恒压变量柱塞泵的恒压过程是通过泵输出压力的变化反馈到泵体内改变泵的输出流量来实现的。这是一个压力反馈过程，从理论上来讲，泵的输出压力是变化的，但这个变化极其微小，从压力表上很难看出。如果在调节过程中压力偏差值过大，并且超过一定数值时，就可判定该泵存在压力波动故障。图 2-53 所示为某电厂汽轮机电液调节系统压力输出曲线。从图 2-53 中可以看出，该泵的设定压力为 14.5MPa，而实际的输出压力最高为 15MPa、最低为 13.6MPa。压力波动达 1.4MPa。该泵的额定压力为 21MPa，根据制造商提供的数据，当压力波动超过 1.0MPa 时，就可判定该泵存在压力波动故障。

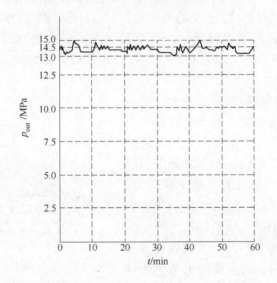

图 2-53 恒压变量柱塞泵压力波动曲线

电厂的汽轮机电液调节系统用于控制汽轮机的转速和功率。该系统为电液伺服系统，以计算机作为控制器，以伺服油缸作为执行机构，以伺服阀作为电液转换器。当液压系统的输出压力变化时，会引起液压缸的输出力发生变化而影响汽轮机的转速或功率，使调节品质变差，严重时还会引起系统振荡或造成事故。因此，压力波动对汽轮机电液调节系统的危害是巨大的。

2.4.7.2 恒压变量柱塞泵的故障分析及处理方法

恒压变量柱塞泵的压力波动主要是由调压阀和变量活塞两部分的故障产生的。调压阀是压力敏感元件，其伺服阀芯的灵敏度决定了泵输出压力的平稳性。对于伺服阀阀芯来讲，在理想状态下，力平衡方程为：

$$pA = kx$$

其中，p 为泵出口压力；A 为阀芯面积，表示作用在阀芯右端的液压力；k 为弹簧刚度；x 为弹簧预压缩量；kx 表示作用在阀芯左端的弹簧力。只要泵出口压力 p 发生变化，力平衡遭到破坏，阀芯就会发生移动打开阀口，使调压阀输出的控制油压发生改变。但在实际使用中阀芯移动总是存在一定的阻力，该力平衡方程变为：

$$pA = kx + f$$

其中，f 为摩擦阻力。当泵出口压力发生变化时，必须要达到 $\Delta p > f/A$ 后阀芯才能运动。对于直径 $d = 6mm$ 的阀芯，当摩擦力 $f > 27.7N$ 时，就会使 Δp 达到 1.0MPa 以上，发生压力波动故障。

摩擦力主要是由杂质卡涩和弹簧力不平衡造成的。当油中杂质进入到伺服阀芯与阀体之间的间隙中以后，势必造成阀芯卡涩，使摩擦阻力增加。另外，泵的工作压力是由弹簧预紧力调定的，而弹簧都有一定的侧倾力。泵出口压力为 14.5MPa 时，弹簧力较大，达 402N。它所产生的侧倾力将阀芯压向一侧，也增加了阀芯的摩擦力。

由杂质卡涩引起的摩擦力增大，通过提高并保持油液清洁度，可大幅降低其发生的概率。弹簧力产生的侧向力由于泵结构所致，是不可避免的。但是将调压阀改成先导型调压阀，则可大大减小弹簧力，从而减小阀芯侧向力。图 2-54 所示为先导型调压阀工作原理图。泵出口压力同样作用在伺服阀阀芯的右侧，左侧的弹簧力很小，只起复位作用，而主要的力为由先导阀设定的液压力。这样在阀芯两端就形成

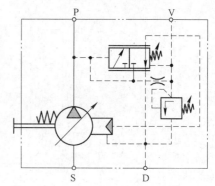

图 2-54 先导型调压阀工作原理

液压平衡。液压的对中作用使阀芯的侧向力很小，从而将摩擦力减为最小，使阀芯调节更灵敏。经实际使用考核，改用先导型调压阀后，出现泵油压波动故障的数量有所减少，压力输出更平稳。

从泵的调压系统来讲，泵体内的变量活塞就是执行元件。执行元件的不灵敏同样会引起压力波动故障。变量活塞相当于一个柱塞缸，柱塞和套筒之间的机械摩擦和杂质卡涩是引起变量活塞不灵敏的主要原因，故障泵的解体检查也验证了这一点。

图 2-55 所示为恒压变量柱塞泵的结构简图。从结构上分析，变量伺服活塞的压力腔实际上是一个液压死区，一旦大的颗粒杂质进入到该腔室就很难再出去，在反复运动中很容易进入到柱塞和套筒之间形成卡涩。这些颗粒可能是在泵的装配过程中留下的，也可能是油泵刚开始充油时进入的。对于液压伺服系统业

内有一个习惯上的使用误区，那就是系统加油时油质较差，通过油循环达到使用要求。虽然满足了伺服阀等控制元件的使用要求，但为颗粒杂质进入到泵的控制腔室留下了隐患。所以，在装配时保证好的清洁水平和使用合格油液，是防止变量活塞卡涩的有效手段。

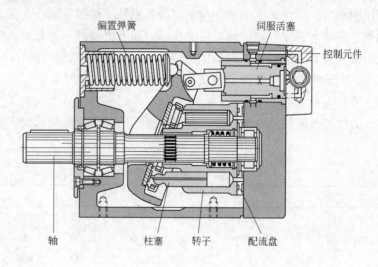

图 2-55　恒压变量柱塞泵结构图

　　由于斜盘对变量活塞产生侧向力，使变量活塞的套筒与柱塞间形成上、下两条线的接触区域，且对于长期稳定工作的系统，活塞运动的位置基本固定。经解体检查，在故障泵的活塞套筒上有上、下两条明显的磨损痕迹，且存在锈蚀斑点。这是由于表面磨损后油中水分等对其侵蚀产生的，这些锈蚀斑点大大地增加了推动活塞的摩擦力。选用耐磨性与耐腐蚀性更好的材料，是解决变量活塞磨损的关键。

2.4.8　更换阳极装置柱塞泵的使用与维修

2.4.8.1　柱塞泵的供油形式
　　全液压更换阳极装置是某铝电解厂电解槽阳极更换机构。液压系统所用的柱塞泵为直轴斜盘式柱塞泵，供油方式为自吸油型，通过柱塞泵的自吸油能力达到供油。
　　对于自吸油型柱塞泵，液压油箱内的油液不得低于油标下限，要保持足够数量的液压油。液压油的清洁度越高，液压泵的使用寿命越长。

2.4.8.2　柱塞泵用轴承
　　柱塞泵最重要的部件是轴承，如果轴承出现游隙，则不能保证柱塞泵内部 3 对摩擦副的正常间隙，同时也会破坏各摩擦副的静液压支承油膜厚度，降低柱塞泵轴承的使用寿命。据制造厂提供的资料，轴承的平均使用寿命为 10000h，超过此值就需要更换。

拆卸下来的轴承，没有专业检测仪器是无法检测出轴承的游隙的，只能采用目测，如发现滚柱表面有划痕或变色，就必须更换。

在更换轴承时，应注意原轴承的英文字母和型号，柱塞泵轴承大都采用大载荷容量轴承，最好购买原厂家、原规格的产品。如果更换另一种品牌，应请教对轴承有经验的人员查表对换，目的是保持轴承的精度等级和载荷容量。

2.4.8.3 三对摩擦副检查与修复

A 柱塞杆与缸体孔

表 2-6 为柱塞泵零件的更换标准，当表中所列的各种间隙超差时，可按下述方法修复。

表 2-6 柱塞泵零件的更换标准 （mm）

柱塞杆直径 φ		16	20	25	30	35	40
标准间隙		0.015	0.020	0.025	0.030	0.035	0.040
极限间隙		0.040	0.050	0.060	0.070	0.080	0.090
柱塞杆球头与滑靴球窝	标准间隙	0.010	0.010	0.015	0.015	0.020	0.020
	极限间隙	0.30	0.30	0.30	0.35	0.35	0.35

（1）缸体镶装铜套的，可以采用更换铜套的方法修复。首先把一组柱塞杆外径修整到统一尺寸，再用 1000 号以上的砂纸抛光外径。缸体安装铜套的 3 种方法：1）缸体加温热装或铜套低温冷冻挤压，过盈装配；2）采有乐泰胶粘着装配，这种方法要求铜外套外径表面有沟槽；3）缸孔攻丝，铜套外径加工螺纹，涂乐泰胶后，旋入装配。

（2）熔烧结合方式的缸体与铜套，修复方法有：1）采用研磨棒，手工或机械方法研磨修复缸孔；2）采用坐标镗床，重新镗缸孔；3）采用铰刀修复缸体孔。

（3）采用"表面工程技术"，方法有：1）电镀技术。在柱塞表面镀一层硬铬。2）电刷镀技术。在柱塞表面刷镀耐磨材料。3）热喷涂、电弧喷涂或电喷涂。喷涂高碳马氏体耐磨材料。4）激光熔敷。在柱塞表面熔敷高硬度耐磨合金粉末。

（4）缸体孔无铜套的缸体材料大都是球墨铸铁的，在缸体内壁上制备非晶态薄膜或涂层。因为缸体孔内壁有了这种特殊物质，所以才能组成硬硬配对的摩擦副。如果盲目地研磨缸体孔，把缸体孔内壁这层表面材料研磨掉，摩擦副的结构性能也就改变了。被去掉涂层的摩擦副，如果强行使用，就会使摩擦面温度急剧升高，柱塞杆与缸孔发生胶合。

另外，在柱塞杆表面制备一种独特的薄膜涂层，涂层具有减磨＋耐磨＋润滑功能，这组摩擦副实际还是硬软配对。一旦改变涂层，也就破坏了最佳配对材料的摩擦副，就要送到专业修理厂修理。

B　滑靴与斜盘

滑靴与斜盘的滑动摩擦是斜盘柱塞泵三对摩擦副中最为复杂的一对。表 2-6 列出柱塞杆球头与滑靴球窝的间隙。如果柱塞与滑靴间隙超差，柱塞腔中的高压油就会从柱塞球头与滑靴间隙中泄出，滑靴与斜盘油膜减薄，严重时会造成静压支承失效，滑靴与斜盘发生金属接触摩擦，滑靴烧蚀脱落，柱塞球头划伤斜盘。柱塞杆球头与滑靴球窝超出公差 1.5 倍时，必须成组更换。

斜盘作用一段时间后，斜盘平面会出现内凹现象，在采用平台研磨前，首先应测量原始尺寸和平面硬度。研磨后，再测出研磨量是多少，如在 0.18mm 以内，对柱塞泵使用无妨碍；如果超出 0.2mm，则应采用氮化的方法来保持原有的氮化层厚度。斜盘平面被柱塞球头刮削出沟槽时，可采用激光熔敷合金粉末的方法进行修复。激光熔敷技术既可保证材料的结合强度，又能保证补熔材料的硬度，且不全降低周边组织的硬度。也曾采用铬相焊条进行手工堆焊，补焊过的斜盘平面需重新热处理，最好采用氮化炉热处理。不管采取哪种方法修复斜盘，都必须恢复原有的尺寸精度、硬度和表面粗糙度。

C　配流盘与缸体配流面的修复

全液压更换阳极装置柱塞泵配流盘为平面配流，平面配流形式的摩擦副可以在精度比较高的平台上进行研磨。缸体和配流盘在研磨前，应先测量总厚度尺寸和应当研磨掉厚度的尺寸，再补偿到调整垫上。配流盘研磨量较大时，研磨后应重新热处理，以确保淬硬层硬度（见表 2-7）。

表 2-7　柱塞泵零件 HS 硬度标准

柱塞杆推荐硬度	84	斜盘表面推荐硬度	>90
柱塞杆球头推荐硬度	>90	配流盘推荐硬度	>90

缸体与配流盘修复后，可采用下述方法检查配合面的泄漏情况，即在配流盘面涂上凡士林油，把泄油道堵死，涂好油把配流盘平放在平台或平板玻璃上。再把缸体放在配流盘上，在缸孔中注入柴油，要间隔注油，即一个孔注油、一个孔不注油，观察 4h 以上，柱塞孔中柴油无泄漏和串流，说明缸体与配流盘研磨合格。

小技巧：拆卸分解柱塞泵，主要检查三对摩擦副、弹簧、轴承。

2.4.9　生产线液压泵站压力低故障分析与处理

2.4.9.1　连续生产线液压泵站及压力低故障的原因

连续生产线上的液压系统，一般由一个集中供油的液压泵站和多个液压阀台组成，控制多个执行机构。液压泵站由油箱、循环过滤冷却装置、高压供油装置等组成。高压供油装置给整个系统供应压力油。某轧钢生产线液压泵站的高压供油装置如图 2-56 所示。该装置包括多台并联的高压泵，每台泵出口配置溢流阀、过滤器、单向阀；各台高压泵输出的压力油汇总到压力总管，压力总管上配置有蓄能器、压力开关、卸压阀等。

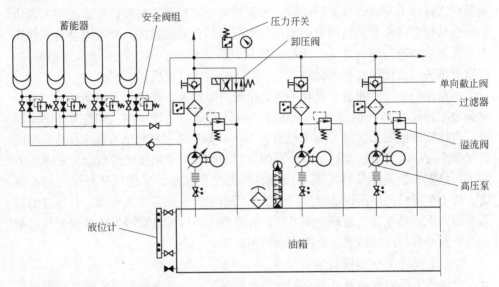

图 2-56　某轧钢生产线液压泵站的高压供油装置

高压供油装置是液压泵站的心脏部分，要求供油压力保持稳定，不能低于一定值。如果压力过低，执行机构就不能正常工作。例如，某轧机液压系统高压泵站额定压力为 26MPa，压力低报警节点为 22MPa，压力过低（系统产生保护性停机）的压力节点为 20MPa。

液压泵站压力低故障是一种常见的故障，由于牵涉到的因素很多，在故障原因查找上往往会花较长时间，对连续生产线产生较大的影响。

液压泵站压力低的可能原因有多种，大体可以分为两类：一类是液压泵站供应的压力油减少，供油流量无法满足整个系统峰值流量的需要，导致短时间内压力低；另一类是系统的内泄漏增加，大量的压力油浪费掉，在大流量的执行机构动作时，系统压力下跌，导致压力报警。对投入运行多年的液压系统，前两类因素往往会叠加在一起，导致压力低报警，这类故障往往查找起来更为困难。

2.4.9.2　供油量减少导致系统压力低

液压泵长时间使用后，随着磨损加剧，泵的内泄漏逐渐增加。当泵的容积效率下降到一定程度时，就可能发展为液压泵站压力低的故障。除了泵本身的磨损外，泵本身带的流量或者压力调节阀故障、泵出口的安全阀故障、蓄能器有效容积的减少，都会导致高压供油装置输出的压力油量减少。当输出的压力油流量减少到一定程度，就会导致系统压力低报警。

某彩涂板连续生产线出口段液压设备由一套集中的液压泵站供油。液压系统包括 4 个液压阀台，控制 30 多组液压执行机构的动作；液压泵站的高压供油部分有 3 台高压泵，工作制度是 2 用 1 备；压力总管出口并联了 2 台蓄能器。

故障现象：彩涂机组出口液压泵站报警故障。系统正常工作时压力是 9MPa，在故障发生时压力下跌到 5MPa。

故障原因查找过程：

（1）检查液压泵出口的溢流阀和蓄能器的安全阀是否异常开启，方法是用手触摸阀体表面或溢流阀至油箱的管路，检查是否有异常发热。结果正常。

（2）检查液压阀台的内泄漏检查，用手触摸液压阀台上各个阀，检查是否有异常发热。结果正常。

（3）用手逐个触摸各个阀台出口至液压执行机构的液压管路表面的温度，判断执行机构有无异常的内泄漏。结果正常。

（4）检查每台液压泵输出流量是否有差别，用手触摸每台泵出口的压力管路和泄漏油管道表面。发现一台泵出口的压力管路表面比较热，而另外一台泵出口管路的表面温度明显低，判断出口管路温度低的泵输出的流量小。

故障处理：开启备用泵，系统压力达到 7MPa，还是没有达到系统正常的压力；更换一台新泵后，系统压力达到正常。

2.4.9.3 内泄漏增加导致系统压力低

系统内泄漏增加，压力油通过内泄漏消耗掉，如果内泄漏大到一定程度，在多个执行机构同时动作或者需要大流量的执行机构动作时，系统正常的工作压力无法保持而产生压力低报警。

某平整机液压泵站如图 2-57 所示。该泵站由 3 个高压泵单元和 1 组蓄能器构成，3 台高压泵 2 用 1 备；平整机高压系统包含 4 个阀台，分别是控制 2 个推上缸的 AGC 系统和弯辊平衡等辅助动作系统。

故障现象：在平整机正常轧制时，系统压力正常在 20～21MPa 之间。平整机靠辊过程中，高压泵站的压力快速下跌，从正常工作时的 21MPa 跌到 14.5MPa（压力低报警的设定值）以下，导致平整机靠辊失败，机组无法正常运行。

处理过程：

（1）因为压力低报警发生在靠辊时，因此首先怀疑是平整机推上缸的控制回路存在异常，检查推上缸的速度、伺服电流和阀门工作时的状况，未发现异常。

（2）检查系统蓄能器站各个蓄能器是否正常。在泵站压力为 21MPa 时，关闭所有蓄能器的切断阀，逐个开启蓄能器泄压阀手柄半圈，检查蓄能器卸压时

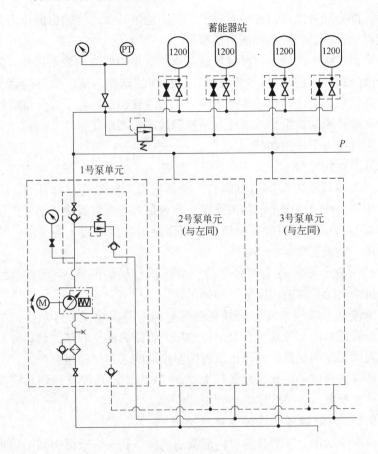

图 2-57 某平整机液压泵站

间，发现无明显差别，并且压力突然快速下降的压力点基本在 14.5MPa 左右。检查后判断蓄能器充气压力正常，皮囊无破损，蓄能器工作正常。

（3）检查高压泵。检查每台高压泵的泄漏油和压力油管道表面的温度，无明显差别，切换备用泵，压力低报警仍旧发生。

（4）逐个阀台进行检查，检查平整机顶部控制弯辊、平衡和机架内辅助动作的阀台及管路，没有发现异常温升的点和明显的压力油流动的声音。

（5）当检查到 1 号机架推上缸阀台和 2 号机架推上缸阀台时（位置很靠近），在 1 号机架阀台旁，听到很明显的压力油声音；用手摸两个阀台的回油管，发现 1 号阀台的回油管温度明显高，判断 1 号机架推上缸的阀台存在严重内泄漏。

（6）对 1 号机架推上缸阀台的所有阀用手触摸检查温度并听声音来源，发现 P 腔与 T 腔之间的常闭截止阀处发热严重，检查该阀的手柄，发现阀没有完全关闭；关闭该阀后，压力油流动的声音消失。

（7）再次操作，泵站压力最低为19MPa左右，系统恢复正常。

故障原因：常见的截止阀异常开启的原因是阀的操作手轮处的锁紧螺母没有锁紧，系统经过长时间的振动，阀杆逐渐转动，内泄漏逐渐变化，达到一定程度时，导致系统供油不足而产生压力报警。

2.4.9.4 综合性原因导致压力低报警

现场大型泵站压力低的故障，往往不是单一的原因造成。运行时间较长的液压系统，高压泵大都存在程度不同的磨损，系统中的阀、油缸等元器件的内泄漏也逐渐加大，如果不及时更换或处理逐渐内泄漏严重的泵、阀和液压缸等元件，系统压力会逐渐降低，当这种变化累积到一定程度，系统就会发生压力低报警。这种报警故障是由多种原因引起的，处理起来比较困难，需要系统性的排查和处理。

某轧机高压液压系统高压供油部分如图2-56所示，包括5台高压泵，4用1备；该高压系统包括10个液压阀台、分别为5个机架的AGC阀台（5个），弯辊、平衡和CVC阀台（5个）。该轧机已投产15年。

故障现象：该轧机在支撑辊换辊状态时，多次发生系统压力低和油温高报警，因为压力过低或油温过高，系统的连锁保护起作用，使系统自动停止运行。

现场检查发现多个异常：

（1）液压油箱油温偏高，轧机正常轧制状态时，温度达到55℃左右。轧机在换辊状态，温度在短时间内上升到60℃以上，并随着时间的推移会继续上升；

（2）运转的4台高压泵中，1号泵的泄漏泵体外壳温度比其他泵高，泄漏油管道的温度也异常高。说明该泵存在磨损，容积效率降低。3号泵的高压油输出管道表面温度明显低于其他在用泵同样部位的温度，并且泵上指示泵的斜盘摆角的指针一直在0°位置不变，说明该泵变量调整机构失效，泵无流量输出。

（3）阀台处多个溢流阀阀体外壳温度明显偏高，说明溢流阀异常泄漏。

（4）一个机架压下阀台的一个蓄能器安全阀组出口的排放管道表面发热严重，并伴随有油流动的声音。说明蓄能器安全阀组中常闭的截止阀或溢流阀异常开启。

（5）在换支承辊时，5机架阀台至操作侧入口支承辊平衡缸的管路明显发热，致使其余三个平衡缸的管路表面较凉。说明操作侧入口的支承辊平衡缸存在内泄漏。

上述现象说明，系统多处存在劣化。

故障处理：第一步，将存在内泄漏的蓄能器安全阀组中异常开启的常闭截止阀关闭，更换了阀体表面温度很高的2个溢流阀后，油箱温度下降到55℃；第二步，将内泄漏严重的支承辊平衡缸更换，并更换内泄漏严重的1号泵，将3号泵切换到备用状态后，系统压力报警消除；第三步：将3号泵上的恒压调节阀更换后，3 号泵流量恢复正常。

2.4.10 闭式回路液压泵及使用注意事项

2.4.10.1 液压泵各组件功能

图 2-58 所示为一个闭式泵及相关回路。

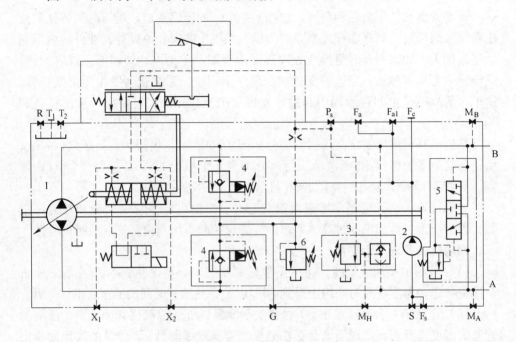

图 2-58 闭式泵及相关回路

1—主泵；2—补油泵；3—压力切断阀；4—高压溢流阀；5—冲洗阀；6—补油安全阀

A 补油泵

补油泵 2 所提供的油一是为控制装置部分、变量机构部分提供控制压力油，并提高主油路吸油侧压力；二是通过补油安全阀 6 冲洗壳体，将液压泵因间隙泄漏的高温油冲洗回油箱，冷却液压泵；三是通过冲洗阀 5 将闭式系统中低压侧的部分热油强制回油箱，使闭式回路中的油液不至于连续循环，油温过高而失效。正是由于这些要求，故补油泵的失效将带来主液压泵的失效。

B 压力切断阀

压力切断阀 3 的控制压力取自 A、B 两个高压油口中的高压油。一旦超过设定压力，此阀将到控制变量机构的控制油卸回液压泵壳体，液压泵快速回到中位。由于与高压溢流阀相同的功能，且只在某个压力点上工作，故其特性不同于溢流阀，称为压力切断阀。

C 高压溢流阀

高压溢流阀 4 的主要功能不是通常的溢流阀的作用，而是用于消除液压泵回零位过程中产生的压力。高压溢流阀与压力切断阀的压力设定对系统及主泵的工作压力及其保护功能有较大影响。

2.4.10.2 液压泵壳体注油

在开机前先安装好油管，由于油的黏度大、管道长，液压泵泄油管路中的空气无法排出，使液压泵结构中的轴承、斜盘、配流盘等均有干摩擦的可能，造成早期失效。这在工厂调试短时间内反映不出来，待用户使用一段时间后出现问题，因此要格外注意。

2.4.10.3 液压泵吸油管注油、排气

由于油的黏度大、管道长，液压泵吸油管路中的空气排不出去。如果再加上调试时安装人员在 30s 内将发动机的速度从启动急升速到 2500r/min，补油泵的早期磨损不可避免。

二次排气可能将闭式系统中的空气排到液压泵，使液压泵的顶部变量机构部分有空气存在，变量稳定性差，高速运转时有异声。

2.4.10.4 系统布管

系统布管的关键点：

（1）确保液压泵的壳体压力尽量小些，不能超过骨架油封的耐压值，绝对压力 0.4MPa（4bar）。

（2）吸油口压力，绝对压力 0.08MPa（0.8bar）。

另外，布管时必须考虑如下测压点，调试时必须检测：

（1）液压泵吸油口，检测真空度；

（2）液压泵的 F_e 口，检测补油压力；

（3）液压泵的 P_s 口，检测控制装置的压力；

（4）液压泵的 T_1 或 T_2 口，检测壳体压力。

2.4.10.5 冷却

闭式系统的冷却功率按照主泵功率的 25%（补油泵 2 的排量约为主泵 1 排量的 25%）配置，因为闭式回路中 25% 的流量经过冲洗阀 5 回油箱或冷却器。

2.4.11 闭式系统液压泵的零位调整

2.4.11.1 闭式泵

闭式系统液压泵如图 2-59 所示。闭式系统液压泵常用的变量方式有两种：液控变量及电控变量。这两种变量方式都是将压力信号或电信号通过比例阀或伺服阀反映到排量控制模块，排量控制模块通过机械式反馈连杆与斜盘连接，改变斜盘的摆角，实现排量从 $-q_{max} \sim +q_{max}$ 的变化。

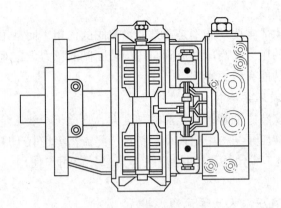

图 2-59 闭式系统液压泵

2.4.11.2 闭式泵零点调整

A 三个零点

在闭式系统的使用过程中或检修后的重新使用中，会由于油液污染、机械误差、系统冲击等因素，引起闭式液压泵的零点偏移，即当发动机或电动机启动后，在系统不给电或不给出控制压力的情况下，液压泵的两个高压油口 A 或 B 存在有高于补油泵的压力，使马达运转或有运转的趋势。由于零点偏移会造成各种元件失控，出现误动作，特别是有较高精密度要求的系统，将对线路施工作业质量带来极大影响。一旦发现液压泵零位偏移，必须在作业之前进行检测、调整。

闭式系统液压泵的零点一般分为：液压零点、机械零点和电气零点。

在液压泵的使用中，如果液压泵没有接收到任何控制信号（机械连杆、液控管路、电控插头等），而斜盘因为内部作用力的关系偏离原始设定点，而且与斜盘连接的机械反馈杆带动伺服控制阀芯运动后不能将斜盘调节回原设定位置点的时候，液压泵依然有排量输出，此时的现象就称为零点偏移。

图 2-60 所示为一种液压泵所有的压力测试口。其中，M_A/M_B：高压，60MPa 压力表；p_s：控制压力，6MPa 压力表；X_1/X_2：6MPa 压力表；R：壳体压力，1MPa 压力表。

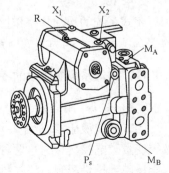

图 2-60 液压泵压力测试口

B 测试零点偏移

将图 2-60 所示的压力测试口连接上压力表，启动液压泵，但不给出控制信号，观察各个压力表的状况。如果 M_A、M_B 不同，则说明此时系统的零点有偏移，需要调节。

C　判断何种零点偏移

如图 2-61 所示，将液压泵 X_1、X_2 油口短接（X_1、X_2 压力为变量伺服缸两端压力），并在 M_A、M_B 处连接压力表，空载启动液压泵。如果两侧压力不同，则可判断为机械零点偏移；如果两侧压力相同，则可判断为液压零点偏移。

D　机械零点调整

保持液压泵 X_1、X_2 短接，松开锁紧螺母，慢慢旋转内六角螺栓，调至两个压力表上显示的压力数值一致为止。在两边压力表显示数值相同时，拧紧内六角螺栓，上紧锁紧螺母，并再检查一下两边压力表显示的压力是否一致。启动液压泵，观察 M_A、M_B 压力是否一致。如果一致，则机械零点已经调整好。

E　液压零点调整

在确定机械零点没有问题后，如果液压泵启动，在没有给出任何控制信号的情况下，液压泵仍然有压力输出，则需要调节液压零点，如图 2-62 所示。

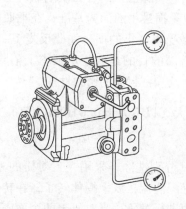

图 2-61　将液压泵 X_1、X_2 油口短接
并在 M_A、M_B 处连接压力表

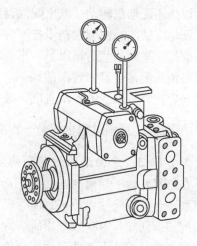

图 2-62　调节液压零点

将 X_1、X_2 测压口连接 6MPa 压力表，启动液压泵，松开液压泵上的锁紧螺母，用螺丝刀慢慢调正带槽螺钉，直到两边测量点 X_1、X_2 压力表上显示的压力数值一致时为止。用螺丝刀上紧带槽螺钉，上紧锁紧螺母。

启动液压泵，观察 M_A、M_B 压力是否一致。如果一致，则液压零点已经调整完毕。

F　电气零点调整

在判定机械零点、液压零点没有问题后。如果液压泵启动，并且没有任何控制信号加载在液压泵上时，液压泵仍然有流量输出，这种情况下即可判断是电气零点偏移。此时，需要在液压泵控制放大板上的输出信号端接入一块电流表，保持输入电位计的零位，测量放大板上的输出信号。如果输出不为零，则调整放大板上的电位计直至输出为零，即可使电气零位回位。

2.4.12　轴向柱塞泵的修复

2.4.12.1　缸体（转子）端面的修复

缸体材质一般为钢-铜双金属或全铜。若缸体材质为钢-铜双金属，则可采用如下修复工艺：平面磨床精磨端面，其目的是为了消除因偏磨造成的端面相对轴线的跳动，同时消除端面拉伤的痕迹，保证该端面具有较高的平面度及光洁度，为下一步与配油盘对研做好准备。若缸体材质为全铜材质，则平面磨床无法吸合，须设计专用工装夹住缸体（转子）后进行精磨。

2.4.12.2　配油盘的修复

配油盘的修复要求修复后能基本保证卸荷槽的性能参数，能保证表淬层不被磨掉，表淬层厚度不大于 0.15mm。

配油盘上、下两个面分别为配油面及静密封面，采用外圆与定位销进行定位，以防止配油盘转动。取出配油盘后，应检查其静密封面有无缺陷。若上、下两个面均有缺陷，则应在初步打磨的基础上以受损最小的面为基准，在平面磨床上，磨另一平面；然后再以另一平面为基准磨受损最小的面。如此反复 1~2 次后即可消除配油盘静密封面的缺陷。采用交替磨的目的是为了从根本上消除上、下面与定位外圆轴线的不垂直度，确保配油面及静密封面的密封性能。

小提示： 磨削过程中切忌一次磨削量过大（以不大于 0.01mm 为宜）。

2.4.12.3　平面配油运动副的修复

在修复好转子端面与配油盘端面后，将其分别洗净，采用人工对研的方式，在研磨平台上以配油盘静密封面为基准固定好配油盘，双手握住转子，在转子端面与配油面间加入 800 号专用研磨膏及润滑油进行对研；当对研至两个面密封带全部磨平后，清洗上述两个面，更换 1200 号专用研磨膏进行对研，直至密封带及外圈支承带完全接触（可通过对研后的光泽进行判断），此时配油摩擦副已修复好。由于对研时磨损量极小，故不会改变转子或配油盘原有的形位公差，对研的目的在于提高两个面的光洁度及实际有效接触面积，以利于旋转时的动密封及油膜润滑。配油盘静密封面与泵体安装基面的静密封修复工艺同上，也是采用对研的方式。当然，若有条件，可设计、制造专用对研机来代替人工对研。

2.4.12.4　球面配油副修复

若为球面配油副，则在修复转子球面时，可在配油盘球面上包一张粒度较小的砂布，用手压在转子球面上进行对磨，以尽快消除较深的拉伤沟槽。但要特别注意对磨时要平稳，采用转动带滚动的运动轨迹，否则，极易将转子球面磨偏，造成转子报废。在基本消除转子球面较深的拉伤沟槽后，分别用 300 号、800 号、1200 号专用研磨膏进行对研，判断方法及对研工艺与平面配油副修复相同。

2.4.12.5 滑靴摩擦副的修复

滑靴摩擦副出现故障后，滑靴平面上密封带与支撑带间已有许多小沟槽将之连通，斜盘上压油口也有挂铜现象，故要分别对其进行修复。

(1) 滑靴的修复。使滑靴平面的不平度不大于 0.003mm，表面粗糙度 R_a 小于 0.04μm。先单独用 300 号专用研磨膏在研磨板上研磨滑靴平面，以基本消除拉伤痕迹；后将中心弹簧、柱塞、回程盘装入转子，再翻面将滑靴平面放在研磨平板上，利用转子自重压住滑靴并转动转子，分别用 120 号、300 号、1200 号专用研磨膏进行对研。转动转子时应基本保证转子垂直，并确保各个滑靴同时贴紧研磨平板。采用这种对研方式的目的在于保证研磨后每年滑靴厚度一致（其误差不大于 0.01mm）。若厚度超差过大，会使柱塞在吸油、压油侧交替运转时产生冲击，导致油泵输出压力振动过大，内泄漏增大。

(2) 斜盘的修复。斜盘压油口侧磨损较大，将耐磨止推板取出后上平面磨床精磨，精磨后再用 1200 号专用研磨膏与滑靴进行对研。若斜盘为整体式（无止推板）氮化层厚度约为 0.05mm，故修复量应小于 0.10mm，以保证渗氮层的存在，提高耐磨性能。

2.4.12.6 滑靴球头松动的修复

检查时，可用手分别握住滑靴与柱塞，沿柱塞轴向进行拉动，若明显感觉有松动量，则必须进行重新挤压包球。方法如下：设计专用工装夹住滑靴并转动，用中心顶针顶住柱塞，使圆弧挤压头从三个方向同时对顶滑靴球头位置，略施加润滑油。在挤压包球时，间断检查包球质量，直至轴向拉动量小于 0.15mm、径向间隙不大于 0.01mm。

2.4.12.7 缸体支承轴承间间隙的检查

在设计制造时，缸体与轴承间间隙应小于内花键间隙的 1/2 倍。若大于这个值，则花键轴会因缸体受侧向力和重力作用产生弯曲，使转子端面与配油盘产生跳动形成楔形间隙，导致配油副偏磨，传动轴早期疲劳损坏，噪声大、振动大。故一旦发现此间隙超标，则应更换缸体或支撑轴承，以选配合适的间隙。

2.4.12.8 中心弹簧预紧力的检查

由于中心弹簧尺寸小、刚度大，且必须满足如下条件：(1) 缸体与配油盘、滑靴与斜盘间接触应力不小于 0.1MPa，以防止泵吸入时密封面漏气。(2) 能使柱塞及滑靴可靠回程。(3) 在泵空载时，中心弹簧预紧力必须克服柱塞离心力对缸体产生的倾覆力矩，以防止缸体振动。(4) 其预紧力必须能防止滑靴离心力引起滑靴的倾斜，确保滑靴底部不出现楔形间隙，不至于形成偏磨。在对配油副、滑靴运动副进行修磨后，其组装后的轴向尺寸已发生变化，此时应根据修复量大小，适当在弹簧座中加垫片，以保证中心弹簧的预紧力不变。

2.4.12.9 其他

回程盘滑靴孔与滑靴颈部间隙检查应为 0.5 ~ 1mm，在更换回程盘时应加以选配，保证这一间隙。因为滑靴在随缸体转动时本身还在自转，其运动时滑靴与滑靴间、滑靴与回程盘间间隙不当容易发生干涉，导致烧靴或脱靴。

若柱塞孔有气蚀、拉伤及扩孔效应，则更换缸体。

变量头两侧的定位面间隙检查，此间隙为 0.05 ~ 0.10mm。当大于此值时，变量头会因高压侧的不平衡力产生倾翻，导致泵剧烈振动、噪声增大。当变量头的滚动弧面受损后，则会导致变量不稳定，故应对该导向弧面进行修复或更换。

泵装配中的检查缸体（转子）装入泵体后，将泵倒立垂放于平台上，在泵体后端平面上安装磁性百分表，表头分别测量转子（缸体）端面及外圆。转动泵体以检查转子（缸体）相对于前端轴承的同轴度。此值应控制在 0.02mm 以内。同时，检查缸体（转子）配油面相对于传动轴的垂直度，该值应控制在 0.02mm 以内。当这两项指标均检查合格后，取出转子（缸体），观察其配油面与配油盘的磨合情况，确认无误后方可进行泵的组装。

装配要求装配现场应清洁，无扬尘、灰粉；同时，清洗用油应经过 10μm 以下的过滤器过滤。装配中应对相应配合面施加润滑油（以 46 号抗磨液压油为宜）。装配完成后，应对进出油口进行密封，有条件的用户可对泵进行出厂试验。

2.4.13 QY8 型汽车起重机液压泵的修理

柱塞泵经长期使用后，柱塞外圆与缸体孔均会磨损，使泵的容积效率降低，影响起重机的性能。现以 QY8 型起重机常用的 75 泵为例说明其简易修理方法。75 泵通过 7 个柱塞在缸体孔中作往复轴向直线运动，不断改变位置来进行吸油和排油。当柱塞磨损严重时，与缸体孔的配合间隙就会增大，孔外径变得不规则，排油的压力下降，效率降低，甚至不能使用。传统观念认为，配合偶件是不能互换的，事实上经过精心修理、研磨和重新调配是可以继续使用的。维修时发现，有很多旧 75 泵是可以修复的。修缸体孔较难处理，故以修理柱塞为主。

（1）在多个废旧 75 泵中选出一组磨损较轻的柱塞，然后将柱塞与缸体孔重新配对，最后进行研磨和调整。研磨前要用外径千分尺和内径千分表精确测量柱塞与缸体孔的尺寸与椭圆度，这一点应特别注意。根据技术标准要求，缸体孔与柱塞的配合间隙应为 18 ~ 25μm，为此选配的旧柱塞与缸体孔的配合间隙应控制在 35μm 以内，最大不要超过 40μm。在这个公差范围内选配的柱塞与缸体孔，修后都可以再用 2 ~ 3 年。若柱塞与缸体孔的间隙达到 55μm 以上，则泵的容积效率就达不到起重机的使用要求。

（2）若没有多余的旧泵时，可在对柱塞外径与缸体孔径进行精确测量后，将其配合间隙从小到大分别重新组合在一起（即同一个泵的 7 个柱塞的磨损量是不一样的）；然后，将磨损严重的柱塞送去电镀，镀后视镀层厚薄决定是否采用外圆磨床进行精磨；最后，将柱塞与缸体孔配好对，且每一组都要打上印记，此后再一一研配。须注意的是，电镀时柱塞与滑靴相配合的球面不要镀。

（3）若全部柱塞磨损都较严重，特别是柱塞表面有硬性伤痕时，只能报废，重新车制柱塞。先粗车，再调质处理，最后精磨；精加工缸体孔后，还要进行手工研磨。为此须制作手工研磨芯棒，如图 2-63 所示。

制作时，研磨芯棒要做成空心的；其外径尺寸应按照标准柱塞外径尺寸车制，同时外圆表面上要加工出深 1.5～2mm、宽 2mm 的螺纹槽（导程为 10～12mm）；而且上端要加工出内螺纹，以便连接把手；最后进行调质处理。安装时，待调好把手的位置后即可用锁紧螺母将其固定。研磨缸体孔时，在芯棒外圆表面涂上研磨材料（可用研磨膏，也可用 200 号以上的研磨粉或金刚砂与机油的调匀物），将芯棒轻轻插入缸体孔中，在做轴向拉动的同时还要做旋转运动，手不要太用力，但要始终保持芯棒的垂直状态。研磨好后，清洗干净，测量尺寸并按这个尺寸车制新柱塞。

加工出新柱塞成品后，再用图 2-64 所示的卡具卡好，涂上机油，轻轻地在缸体孔中磨合，只要上下运动无卡阻，配合间隙合乎要求就可以了。

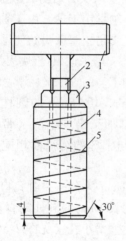

图 2-63　手工研磨芯棒

1—把手；2—螺杆；3—锁紧螺母；
4—研磨芯棒（空心）；5—螺纹线

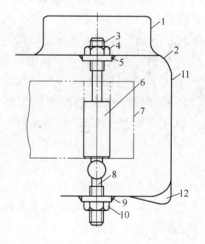

图 2-64　新柱塞研磨卡具

1—把手；2—夹弓；3—卡紧螺栓；4，10—锁紧
螺母；5，9—螺母；6—柱塞；7—缸体；8—螺杆；
11—弓形把手部位；12—加强板

图 2-64 中的夹弓用厚度 4mm、宽度大于 20mm 的铁板制成，可视情况决定是否加焊加强板，上、下螺栓孔要在柱塞研磨前调整为同心；卡紧螺栓直径要与缸体细孔相适应，卡紧螺栓顶端须做成凹球面以利于夹紧。

修理后的液压泵，在开始工作时应使其转速由低到高空载运转一段时间，一般 2h 即可。

小技巧： 在紧急情况下修复液压泵，可将损坏泵中未损坏的零部件拼凑起来，进一步处理。

2.4.14　柱塞泵的快速修复

柱塞泵柱塞球头的磨损直接影响到泵的使用性能，进而导致液压系统工作压力降低或机器不能正常工作，快速修复，可使其恢复性能。

某 WLY63 型挖掘机在作业过程中，突然出现工作装置无力，挖掘、提升速度缓慢；液压柱塞泵的出油管振动厉害，驾驶员调整溢流阀的压力后，依然振动，并将油管多次振裂。拆开柱塞泵后，发现有大量的铁屑，压紧柱塞球头的压盘已碎，有 6 个柱塞球头已严重磨损（柱塞与缸体、缸体与配流盘都完好无损），使球头与滑靴之间不能建立起油膜，继而产生剧烈的液压冲击，致使油管振动而破裂。为了满足施工现场需求，现场人员快速修复了球头，配制压盘。具体修复方法为：

（1）经测量，柱塞球头直径为 $\phi27\text{mm}$，如只修复球头，就方便快捷多了。于是，找来一个与柱塞球头大小完全相等的单向推力轴承用钢球。由于轴承用的钢球材质是滚动轴承钢，具有高的硬度和耐磨性，能满足柱塞球头的使用要求。

（2）将钢球退火后，随炉保温冷却。如果在野外，可采取氧-乙炔火焰加热，用沙土保温冷却。目的是降低其硬度，以便于钻削加工。

（3）将磨损的球头用车床加工出一直径 $\phi12\text{mm}$、长 16mm 的圆柱，并将其加工成细牙螺纹（M12×1×14）；同时，在根部加工出一小段（带圆弧底面的）圆柱（直径为 $\phi14\text{mm}$、长 1mm），以方便与钢球的圆弧面相配合（见图 2-65）。

（4）将退火后的钢球，钻出直径 $\phi11\text{mm}$、深 21mm 的孔，并对孔口进行锪孔（直径方向深 1mm），孔径与磨损球头根部留出的长 1mm 的圆柱的直径相同，然后攻出细牙螺纹（M12×1×18），并钻出 $\phi3\text{mm}$ 的润滑小孔（见图 2-66）。

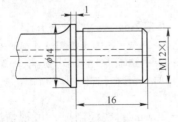

图 2-65　磨损球头加工成
细牙螺纹（M12×1×14）

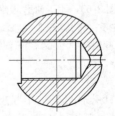

图 2-66　加工后的钢球

（5）将加工好的内外螺纹相互配合并使其拧紧，然后测量尺寸，检查是否符合要求。合格后，对钢球淬火，恢复其硬度和耐磨性，并用水磨砂布沾油抛光处理（见图2-67）。

（6）配做压盘，安装泵体，开机调试，油管振动消失，一切恢复正常。

采用本应急方法修复，费用低、节约资源、修复快，且性能完全能满足需要，特别适用于在野外抢修。

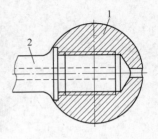

图 2-67　装配后的柱塞头
1—钢球；2—柱塞

2.5　径向柱塞泵安装调试与故障维修

径向柱塞泵具有一系列优点：配流轴与缸体之间的径向间隙均匀，滑动表面的磨损与间隙泄漏小，容积效率高；滑靴与定子内圆的接触为面接触，而且接触面实现了静压平衡，接触面的比压很小；可以实现多泵同轴串联，液压装置结构紧凑；改变定子相对于缸体的偏心距，可以改变排量，其变量方式灵活，可以具有多种变量形式。

2.5.1　径向柱塞泵结构图示

图 2-68 所示为配流轴式径向柱塞泵，图 2-69 所示为哈威公司 R 型径向柱塞泵。

R 型径向柱塞泵是由阀配式星形排列的柱塞缸组成的。通过多达 6 排柱塞缸

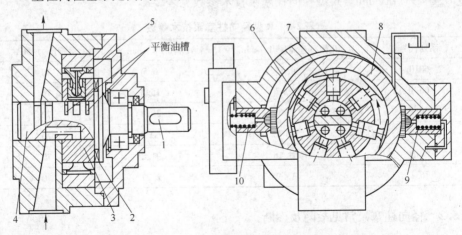

图 2-68　配流轴式径向柱塞泵
1—传动轴；2—离合器；3—缸体（转子）；4—配流轴；5—定子环；
6—滑靴；7—柱塞；8—定子；9，10—控制活塞

图 2-69　哈威公司 R 型径向柱塞泵

1—缸体组件；2—缸体；3—柱塞；4—吸油行程复位弹簧；5—集成吸油阀；6—集成压油阀；

7—过滤器；8—压油行程后偏心轴颈；9—压油行程前偏心轴颈；10—压力油集流板；

11—压力油输出口；12—吸油口；13—驱动轴；14—后主轴承；15—前主轴承；

16—轴封；17—泵壳；18—铭牌

的并联配置，可以实现较大的流量输出。一般情况下，电机驱动泵，并通过法兰和联轴器与泵连接。该泵可派生多个压力输出口，最大压力 $P_{max} = 70MPa$ 最大流量 $Q_{max} = 91.2L/min$。R 型径向柱塞泵技术参数见表 2-8。

表 2-8　R 型径向柱塞泵技术参数

系列代号	几何行程流量/L·min^{-1}	流量/L·min^{-1}	运行压力/MPa
6010	4.58	6.5	70
6011	10.7	15.3	70
6012	21.39	30.4	70
6014	42.78	60.8	70
6016	64.18	91.2	70
7631	1.59	2.27	70

2.5.2　径向柱塞泵常见故障及诊断

2.5.2.1　失效形式及特殊部位摩擦副的分析

径向柱塞泵存在几乎所有液压泵的失效机理，如污染（引起堵塞、磨损等）、泄漏、气蚀以及液压卡死等。但是它也存在着其特殊的失效机理，它的主要失效形式是由于油液污染和运动副之间的摩擦所引起的。

A　污染失效

油液污染往往是在现场造成径向柱塞泵严重磨损、堵塞、卡死以及失效的重要原因。径向柱塞泵的故障主要是由于油液污染造成的,因此控制污染度是提高径向柱塞泵使用可靠性的重要保证。

B　磨损失效

磨损失效造成径向柱塞泵的流量扬程降低及振动增加。正常情况下,径向柱塞泵中的各元件在一定的使用期限内,磨损量逐渐积累,并不影响其正常功能,但当磨损量积累到一定值时,泵性能下降到一定程度就认为该泵失效了。同时,磨损失效还会引起液压系统发生振动、噪声,使系统的非线性增加,磨损速度大大加快。

C　径向柱塞泵易产生故障的运动摩擦副及改进方法

配流轴与转子摩擦副:配流轴与转子由于是相对运动的机件,机件表面直接接触,就将引起干摩擦或半干摩擦,从而显著增加阻力、磨损和功率失效,严重时还会烧伤或拉伤机件表面,甚至出现抱轴现象。

若机件表面间有一定的间隙并充满润滑油液,就会建立起润滑油膜,机件表面就不会直接接触,这将大大改善工作条件,减少功率损失,提高工作效率并延长使用寿命。所以,对具有高速运动的配流轴与转子间必须保证有一定的间隙,建立油膜静压支承。但是如果间隙太大,油液在高压作用下,势必产生向壳体和吸油区的泄露,使容积效率降低。因此,在新型径向柱塞泵的研制中,决定配流轴与转子间隙范围是很重要的。新型径向柱塞泵应用静压支承技术,精心设计配流轴结构。采用油槽内部沟通加阻尼器的方法,改善封油带压力分布情况,使转子对配流轴压紧力与反推力基本相等,从而使这一对摩擦副工作条件大大改善,提高了工作寿命。

柱塞与转子孔摩擦副:柱塞沿转子孔间的相对运动是柱塞沿转子孔的轴向移动,也会出现摩擦现象,而且还可能引起柱塞组件脱落;使磨损增大,泄漏增加;柱塞表面与转子孔表面拉伤,柱塞卡滞、卡死。在新型径向柱塞泵中,一般均采用短行程柱塞,所以在变量范围内柱塞的相对运动速度不至于很大。而柱塞组件与转子孔间的不平衡力由连杆承受,这一摩擦副的各个摩擦面基本均衡,使机械效率明显提高。

连杆头部滑靴与定子环内表面摩擦副:滑靴与定子面易产生干摩擦或半干摩擦,滑动线速度高于其他摩擦副。大泵径向尺寸大,尤为明显,对摩擦副的材料要求很高,该摩擦副阻力大,磨损大,出现故障较多。连杆与定子内表面间的滑靴,适当增大了接触面积,可以降低接触比压,使泵的压力进一步提高。柱塞中心孔使高压油进入滑靴底部,产生一定的液压反推力,与作用在柱塞腔的液压力基本平衡，摩擦副间形成边界油膜，产生半液体，半固体的摩擦。

连杆球头与连杆球窝摩擦副：连杆球头与连杆球窝间由于连杆摆角较小，柱塞球窝又通过中间孔与压力油相通，形成强迫润滑，所以这一摩擦副的摩擦并不严重。但是球头和球窝配合精度不高，将产生不必要的泄漏。

2.5.2.2 诊断方法

根据以上径向柱塞泵故障特点以及机理分析，提出表 2-9 所列的诊断方法。

表 2-9 径向柱塞泵故障诊断方法

分 类	诊断方法	内 容
油液性能判断	油质分析	黏度、氧化度、密度和水分等的离线分析
通过分析油样诊断设备的劣化	铁粉记录图分析	根据油中磨损粉末的数量、形态和颜色等，诊断设备的劣化原因
	NAS 等级管理	分析油液中污染颗粒的数量
测量径向柱塞泵发生的应力诊断设备的劣化	振动法	利用径向柱塞泵工作时产生的振动诊断劣化
	噪声信号诊断法	利用径向柱塞泵工作时产生的噪声诊断劣化
	压力脉动法	利用油压的脉动诊断劣化

2.5.3 径向变量柱塞泵的修复

径向变量柱塞泵比轴向柱塞泵耐冲击、寿命长、控制精度高。但它的技术含量高、加工制造难度大，国内尚不能生产，主要是不能解决转子与配流轴、滑靴与定子两对摩擦副烧研的问题。某厂从德国博世公司进口的径向变量柱塞泵在使用过程中出现故障，液压系统无法达到正常工作压力（要求工作压力大于25MPa，并能调整压力使之逐渐减小，流量能自动调节），导致无法提起磨具，不能满足使用要求。通过优化，将该柱塞泵修复。

2.5.3.1 修复方案及实施

A 径向柱塞泵结构特点

该径向柱塞泵（见图 2-70）的工作原理是由星形的液压缸转子 8 产生的驱动转矩通过十字联轴器 2 传出。定子 5 不受其他横向作用力，转子装在配油轴 1 上。位于转子中的径向布置的柱塞 7 通过静压平衡的滑靴 6 紧贴着偏心行程定子 5。柱塞和滑靴球相连，并通过卡环锁定。两个挡环 4 将滑靴卡在行程定子上，泵转动时，它依靠离心力和液压压在定子上。当转子转动时，由于行程定子的偏心作用，柱塞作往复运动，它的行程为定子偏心距的两倍，改变偏心距即可改变泵的排量。

滑靴与定子为线接触，接触应力高，当配油轴受到径向不平衡液压力的作用时易磨损，磨损后的间隙不能补偿，泄漏大。故径向柱塞泵的工作压力、容积效

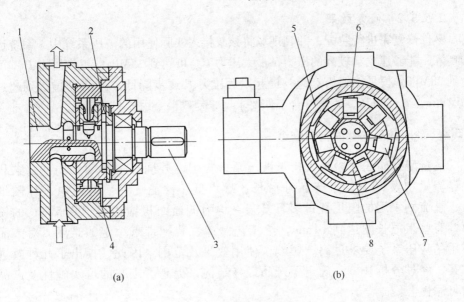

图 2-70 径向柱塞泵结构图

1—配油轴；2—十字联轴器；3—传动轴；4—挡环；

5—定子；6—滑靴；7—柱塞；8—转子

率和转速都比轴向柱塞泵低。

B 故障原因分析

由于滑靴与定子接触处为线接触，特别容易磨损，很可能就是故障点。通过拆检，果然发现滑靴与定子的贴合圆弧面磨损严重，圆弧面上的合金层已有磨痕，部分合金层已磨掉。定子内曲面的磨损程度稍轻，仅仅只有划痕。由于滑靴圆弧推力面大于活塞上的推力面，使其无法紧紧贴紧在定子内曲面上，因此运动密封不严而造成内泄漏增大，致使液压系统无法建立起较高的压力。

C 修复方案及实施

经分析，找到了造成内泄漏量过大、建立不起较高压力的原因后，制定修复定子内曲面和滑靴圆弧面的方案如下：

（1）滑靴的修复。针对滑靴圆弧推力面上合金层已有磨损伤痕，采用研磨的方法，利用定子的内圆弧面，用平面工装靠在研磨轨迹上加 800 号研磨膏进行研磨，研磨后将滑靴圆弧推力面贴紧在定子内曲面上。为了检验研磨后两面贴合情况，将煤油从滑靴上的通径口倒入，煤油不漏，证明其研磨效果较好，起到了密封作用。

（2）定子的修复。定子内曲面的磨损程度比较轻，仅有划痕。采用金相砂纸轻轻打磨去表面划痕，并将 8 个滑靴的圆弧推力面分别与其配研，直至滑靴的圆弧推力面不漏油即可。

2.5.3.2 修复效果

零件修复完进行装配，并到现场将该泵接入实际使用的液压系统中，系统运转良好，能够建立起较高的压力，最大压力 P_{max} 可达到35MPa，工作压力 $P_{工作}$ 可达到28MPa。模具能轻松提起，提起以后压力 P 逐步降低，流量 Q 增大到超过80L/min，效率提高，完全符合工作要求。修复效果令用户非常满意。

2.5.4 径向柱塞泵配流轴的改进

某新型径向柱塞泵为大排量液压泵，与国内外同等规格的轴向柱塞泵相比，流量增大50%，且产品寿命长、噪声低、性能优良。但在原设计图纸中，配流轴采用的阻尼孔过多且复杂，均为流通面积约相当于 $0.5mm^2$ 的铣面，有些阻尼长度达到14mm，给工艺制造、装配带来一定的难度，对产品使用的液压系统要求过高，影响了使用效果及范围。因此，提出了几种改进方案，经过分析计算，确定了产品最终结构，提高了工艺的可实施性及产品的可靠性。

2.5.4.1 原设计配流轴阻尼结构分析

原设计配流轴阻尼结构如图2-71所示。

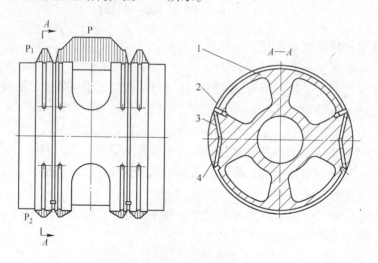

图2-71 原设计配流轴阻尼结构
1—配流轴；2~4—阻尼堵

由图2-71可知，在 $A—A$ 剖面高压阻尼通道内，安装有三种阻尼堵，且均为过盈配合。这不仅给装配带来一定的困难（因装配时稍不注意，就有可能使铜阻尼堵变形，0.2mm的铣扁面无法保证，变小或者堵塞），而且在使用时对油液系统的清洗度要求过高（因为油液从高压区向低压区泄油，其阻尼长度为22mm，且阻尼通道宽仅为0.2mm），使用场合受到很大限制。

2.5.4.2 改进后配流轴结构分析

改进后配流轴阻尼结构如图 2-72 所示。

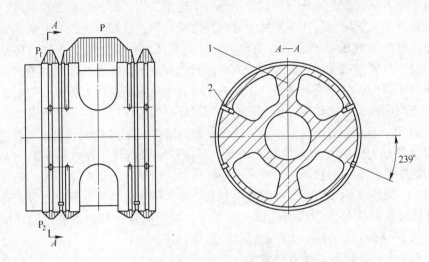

图 2-72 改造后配流轴阻尼结构
1—配流轴；2—阻尼堵

由图 2-72 可以看出，改进后 A—A 截面只用一个阻尼堵和四道定宽定深的外沟通槽即可满足平衡性要求，既减小了工艺难度，又提高了使用环境适应性，使产品的应用范围更广。

2.5.4.3 改进前后方案对比

改进后方案优点如下：阻尼堵只有 4 个，与原设计 20 个阻尼堵相比，降低装配难度。阻尼孔直径为圆孔，与改进前 0.2 的铣扁面相比提高了液压系统的适应性和市场竞争性。采用外沟通阻尼槽代替内沟通阻尼结构简化了工艺，降低了成本。改进前后平衡性相同，避免了径向力不平衡造成的"抱轴"问题。改进后用小排量泵进行了现场试验，证明了该方案的可行性和可靠性。

2.5.5 加热炉径向柱塞泵高温原因分析与处理实例

2.5.5.1 系统的基本情况

某热轧厂四号加热炉步进梁液压系统主泵换代国产的新型轴配流径向柱塞泵。投入负荷运行后，即发现主泵异常温升，泵壳体温度一般在 64 ~ 75℃之间，最高时高达 80.7℃，泵内摩擦副的温度至少在 100℃以上。

2.5.5.2 造成异常高温的原因

由于步进梁液压动力系统功能多，控制环节复杂，并有电液伺服、外部控制、双向变量、闭式供油、前置助吸等多种功能及特点，该液压系统主泵为轴配流双向变量径向柱塞泵，前置泵为轴配流单向定量径向柱塞泵。

由于加热工艺的要求，全液压步进梁有正循环步进、反循环步进、原地踏步等多种工作方法，就是说该步进梁并不是长期连续工作，而是根据加热温度、不同钢种要求的在炉时间，作不同的步进循环周期运动，也即步进梁有时运动，有时停止。根据主液压系统的工作原理可知，不管步进梁是上升、下降，还是前进、后退，只要步进梁运动液压系统主泵就必须有液压油吸入，液压油输出，此时泵内各零部件、各摩擦副摩擦产生的热量由液压油不断地吸入压出而带走，液压油一方面起到润滑的作用，另一方面起到循环冷却的作用。主泵前置泵均不可能异常温升。然而，当步进梁不动作时，径向柱塞泵定子偏心 $e=0$，也就是说泵的输出流量 $Q=0$，而电机并未停止转动，径向柱塞泵的转子在电机正常驱动下仍以额定的转速不停地转动。此时转子与配流轴、滑靴与定子摩擦产生的热量无介质带走，致使泵内摩擦副产生的热量急剧增加，所产生的热量只有靠泵壳体自然散热降温。特别是轧制取向硅钢时，要求在炉时间长，步进梁前进循环周期慢，一般 $5\sim8\min$ 才运动一次，此时泵的温升更高。

2.5.5.3　异常高温造成的危害

异常高温对液压系统元件造成的直接影响和间接影响是很大的，它直接关系到主机工作的安全性和可靠性。

（1）高温使液压油黏度变低，液压元件内部泄漏量增大。

（2）液压油黏度变低后，使液压泵的容积效率下降。

（3）高温使零部件产生热膨胀，导致配合间隙减小，直至卡死或烧研。轴配流径向柱塞的抱轴问题就是该泵几十年来国内久攻不下的重要原因之一。

（4）加速零部件的磨损，降低元件使用寿命。

（5）高温使橡胶密封件早期老化、失去弹性、丧失密封性能，缩短使用寿命。

（6）加速油液的氧化变质，降低正常使用寿命。

（7）油液氧化产生的酸性物质直接腐蚀金属，导致液压元件磨损加剧，减少使用寿命。

（8）油液氧化产生大量的沉淀物，污染系统，导致设备故障，加速液压元件的磨损。

2.5.5.4　降低主泵温度的措施

新型径向柱塞泵外壳体本身设有两个 $M42\times2$ 的螺孔，它的作用除了作泄漏油口使用之外，必要时还可做循环冷却油管连接口使用，即一螺孔接循环压油、另一螺孔接循环回油和泄漏油的共用口，与泵本身的高压工作油没有任何直接关系。

A　改造方案一

由于4号炉液压系统除了驱动步进梁运转的主系统外，还配有控制和冷却过滤循环系统。它的工作原理是：齿轮泵输出的液压油通过 $20\mu m$ 的过滤器、冷却器，过滤冷却后直接回油箱，为此循环系统的液压油可以通过对管道适当的改造后直接引入主泵外壳体作冷却循环用。改造方案一如图 2-73 所示。其优点是：

（1）利用原有的循环冷却过滤系统，不用另外增加专用泵站及冷却系统。

（2）分流部分循环油作 1~4 号主泵的冷却液。

（3）4 台主泵分别设置了壳体进油、回油截止阀。需要冷却时，打开截止阀，泵检修更换时关闭即可，使用维修十分方便快捷。

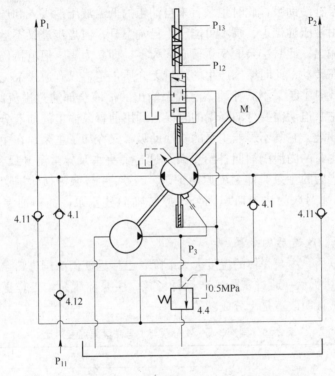

图 2-73　改造后的径向柱塞泵系统

P_1，P_2—系统控制主油路；P_3—前置泵控制油路；P_{11}—控制
系统动力源油路；P_{12}，P_{13}—变量泵控制油路

缺点是：

（1）需要增加部分循环冷却油管。

（2）循环过滤冷却油系统需要增设一个溢流阀，以限定进入主泵壳体的循环冷却油压在 0.1MPa 以下，防止损坏泵轴头的旋转轴用密封。

（3）需新设 8 台截止阀，增加改造总投入 12 万元。

B　改造方案二

由于步进梁液压系统主泵为双向变量，前置助吸，闭式供油。主泵本身设有前置助吸功能，利用前置泵输出的油液，在为主泵助吸补油的同时用来降低主泵的温度，是两全其美、综合利用的最佳方案，它的优点在于：

（1）不用改造原循环过滤冷却系统。

（2）节省了新增管路 30m 左右，同时节省了溢流阀、截止阀等元件，节省改造投资 12 万元左右。

（3）巧妙利用系统的工作原理，最大限度地发挥前置泵的作用。

由于步进梁运动时主泵必须向系统输出相应流量的压力油，主泵工作时前置泵必须给主泵补油助吸，此时主泵有来自油箱的低温液压油吸入和压出，泵摩擦产生的热量由液压油带走，泵不可能产生异常温升，但当步进梁不运动时，主泵也无液压油输出，此时主泵的变量偏心 e 为零，即 q 为零，但电机仍在转动，主泵的转子仍在转动，此时摩擦产生的热量无介质带走，只有通过泵壳体自然而缓慢地散热。此时主泵又不需补油，前置泵输出的油液全部通过溢流阀溢回油箱。而此时正是主泵迫切需要冷却降温的时候，利用前置泵输出的油液分流部分作主泵的循环冷却液，它既不影响主泵的补油助吸，又冷却了主泵，在主泵补油不足时，还可将主泵的内泄漏油回补给主泵。这是解决主泵异常温升最合理的方案。表 2-9 为改造后的主泵壳体温度原始记录。3 号、4 号泵为换代国产新型轴配流径向柱塞泵，1 号泵为法国斯坦因公司原装轴向柱塞泵，油箱油温控制正常均为 42℃。

2.5.5.5 改造后的效果

经改造以后，主泵壳体的温度大大下降，已接近使用法国进口泵，具体温度指数见表 2-10 所示，通过实际生产运行考核，主泵前置泵均工作正常。温度变化平稳，实践证明改造是十分成功的。

表 2-10 国产 3 号、4 号泵与 1 号法国泵温度对比 （℃）

时 间		泵 号		
		3	4	1
4.18	13：20	56	50	55
	15：30	54	49	54
	17：50	55	50	54
4.19	8：30	54	49	54
	10：00	54	49	54

3　液压阀安装调试与故障维修

3.1　液压阀概述

3.1.1　液压阀基本结构与原理

液压控制阀在液压系统中被用来控制液流的压力、流量和方向，以保证执行元件按照要求进行工作，属控制元件。

液压阀基本结构包括阀芯、阀体和驱动阀芯在阀体内做相对运动的装置。驱动装置可以是手调机构，也可以是弹簧或电磁铁，有时还作用有液压力。

液压阀基本工作原理：利用阀芯在阀体内做相对运动来控制阀口的通断及阀口的大小，实现压力、流量和方向的控制。流经阀口的流量 q 与阀口前后压力差 Δp 和阀口面积 A 有关，始终满足压力流量方程；作用在阀芯上的力是否平衡则需要具体分析。

3.1.2　液压阀的分类

3.1.2.1　根据结构形式分类

根据结构形式，液压阀分为滑阀、锥阀与球阀（见图 3-1）。

滑阀为间隙密封，阀芯与阀口存在一定的密封长度，因此滑阀运动存在一个死区。滑阀阀口的压力流量方程：$q = C_d \pi Dx (2\Delta p/\rho)^{1/2}$。锥阀阀芯半锥角一般为 $12° \sim 20°$，阀口关闭时为线密封，密封性能好，且动作灵敏。

锥阀阀口的压力流量方程：$q = C_d \pi dx \sin\alpha (2\Delta p/\rho)^{1/2}$。球阀性能与锥阀相同，

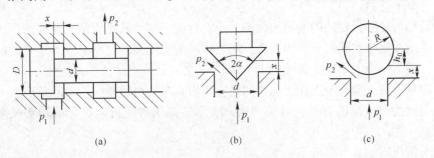

(a)　　　　　　　　　　(b)　　　　　　　　　　(c)

图 3-1　液压阀的结构形式

（a）滑阀；（b）锥阀；（c）球阀

阀口的压力流量方程：

$$q = C_d \pi d h_0 (x/R)(2\Delta p/\rho)^{1/2}$$

3.1.2.2　根据用途不同分类

压力控制阀：用来控制和调节液压系统液流压力的阀类，如溢流阀、减压阀、顺序阀等。

流量控制阀：用来控制和调节液压系统液流流量的阀类，如节流阀、调速阀、分流集流阀、比例流量阀等。

方向控制阀：用来控制和改变液压系统液流方向的阀类，如单向阀、液控单向阀、换向阀等。

3.1.2.3　根据控制方式不同分类

定值或开关控制阀：被控制量为定值的阀类，包括普通控制阀、插装阀、叠加阀。

比例控制阀：被控制量与输入信号成比例连续变化的阀类，包括普通比例阀和带内反馈的电液比例阀。

伺服控制阀：被控制量与（输出与输入之间的）偏差信号成比例连续变化的阀类，包括机液伺服阀和电液伺服阀。

数字控制阀：用数字信息直接控制阀口的启闭，来控制液流的压力、流量、方向的阀类，可直接与计算机接口，不需要 D/A 转换器。

3.1.2.4　根据安装连接形式不同分类

管式连接：阀体进出口由螺纹或法兰与油管连接，安装方便。

板式连接：阀体进出口通过连接板与油管连接，便于集成。

插装式：将阀芯、阀套组成的组件插入专门设计的阀块内实现不同功能，结构紧凑。

叠加式：是板式连接阀的一种发展形式。

3.1.3　液压阀的性能参数与基本要求

公称通径：代表阀的通流能力的大小，对应于阀的额定流量。与阀的进出油口连接的油管应与阀的通径相一致。阀工作时的实际流量应小于或等于它的额定流量，最大不得大于额定流量的 1.1 倍。

额定压力：阀长期工作所允许的最高压力。对压力控制阀，实际最高压力有时还与阀的调压范围有关；对换向阀，实际最高压力还可能受它的功率极限的限制。

对液压阀的基本要求是：

（1）动作灵敏，使用可靠，工作时冲击和振动要小；

（2）阀口全开时，液流压力损失要小；

（3）阀口关闭时，密封性能要好；

（4）所控制的参数（压力或流量）要稳定，受外界干扰时变化量要小；

（5）结构紧凑，安装、调试、维护方便，通用性要好。

3.2 单向阀安装调试与故障维修

3.2.1 单向阀概述

单向阀在液压系统中主要用来控制液流单方向流动。常用的单向阀有普通单向阀和液控单向阀两类。普通单向阀在液压系统中的作用是只允许液流沿管道一个方向通过，另一个方向的流动则被截止。按阀芯形状不同，普通单向阀有球阀式和锥阀式两种。液控单向阀是一类特殊的单向阀，它除了实现一般单向阀的功能外，还可以根据需要由外部油压控制，实现逆向流动。液控单向阀的阀芯通常为锥阀式。液控单向阀的安装连接方式有管式、板式和法兰式等。

图 3-2 所示为单向阀符号。图 3-3 所示为液控单向阀符号。

图 3-2 单向阀符号   图 3-3 液控单向阀符号

3.2.2 单向阀结构类型图示

图 3-4 所示为 SV 系列带预开口的液控单向阀。图 3-5 所示为双液控单向阀。

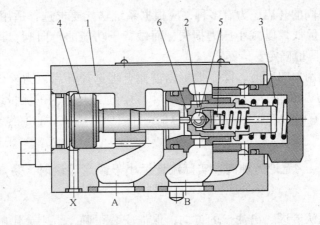

图 3-4 SV 系列带预开口的液控单向阀

1—阀体；2—主阀芯；3—弹簧；4—控制活塞；5—卸压阀；6—卸压阀推杆

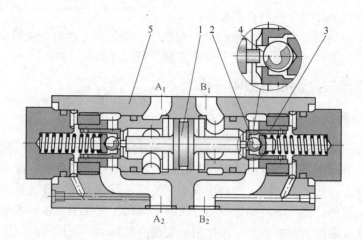

图 3-5 双液控单向阀
1—控制活塞；2—卸压阀；3—主阀芯；4—卸压通道；5—阀体

3.2.3 单向阀使用注意事项及故障诊断与排除

单向阀使用应注意以下事项：

（1）正常工作时，单向阀的工作压力要低于单向阀的额定工作压力；通过单向阀的流量要在其通径允许的额定流量范围之内，并且应不产生较大的压力损失。

特别提醒： 无论何种阀，实际流量远大于额定流量时，会产生较大的压力损失。

（2）单向阀的开启压力有多种，应根据系统功能要求选择适用的开启压力，开启压力应尽量低，以减小压力损失；而做背压功能的单向阀，其开启压力较高，通常由背压值确定。

（3）在选用单向阀时，除了要根据需要合理选择开启压力外，还应特别注意工作时流量应与阀的额定流量相匹配，因为当通过单向阀的流量远小于额定流量时，单向阀有时会产生振动。流量越小，开启压力越高，油中含气越多，越容易产生振动。

特别提醒： 无论何种阀，实际流量远小于额定流量时，易产生振动或不稳定。

（4）注意认清进、出油口的方向，保证安装正确，否则会影响液压系统的正常工作。特别是单向阀用在泵的出口，如反向安装可能损坏泵或烧坏电机。单向阀安装位置不当，会造成自吸能力弱的液压泵的吸空故障，尤以小排量的液压泵最为严重。故应避免将单向阀直接安装于液压泵的出口，尤其是液压泵为高压叶片泵、高压柱塞泵以及螺杆泵时，应尽量避免。如迫不得已，单向阀必须直接安装于液压泵出口时，应采取必要措施，防止液压泵产生吸空故障。可使液压泵的吸油口低于油箱的最低液面，以便油液靠自重能自动充满泵体；或者选用开启压力较小的单向阀等。

小技巧： 可采取在连接液压泵和单向阀的接头或法兰上开一排气口。当液压泵产生吸空故障时，可以松开排气螺塞，使泵内的空气直接排出；若还不够，可自排气口向泵内灌油解决。

（5）单向阀闭锁状态下泄漏量非常小，甚至于为零。但是经过一段时间的使用，因阀座和阀芯的磨损就会引起泄漏。而且有时泄漏量非常大，会导致单向阀的失效。因此，磨损后应注意研磨修复。

（6）单向阀的正向自由流动的压力损失也较大，一般为开启压力的 3 ~ 5 倍，约为 0.2 ~ 0.4MPa，高的甚至可达 0.8MPa。故使用时应充分考虑，慎重选用，能不用的就不用。

单向阀的常见故障及诊断排除方法见表 3-1。

表 3-1　单向阀的常见故障及诊断排除方法

故障现象	故障原因	排除方法
单向阀反向截止时，阀芯不能将液流严格封闭而产生泄漏	阀芯与阀座接触不紧密、阀体孔与阀芯的不同轴度过大、阀座压入阀体孔有歪斜等	重新研配阀芯与阀座或拆下阀座重新压装，直至与阀芯严密接触为止
单向阀启闭不灵活，阀芯卡阻	阀体孔与阀芯的加工几何精度低，二者的配合间隙不当；弹簧断裂或过分弯曲	修整或更换

3.2.4　液控单向阀使用注意事项及故障诊断与排除

液控单向阀使用维修应注意以下事项：

（1）应注意控制压力是否满足反向开启的要求。如果液控单向阀的控制为自主系统时，则要分析主系统压力的变化对控制油路压力的影响，以免出现液控单向阀的误动作。

特别提醒： 必须保证液控单向阀有足够的控制压力，绝对不允许控制压力失压。

（2）根据液控单向阀在液压系统中的位置或反向出油腔后的液流阻力（背

压）大小，合理选择液控单向阀的结构（简式还是复式）及泄油方式（内泄还是外泄）。对于内泄式液控单向阀来讲，当反向油出口压力超过一定值时，液控部分将失去控制作用，故内泄式液控单向阀一般用于反向出油腔无背压或背压较小的场合；而外泄式液控单向阀可用于反向出油腔背压较高的场合，以降低最小的控制压力，节省控制功率，如图 3-6 所示。系统若采用内池式，则柱塞缸将断续下降产生振动和噪声。当反向进油腔压力较高时，则用带卸荷阀芯的液控单向阀，此时控制油压力降低为原来的几分之一至几十分之一。如果选用了外泄式液控单向阀，应注意将外泄口单独接至油箱。

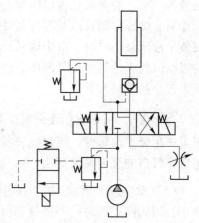

图 3-6　液控单向阀用于反向
出油腔背压较高的场合

特别提醒 1： 内泄式液控单向阀一般用于反向出油腔无背压或背压较小的场合；外泄式液控单向阀可用于反向出油腔背压较高的场合。

特别提醒 2： 液压缸无杆腔与有杆腔面积之比不能太大，否则会造成液控单向阀打不开。

（3）用两个液控单向阀或一个双单向液控单向阀实现液压缸锁紧的液压系统中，应注意选用 Y 型或 H 型中位机能的换向阀，以保证中位时，液控单向阀控制口的压力能立即释放，单向阀立即关闭，活塞停止。假如采用 O 型或 M 型机能，在换向阀换至中位时，由于液控单向阀的控制腔压力油被闭死，液控单向阀的控制油路仍存在压力，使液控单向阀仍处于开启状态，而不能使其立即关闭，活塞也就不能立即停止，产生了窜动现象。直至由换向阀的内泄漏使控制腔泄压后，液控单向阀才能关闭，影响其锁紧精度。但选用 H 型中位机能应非常慎重，因为当液压泵大流量流经排油管时，若遇到排油管道细长或局部阻塞或其他原因而引起的局部摩擦阻力（如装有低压滤油器、管接头多等），可能使控制活塞所受的控制压力较高，致使液控单向阀无法关闭而使液压缸发生误动作。Y 型中位机能就不会形成这种结果。

特别提醒： 液控单向阀回路中的换向阀应采用 H 型或 Y 型机能，不能采用 M 型机能（或 O 型机能）。

（4）工作时的流量应与阀的额定流量相匹配。

（5）安装时，不要搞混主油口、控制油口和泄油口；并认清主油口的正、反方向，以免影响液压系统的正常工作。

（6）带有卸荷阀芯的液控单向阀只适用于反向油流是一个封闭容腔的情况，如油缸的一个腔或蓄能器等。这个封闭容腔的压力只需释放很少的一点流量，即可将压力卸掉。反向油流一般不与一个连续供油的液压源相通。这是因为卸荷阀芯打开时通流面积很小、油速很高、压力损失很大，再加上这时液压源不断供油，将会导致反向压力降不下来，需要很大的液控压力才能使液控单向阀的主阀芯打开。如果这时控制管道的油压较小，就会出现打不开液控单向阀的故障。

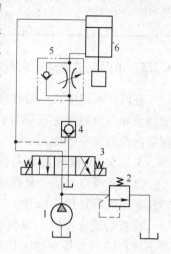

图 3-7 液控单向阀平衡回路
1—液压泵；2—安全阀；3—H 型换向阀；4—液控单向阀；5—单向节流阀；6—液压缸

（7）图 3-7 所示系统液控单向阀一般不能单独用于平衡回路，否则活塞下降时，由于运动部件的自重使活塞的下降速度超过了由进油量设定的速度，致使缸 6 上腔出现真空，液控单向阀 4 的控制油压过低，单向阀关闭，活塞运动停止，直至油缸上腔压力重新建立起来后，单向阀又被打开，活塞又开始下降。如此重复即产生了爬行或抖动现象，出现振动和噪声。通过在无杆腔油口与液控单向阀 4 之间串联一单向节流阀 5，系统构成了回油节流调速回路。这样既不致因活塞的自重而下降过速，又保证了油路有足够的压力，使液控单向阀 4 保持开启状态，活塞平稳下降。换向阀 3 同样应采用 H 型或 Y 型机能，若采用 M 型机能或 O 型机能，则由于液控单向阀控制油不能得到即时卸压，将回路锁紧，从而使工作机构出现停位不准，产生窜动现象。另外，通过在液控单向阀控制油路中设置阻尼，使其可单独工作于平衡回路，此种回路可节省节流阀，更经济。

特别提醒：液控单向阀不能单独用作平衡阀。

液控单向阀常见故障及排除方法见表 3-2。

表 3-2 液控单向阀的常见故障及排除方法

故障现象	故障原因	排除方法
液控单向阀反向截止时（即控制口不起作用时），阀芯不能将液流严格封闭而产生泄漏	阀芯与阀座接触不紧密、阀体孔与阀芯的不同轴度过大、阀座压入阀体孔有歪斜等	重新研配阀芯与阀座或拆下阀座重新压装，直至与阀芯严密接触为止
复式液控单向阀不能反向卸载	阀孔与控制活塞孔的同轴度超标、控制活塞端部弯曲，导致控制活塞顶杆顶不到卸载阀芯，使卸载阀芯不能开启	修整或更换

故 障 现 象	故 障 原 因	排 除 方 法
液控单向阀关闭时，不能回复到初始封油位置	阀体孔与阀芯的几何加工精度低、两者的配合间隙不当、弹簧断裂或过分弯曲而使阀芯卡阻	修整或更换

3.2.5　单向阀造成液压泵吸空故障的分析与排除

在液压系统中，一般在液压泵的出口处安装一个单向阀，用以防止系统的油液倒流和因负载突变等原因引起的冲击对液压泵造成损害。单向阀设置不当会引起液压泵的吸空故障。

3.2.5.1　故障现象与排除过程

某液压泵启动后，系统始终没有压力。判断是液压泵没有流量输出所致。将液压泵出口管道接头松开，启动液压泵，果然没有流量输出。

检查后确认：（1）电机转向与液压泵旋向相符；（2）液压泵的进出油口连接正确；（3）油箱中油液达到足够高的液位；（4）油温正常，油液黏度满足液压泵的使用要求；（5）电机的转速符合液压泵的使用要求。

该泵是立式安装的，电机在油箱盖板上面，液压泵在油箱盖板下面，将泵吊起，对泵的吸入系统进行检查、确认：（1）吸油管道不漏气；（2）吸油口滤油器淹没在液面以下足够多；（3）吸油滤油器没有堵塞，容量足够大；（4）吸油管道通径足够、不过长，弯头也不多。

重新安装后，启动液压泵，仍无流量输出。此泵是排量为 8mL/r 的叶片泵。考虑到小排量叶片泵自吸能力较弱，就从松开的管接头处沿出油管道向泵内灌油，然后开机，还是没有流量输出。

疑点集中到泵的传动键和泵的本身，拆下泵并解体，确认：（1）传动键完好，没有脱落也没有断裂；（2）泵内零件未见异常，叶片运动灵活自如，没有卡阻。

泵出口处的单向阀引起了注意。该单向阀直接安装在泵的出油口，从出油管道接头处向泵灌油时，因单向阀阻隔，油液到不了液压泵内腔。将单向阀阀芯抽出，无须灌油，一开机液压泵就输出流量了。

3.2.5.2　故障机理分析

单向阀怎么会引起液压泵的吸空故障呢？

根据流体力学原理，在液压泵未启动前，液压泵吸油、压油管道及油液状态如图 3-8 所

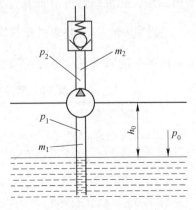

图 3-8　液压泵启动前的状态

示。此时，$p_1 = p_2 = p_0$。

当液压泵启动时，吸油管道中的一部分空气被抽到出油管道内，吸油管道内的气体质量由 m_1 变为 $m_1 - \Delta m$，压力由 p_1 变为 $p_0 - \Delta p_1$。而出油管道中的气体质量由 m_2 变为 $m_2 + \Delta m$，压力由 p_2 变为 $p_0 + \Delta p_2$。这相当于出油管道内的气体被压缩，而吸油管道内形成一定的真空度，如图3-9所示。

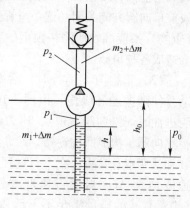

$$\Delta p_1 = p_0 - p_1 = h\rho g$$

$$h = (p_0 - p_1)/\rho g \qquad (3\text{-}1)$$

式中　h——吸油管道内的真空度，m；

　　　p_0——大气压力，Pa；

　　　p_1——绝对压力，Pa；

　　　ρ——液体的密度，kg/m^3；

　　　g——重力加速度，m/s^2。

图3-9　液压泵启动时的状态

由式(3-1)可知，吸油管道内的真空度随着其内的绝对压力 p_1 的降低而增大。当 $h \geq h_0$ 时，液压泵就可以吸入液压油。很显然，在此处没有满足 $h \geq h_0$ 的条件，原因是什么呢？

当单向阀直接安装于液压泵的出口时，泵的压油窗口到单向阀之间的出油管道的空间十分狭小，这样液压泵的传动组件（叶片副、柱塞副、螺杆副等）从吸油窗口将吸油管道内的气体抽出经压油窗口压排到出油管道时，这部分气体便受到较大程度的压缩。而泵的传动组件在结束压排时，其工作腔内留有剩余容积，其内残留着受到压缩的空气。当泵的传动组件再次转到吸油窗口时，剩余容积内的压缩空气就会膨胀，部分或全部占据工作腔容积，甚至还会有部分气体又回流到吸油管道内，如此就导致无法将吸油管道内的空气进一步抽出，无法使吸油管道内的绝对压力 p_1 进一步降低，若此时真空度尚未满足 $h \geq h_0$ 的条件，液压泵就将吸不上油，产生吸空故障。

3.2.6　液控单向阀平衡回路系统故障与改进

3.2.6.1　存在的问题及原因分析

平衡回路用于防止液压缸与垂直或倾斜运动的工作部件因自重而自行下滑，通常采用的是在液压缸回路上设置液控单向阀，如图3-10所示。

该液控单向阀平衡回路的主要问题是：

（1）重物停位不准确。当换向阀位于中位时，重物不能立即停止，还要继续下降一段距离，造成停位不准确，产生这种现象的原因是液压系统的换向阀为M型机能（或O型机能）。当换向阀位于中位时，其A、B两工作腔不能直通油箱而被封闭，造成液控单向阀的控制油路被封死，导致液控单向阀不能立即关闭，直到换向阀阀内泄漏，使液控单向阀控制压力泄压后，液控单向阀方能关闭。这一过程造成了液压缸（重物）不能准确地停在预定的工位上，甚至会造成各种事故。

（2）重物向下运行时，活塞断续向下跳动并伴随振动和噪声。由图 3-10 知，当活塞腔进油时（换向阀右位），压力油同时打开液控单向阀，构成回油通路，活塞下移。由于重物和活塞本身自重，在下行过程中会出现一个速度增量 Δv。当下行速度太快时，由于泵（定量泵）的排量满足不了活塞的快速下行，油液来不及补充至杆腔，在液压缸的有杆腔会形成一定的空间，使整个进油路及液压缸（活塞杆腔）之间产生短时的负压效应，导致液控单向阀的控制油路压力急降，液控单向阀因失压而关闭（回油路被堵死），液压缸急停。随时间推移，液压泵不停地向系统供油，

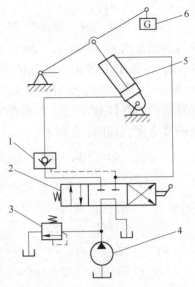

图 3-10 采用液控单向阀的平衡回路
1—液控单向阀；2—M 型换向阀；
3—安全阀；4—液压泵；
5—液压缸；6—重物

使进油路油压回升，达到液控单向阀开启压力后，液控单向阀又打开。重力驱使液压缸快速下行，周而复始，这种过程使液压缸活塞断续下降，并引起强烈振动和噪声。

3.2.6.2 液压系统改进

造成重物停位不准的关键在于液控单向阀控制油能否即时卸载。将图 3-12 中所采用的换向阀由 M 型机能（或 O 型机能）变换成为 H 型机能（或 Y 型机能）的换向阀（见图 3-13）。当换向阀（H 型或 Y 型机能）处于中位时，A、B 两工作腔直通油箱，液控单向阀控制油得到即时卸载，将回路锁紧，使工作机构停位准确。重物质量越大，液压缸活塞腔油压越高，液控单向阀关闭就越紧。

对于重物下行时，活塞出现的断续向下跳动，是因为液控单向阀因失压而关闭所致。可采用在回路上安装单向节流阀来调整液压缸的下降速度（见图 3-11）。节流阀应安装于液控单向阀与液压缸之间，系统构成了回油节流调速回路。溢流阀起溢流稳压作用，使活塞下移运动较平稳，彻底消除了液控单向阀因失压而关闭，造成系统故障。

3.2.7 单向阀的研磨和压修

钢球式单向阀在使用过程中，会因锈蚀、划伤等造成密封不严的故障现象，

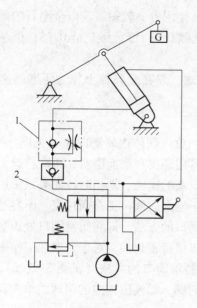

图 3-11 采用单向节流阀和液控单向阀的平衡回路
1—单向截流阀；2—H 型换向阀

图 3-12 阀座的研磨

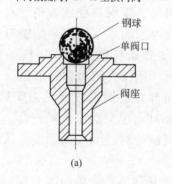

(a)

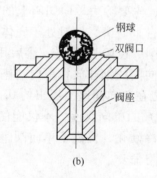

(b)

图 3-13 单阀口和双阀口

可用研磨方法排除，恢复阀门的密封性。

3.2.7.1 磨料及研磨工具

磨料的粒度是指磨粒颗粒的尺寸大小。按磨粒颗粒尺寸范围，磨料可分为磨粒、磨粉、微粉和精微粉四组。研磨仅使用粒度为 100 号以上的磨料。用于研磨的磨料通常称为研磨粉。研磨时磨料粒度的选择，一般由研磨的生产率、工件材质、研磨方式、表面粗糙度及研磨余量等决定。磨料的研磨性能除与其粒度有关外，还与它的硬度、强度有关。磨料的硬度是指磨料的表面抵抗局部外力的能力。因研磨加工是通过磨料与工件的硬度差实现的，所以磨料的硬度越高，它的切削能力越强，研磨性能越好。磨粒承受外力而不被压碎的能力称为强度。强度差的磨粒在研磨中易碎，切削能力下降，使用寿命较短。若以金刚石的研磨能力为 1，则其他磨料的研磨能力如下：碳化硼 0.5；绿色碳化硅 0.28；黑色碳化硅 0.25；白刚玉 0.12；棕刚玉 0.10。

取一个与单向阀钢球直径相同的钢球，焊在金属棒上作为研磨阀座的工具（见图 3-12）。

3.2.7.2　研磨及压制阀口的方法

在研磨阀座的工具钢球上涂上磨料，放入阀体内研磨阀座（见图 3-12），直到排除损伤为止。钢球上的轻微损伤，可用麂皮布涂上磨料，研磨排除。如损伤严重，则需更换。新钢球单向阀座上有严重的锈蚀、划伤时，如果只采用研磨方法，不但修复效率很低，而且还往往由于研磨后阀口工作面过宽，不容易保证单向阀的密封性。因此，目前多采用压制阀口的方法，即将阀座阀口处压制成一圈很窄的圆弧面，使之与钢球接触紧密，以保持密封性。对于一般在工作中受撞击力不大或工作不太频繁的阀，可采用压制单阀口的方法（见图 3-13(a)）。对于在工作中受撞击力较大或工作比较频繁的阀，如液压锁内的钢球式单向阀，可以采用压制双阀口的方法（见图 3-13(b)）。

3.2.7.3　单阀口的压制

压制前，先要除去单向阀座上的损伤，使阀口处成直角。有的单向阀座可直接在平台上研磨，但对处于壳体孔内的阀座，可用平面铣刀铣削（见图 3-14）或车削，以除去损伤。然后用细砂布打磨毛刺，用汽油洗净。压制时，将该单向阀的钢球放在单向阀座上，用压力机对钢球加压（也可用铁锤敲击），使之在单向阀座上压出约 0.3mm 宽的圆弧线（见图 3-15）。经过压制（或敲击）的单向阀座，不仅能使钢球与单向阀座接触密合，而且由于加压后使材料冷硬化，提高了单向阀座阀口处材料的表面硬度，从而可延长单向阀的使用寿命。

压制后，将单向阀装配好，用规定的油压或气压进行试验，不许漏油或漏气。如达不到要求，可用如图 3-12 所示的带钢球的研磨工具研磨单向阀座，以降低阀口

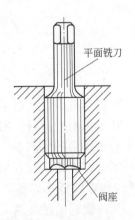

图 3-14　用平面铣刀铣阀座

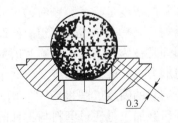

图 3-15　单阀口线

处的表面粗糙度。

3.2.7.4 双阀口的压制

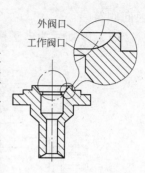

图 3-16 双阀口线

对于承受撞击力较大或工作频繁的单向阀，除了在钢球与单向阀座接触面处压制一道工作阀口外，还要压制一外阀口（见图 3-16）。这样，不仅可以使钢球与单向阀座接触密合，提高单向阀阀口处材料的表面硬度。而且，当单向阀在工作中受液压冲击或振动等使钢球偏离单向阀轴线而撞击单向阀座时，外阀口则承受钢球的冲击力，并引导钢球滑入工作阀口，从而保护工作阀口的完好，延长阀的使用寿命。压制双阀口的步骤和方法是：

（1）用细砂布抛光单向阀孔的边缘，除去毛刺和镀层，使表面粗糙度达到 $0.02\mu m$。

（2）用汽油清洗零件和工具。

（3）压制外阀口。将比工作钢球大 $1.2 \sim 1.5$ 倍的钢球放在单向阀座上，对钢球施加垂直外力，保持 30s，压入的深度为 $0.3 \sim 0.6mm$，阀口线宽窄要均匀。

（4）整孔。整孔的目的是去掉压外阀口时产生的毛刺。方法是，用比单向阀孔大 $05^{+0.1}mm$ 的钢球压过单向阀孔。

（5）抛光阀口。将单向阀夹在车床上，用细砂布抛光已压制好的外阀口，表面粗糙度应达到 $0.2\mu m$，再用汽油清洗干净。

（6）压制工作阀口。用工作钢球压出工作阀口，阀口线宽度约 $0.3mm$，并须光亮无损。

（7）补充加工。单向阀经压修后如仍有少量漏气时，可用如图 3-12 所示的带钢球的研磨工具再次研磨单向阀座。

3.3 换向阀安装调试与故障维修

换向阀用于控制油路的通断或改变液流的方向，从而实现液压执行机构的启动、停止或运动方向的改变。

3.3.1 换向阀结构类型图示

图 3-17 所示为二位三通电磁换向阀符号。图 3-18 所示为三位四通电液

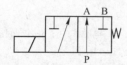

图 3-17 二位三通电磁换向阀符号

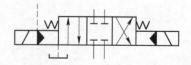

图 3-18 三位四通电液换向阀符号

换向阀符号。

图 3-19 所示为电磁换向阀结构。

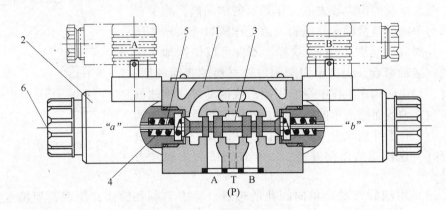

图 3-19　电磁换向阀结构

1—阀体；2—电磁铁；3—阀芯；4—弹簧；5—推杆；6—手轮

图 3-20 所示为电液换向阀结构。

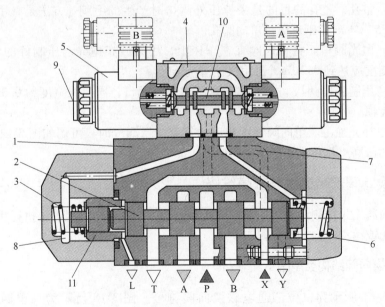

图 3-20　电液换向阀结构

1—主阀体；2—主阀芯；3—主阀弹簧；4—先导阀体；5—电磁铁；6，8—控制腔；

7—控制油通道；9—手轮；10—先导阀芯；11—阀套

图 3-21 所示为电磁球阀。图 3-22 所示为手动换向阀。

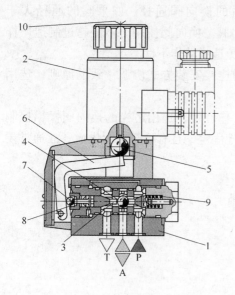

图 3-21   电磁球阀
1—阀体；2—电磁铁；3—推杆；4,5,7—钢球；
6—控制油通道；8—定位球套；
9—弹簧；10—手轮

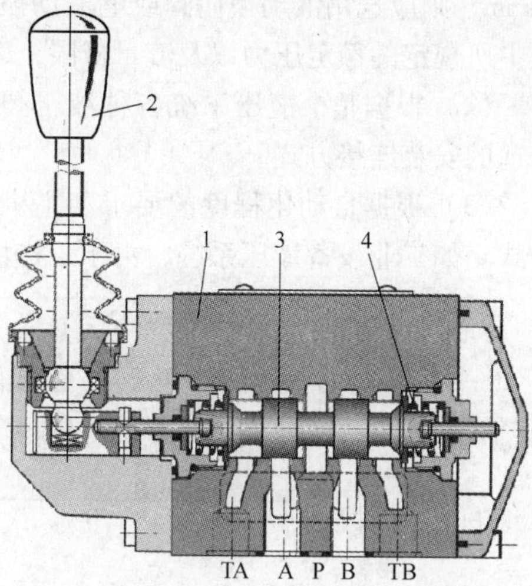

图 3-22   手动换向阀
1—阀体；2—操纵杆；3—阀芯；4—弹簧

图 3-23 所示为换向阀控制方式符号。图 3-24 所示为三位四通换向阀中位机能结构图与符号。

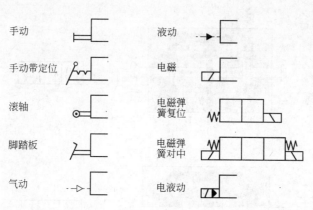

图 3-23   换向阀控制方式符号

3.3.2   换向阀使用维修注意事项

换向阀使用维修注意事项如下：

（1）根据所需控制的流量选择合适的换向阀通径。如果阀的通径大于10mm，则应选用液动换向阀或电液动换向阀。换向阀使用时不能超过制造厂样本中所规定的额定压力以及流量极限，以免造成动作不良。

（2）根据整个液压系统各种液压阀的连接安装方式协调一致的原则，选用合适的安装连接方式。

（3）根据自动化程度的要求和主机工作环境，选用适当的换向阀操纵控制方式。如工业设备液压系统，由于工作场地固定，且有稳定电源供应，故通常要

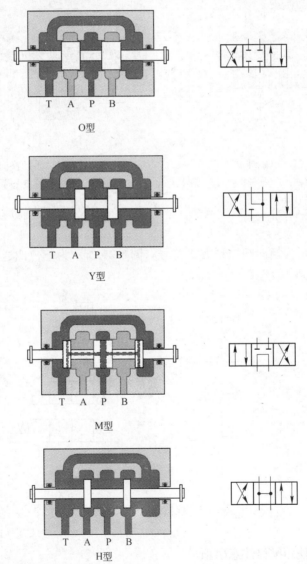

图 3-24 三位四通换向阀中位机能结构图与符号

选用电磁换向阀或电液动换向阀（电液换向阀）；而野外工作的液压设备系统，主机经常需要更换工作场地且没有电力供应，故需考虑选用手动换向阀；在环境恶劣（如潮湿、高温、高压、有腐蚀气体等）下工作的液压设备系统，为了保证人身设备的安全，则可考虑选用气控液压换向阀。

（4）根据液压系统的工作要求，选用合适的滑阀机能与对中方式。

（5）对电磁换向阀，要根据所用的电源、使用寿命、切换频率、安全特性等选用合适的电磁铁。

（6）回油口 T 的压力不能超过规定的允许值。

（7）双电磁铁电磁阀的两个电磁铁不能同时通电，在设计液压设备的电控系统时应使两个电磁铁的动作互锁。

（8）液动换向阀和电液换向阀应根据系统的需要，选择合适的先导控制供油和排油方式，并根据主机与液压系统的工作性能要求决定所选择的阀是否带有阻尼调节器或行程调节装置等。

（9）电液换向阀和液动换向阀在内部供油时，对于那些中间位置使主油路卸荷的三位四通电液动换向阀，如 M 型、H 型、K 型等滑阀机能，应采取措施保证中位时的最低控制压力，如在回油口上加装背压阀等。

3.3.3 换向阀常见故障诊断与排除

换向阀在使用中可能出现的故障现象有阀芯不能移动、外泄漏、操纵机构失灵、噪声过大等，产生故障的原因及其排除方法见表3-3。

表3-3 换向阀使用中可能出现的故障及排除方法

症 状	原 因	排 除 方 法
阀芯不能移动	阀芯表面划伤、阀体内孔划伤、油液污染使阀芯卡阻、阀芯弯曲	卸开换向阀，仔细清洗，研磨修复内孔或更换阀芯
	阀芯与阀体内孔配合间隙不当。间隙过大，阀芯在阀体内歪斜，使阀芯卡住；间隙过小，摩擦阻力增加，阀芯移不动	检查配合间隙。间隙太小，研磨阀芯，间隙太大，重配阀芯，也可以采用电镀工艺，增大阀芯直径。阀芯直径小于20mm 时，正常配合间隙在0.008～0.015mm 范围内；阀芯直径大于20mm 时，正常配合间隙在0.015～0.025mm 范围内
	弹簧太软，阀芯不能自动复位；弹簧太硬，阀芯推不到位	更换弹簧
	手动换向阀的连杆磨损或失灵	更换或修复连杆
	电磁换向阀的电磁铁损坏	更换或修复电磁铁
	液动换向阀或电液动换向阀两端的单向节流器失灵	仔细检查节流器是否堵塞、单向阀是否泄漏，并进行修复

症 状	原 因	排 除 方 法
阀芯不能移动	液动或电液动换向阀的控制压力油压力过低	检查压力低的原因，对症解决
	气控液压换向阀的气源压力过低	检修气源
	油液黏度太大	更换黏度适合的油液
	油温太高，阀芯热变形卡住	查找油温高原因并降低油温
	连接螺钉有的过松，有的过紧，致使阀体变形，阀芯移不动。另外，安装基面平面度超差，紧固后面体也会变形	松开全部螺钉，重新均匀拧紧。如果因安装基面平面度超差阀芯移不动，则重磨安装基面，使基面平面度达到规定要求
电磁铁线圈烧坏	线圈绝缘不良	更换电磁铁线圈
	电磁铁铁芯轴线与阀芯轴线同轴度不良	拆卸电磁铁重新装配
	供电电压太高	按规定电压值来纠正供电电压
	阀芯被卡住，电磁力推不动阀芯	拆开换向阀，仔细检查弹簧是否太硬、阀芯是否被脏物卡住以及其他推不动阀芯的原因，进行修复并更换电磁铁线圈
	回油口背压过高	检查背压过高的原因，对症来解决
外泄漏	泄油腔压力过高或O形密封圈失效造成电磁阀推杆处外渗漏	检查泄油腔压力，如对于多个换向阀泄油腔串接在一起，则将它们分别接入油箱；更换密封圈
	安装面粗糙、安装螺钉松动、漏装O形密封圈或密封圈失效	磨削安装面使其粗糙度符合产品要求（通常阀的安装面的粗糙度不大于0.8μm）；拧紧螺钉，补装或更换O形密封圈
噪声大	电磁铁推杆过长或过短	修整或更换推杆
	电磁铁铁芯的吸合面不平或接触不良	拆开电磁铁，修整吸合面，清除污物

3.3.4 换向阀使用中易产生的问题

3.3.4.1 二位四通阀的问题

在有些设计中，常出现由二位四通阀代替二位二通阀的情况，二位四通阀（见图3-25（b））可根据需要通过堵A口或B口，从而改成常闭型或常开型二位二通阀（见图3-25（a））。在应用时，管式连接直接堵口即可达到预期的目的，板式连接在加工连接板时相应的孔不加工即可。但应该注意，四通阀T口不能堵塞，须接通油箱，用作泄油口。因为如果T口堵塞，系统开始工作时，启动换向阀

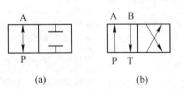

图3-25 二位二通换向阀（a）和
二位四通换向阀（b）

可以换向，系统能够正常工作，时间一长，泄漏到弹簧腔的液压油无处外漏，从而使换向阀不能换向，系统就不能正常工作。

特别提醒： 四通阀 T 口不能堵塞。

3.3.4.2 电液换向阀的问题

根据控制油路的进出油方式，电液换向阀分为内控内泄式、内控外泄式、外控内泄式、外控外泄式四种。在产品样本和有些手册中并不是四种形式罗列完善，供用户任选的。有时选型时选了，但购买时没货，还需要自己动手去加以改造。因此必须对电液换向阀的结构了解清楚，以获得自己需要的换向阀形式。对于外控式阀，由于控制油是从电液换向阀之外的油路单独引入的，在使用时，无论内泄还是外泄，均不存在什么问题。而对于内控式阀，由于先导阀的供液口与主阀的 P 口是连通的，结构简单、使用方便，但如果阀中位机能为 M、H、K、X 等时，在中位时主油路不能为控制油路提供主阀芯换向所必需的控制压力，因此，必须对阀或系统采取措施，如采用预压阀或增大回油背压等方法，以满足电液换向阀的使用要求。图 3-26 所示为加预压阀的内控式 M 型电液换向阀的使用情况。

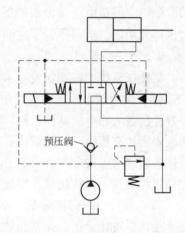

图 3-26 加预压阀的内控式 M 型电液换向阀的使用情况

特别提醒： 电液换向阀中位机能为 M、H、K、X 等时，必须采取措施，如采用预压阀或增大回油背压等方法，提供控制油压。

3.3.5 影响换向阀可靠性的因素

首先，列举两个典型实例。

3.3.5.1 案例 1

某热力发电厂 2 号机组汽轮机运行人员做高压调速油泵试验，启动后检查各设备和各仪表指示均正常。于是关该泵的出口门并切除连锁后停泵。在该泵停后的瞬间声光报警信号指示"调速油压低"，运行人员立即重启动高压调速油泵时，"安全油压低"、"一次油压低"、"二次油压低"光字报警信号相继报警指示。同时主汽门自动关闭，发电机解列，停炉保护动作。造成直接损失：电量 120000kW·h，燃油 2.3t，以及大量的汽、水损失等。

事件发生后对整个机组的液压调速系统分析检查，得出：

由于排油滑阀卡阻，无法复位，使汽轮机的调节系统的调速油通过该滑阀泄油, 使调速油压下降, 调速油压下降后造成调速系统安全油压下降, 当安全油压小于 1.44MPa 时主汽门自动关闭, 机组连锁保护动作机组自动与电网解列。正常工作状况下, 当停高压调速油泵时该滑阀应该在汽轮机主油泵产生的高压油的作用力下, 向图 3-27 所示的 B 方向移动, 切断由汽轮机主油泵产生的高压油的泄油口。但是由于排油滑阀的卡阻, 使其无法执行此功能, 从而导致了主油泵产生的高压油无法建立起安全油压。

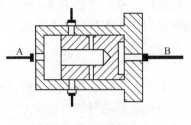

图 3-27   排油滑阀

3.3.5.2   案例 2

某液压系统中柱塞阀发生卡死失效, 工程技术人员进行分析:

(1) 失效状态。正常应是中间阀柱 (阀芯) 与阀体为第一种间隙配合, 但失效件已丧失相对滑动的可能。卸开后测得阀体孔已为负公差, 阀柱正常, 但两圆柱表面稍有擦痕, 可见阀体孔已发生塑性畸变。据查, 该阀体为低合金钢并经气体渗碳淬火。失效阀体孔比正常阀体孔表面硬度低约 15%, 因而有必要进行显微组织调查, 以找出柱孔塑变与软化的原因。

(2) 显微组织对比分析。取失效阀体孔处组织与正常工作阀体内孔处组织做金相试样对比分析。正常阀体渗碳层的显微组织是清晰的马氏体, 期间有少量分散的奥氏体 (浸蚀后为白色区域), 而失效阀体的渗碳层组织含有相当多的残余奥氏体, 特别是在近表面处更多。

(3) 结论。在失效表层具有不稳定性的残余奥氏体数量相当多。在阀柱高压接触和卸压过程中, 残余奥氏体转变为马氏体。在残余奥氏体转变为马氏体过程中, 体积增大造成圆柱的孔尺寸畸变乃至变小为负公差, 并引起柱塞被挤紧而不能正常工作。至于残余奥氏体过多, 则是由于失效件渗碳时, 碳势调得太高所造成。

(4) 对策。改变渗碳气体成分, 控制渗碳零件在热处理时不要保留过量的奥氏体。

3.3.5.3   换向阀可靠性的因素分析

导致换向阀故障的直接原因是阀柱 (阀芯) 卡阻。从案例 1 可以看出运行期间造成阀芯被卡阻的原因; 从案例 2 可以看出制造过程造成阀芯被卡阻的原因。

A   运行期间造成阀芯卡阻的原因

(1) 外部侵入造成油污染。油箱盖不严, 缺少密封垫或换油、维修时的带入。

(2) 系统内形成油污染。密封的磨屑等, 有可能形成胶状悬浮物。

(3) 保管不善引起的油污染。有些备用液压件露天存放, 这样可能使其氧化生锈，而内部的锈蚀埋下了事故隐患。

B 制造期间造成阀芯卡阻的原因

（1）加工造成油污染。由于新阀未被彻底清洗，或由于加工时相贯线处的铁屑部分粘连在阀体上，不易清洗出来。但在工作过程中，由于油压的反复冲击作用，铁屑脱离阀体，易造成阀芯堵塞。

（2）加工精度低。为了保证阀芯在阀体中移动，须留配合间隙；又为了保证密封，防止高低压串通，间隙应尽量小。当缝隙均匀且缝隙中有油液时移动阀芯所需的力要小，只需克服油液的内摩擦力，数值相当小。但有时由于缝隙过小，油温升高时阀芯热胀而卡死，也将导致换向阀工作失效。引起换向阀工作失效的另一个主要原因是滑阀副几何形状误差和同心度变化所引起的径向不平衡液压力。当阀芯因加工误差而带有倒锥（锥部大端朝向高压端）且轴心平行而不重合时，阀芯将受到径向不平衡力的作用而使偏心距越来越大，直到两表面接触为止。这时的径向不平衡力将达到最大值。如果阀芯损伤、残留毛刺或缝隙中有杂物，阀芯将受到径向不平衡力将其凸起部分推向孔壁，缝隙中的残留液体被挤出，阀芯和孔之间的摩擦变成了半干摩擦甚至干摩擦，必将增加阀芯移动时所需要的力。

（3）处理不当。渗碳阀体在热处理时碳势太高，保留了过量的奥氏体。在阀柱高压接触和卸压过程中，残余奥氏体转变为马氏体，体积增大造成阀体孔尺寸畸变乃至变小为负公差，引起柱塞被挤紧而不能正常工作。

3.3.6 电液换向阀螺堵处理实例

某 JLQ-25 型全立式压铸机液压系统如图 3-28 所示。

该设备自安装后，还可使用，但经常运行不可靠，动作缓慢，甚至不动作，冬季更严重。当电液换向阀断电处于中位时，缸 9 活塞杆应固定在某一位置，但有时却会自动下滑。在排除了电磁溢流阀、压力继电器、蓄能器、液压缸密封等各部件的故障后，问题集中在电液换向阀 7 上。然而检查结果是，电液换向阀滑阀机能正确，主阀和先导阀的阀芯手动与自动换向都很可靠，检查配合表面并测量其精度也正常。按最原始的办法，换上一个同型号的新阀后，设备恢复正常。但旧阀装上去后故障依旧。考虑其使用方式时发现，该电液换向阀的外泄口处有一螺堵，而内泄口也有一个未拧紧的螺堵。阀在工作时，本来应去掉外泄口的螺堵，使用"内控外泄式"，但是因外泄口被螺堵密封，回油压力最后冲开内泄口螺堵，使液压油从内泄口"夺路而回"，实际上该电液换向阀是按"内控内泄式"工作的。由于内泄口的螺堵又造成回油不畅，使本来就较高的"内泄式"先导阀的回油背压更高，因此出现动作缓慢等现象。因冬季温度低，液压油黏度比较高，故障更加严重。同样的原因，当电液换向阀的两个电磁铁断电时，由于

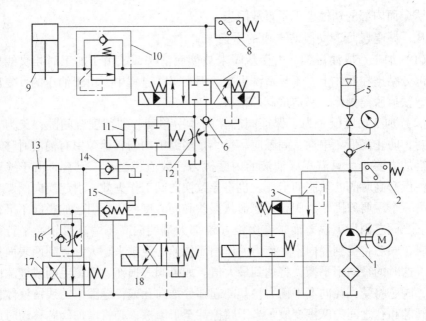

图 3-28 某 JLQ-25 型全立式压铸机液压系统
1—液压泵；2，8—压力继电器；3—电磁溢流阀；4，6，14—单向阀；5—蓄能器；
7—电液换向阀；9，13—液压缸；10—单向顺序阀；11，17，18—电磁阀；
12—节流阀；15—快速阀；16—单向节流阀

先导阀的回油背压很高，会造成主阀阀芯对中不可靠，出现液压缸活塞因重力而下滑的现象。

将电液换向阀外泄口的螺堵去掉，内泄口螺堵拧紧后，再装上去，结果设备运行恢复正常，故障排除。

电液换向阀四种使用方式的螺堵调整如图 3-29 所示，详细说明见表 3-4。

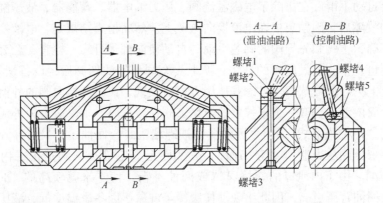

图 3-29 电液换向阀四种使用方式的螺堵调整

表 3-4　电液换向阀螺堵

使用方式	螺堵1	螺堵2	螺堵3	螺堵4	螺堵5
内控内泄式	无	有	有	无	有
内控外泄式	有	有	无	无	有
外控外泄式	有	有	无	有	无
外控内泄式	无	有	有	有	无

在使用和维修电液换向阀时，应先检查控制口和泄油口的螺堵情况。

小技巧： 可通过改变螺堵改变电液换向阀的控（内控/外控）与泄（内泄/外泄）的方式。

3.3.7 减少液控换向阀换向冲击的方法

3.3.7.1 电液换向阀换向中存在的问题及原因分析

实际通过节流阀延长换向时间减少换向冲击的效果并不理想。常见的问题是：如果在一个方向上调整好，启动时液压缸冲击较小，而反方向上阀芯复中位时需要较长时间，即液压缸在反方向上甚至"停不下来"。如果使液压缸按要求停止，则启动时就可能有较大的冲击。

分析产生以上现象的原因，先分析主阀芯液动力换向时的受力情况，如图 3-30 所示。假设主阀芯在中位时，电磁铁 B 得电，此时主阀芯在左侧压力油推动下，克服右侧对中弹簧的压力及双单向节流阀的节流阻力实现向右移动，完成换向。中位时在液动力推动下向右换向。

主阀芯换向时的受力 F_1：

$$F_1 = pA - F - p_1A \qquad (3-2)$$

式中　p——系统压力；

　　A——主阀芯的压力面积；

　　p_1——双单向节流阀的节流阻力；

　　F——主阀芯的右侧复位弹簧的阻力。

再分析同一侧主阀芯的弹簧力复位时的受力情况，如图 3-31 所示。假设主阀

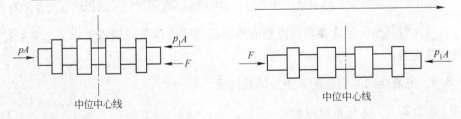

图 3-30　主阀芯液动力换向时的受力情况　　图 3-31　主阀芯弹簧复位时受力的情况

芯在左位，电磁铁 A 失电。此时主阀芯受压一侧的弹簧推力 F，克服节流阀的节流阻力，使主阀向右移动，完成复位。主阀芯在弹簧力作用下向右移动回中位。

主阀芯复位时的受力 F_2：

$$F_2 = F - p_1 A \tag{3-3}$$

式中　A——主阀芯的压力面积；

　　　p_1——双单向节流阀 9 的节流阻力；

　　　F——主阀芯 2 的左侧复位弹簧 3 的弹力。

由式(3-2)和式(3-3)可知，由于系统压力 p 产生的推力通常总是远大于弹簧力 F，在液动力换向速度和弹簧力复位速度相同的情况下，两公式中的节油压力 p 是相等的，F_1 将远大于 F_2，显然两个换向速度不可能相等。因此，通过同一回油阻力的调整来达到液动力换向和弹簧力复位速度一致是不可能的，主阀芯在一个方向上的液动力换向速度总是大于在另一个方向上的弹簧复位速度。

3.3.7.2 改进方法

通过以上的分析可知，想通过调节同一回油阻力来降低液控换向阀液动力换向和弹簧力复位的速度，将带来换向和复位速度的巨大差异。为了避免以上问题，在电磁阀与主阀之间可安装一只 P 口减压阀，降低压力 p，如图 3-32 所示。增加减压阀时只要将电液阀的电磁阀及节流阀拆除，在节流阀与主阀之间插入一只减压阀，将紧固螺栓加长相应的减压阀厚度重新紧固即可。实际调整过程中，可先调节节流阀，使弹簧复位时的液压冲击达到最佳效果后，将节流阀锁死；再通过调整减压阀使反方向上

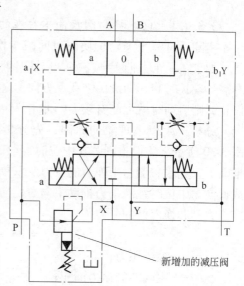

图 3-32 改进后的电液换向阀液压系统

的换向冲击效果至最佳。压力 p 调整至 $3 \sim 4.5 \mathrm{MPa}$ 较为理想。

增加减压阀可明显减少液压冲击与管道的漏油，有利于延长液压软管的使用寿命。

特别提醒： 电液换向阀控制油路的阻尼节流阀开口调得太小，容易引起主阀复位困难。

3.3.8 电液换向阀引起的系统故障及排除

3.3.8.1 现有系统分析

图 3-33 所示为现有液压机双泵保压液压系统原理。它的功能为下压工件、

保压、顶出工件。图 3-33 中，低压大流量泵 1 的参数为：额定压力 6.3MPa，额定流量 16L/min；高压小流量泵 2 的参数为：额定压力 31.5MPa，额定流量 10L/min。当主液压缸 12 需快速下行时，泵 1、泵 2 同时向活塞腔低压大流量供油。当主缸 12 接触到工件开始工作行程，即进入保压阶段时，系统压力升至压力继电器 8 设定压力，压力继电器发信号，低压大流量泵 1 通过电磁阀 4 和溢流阀 5 组成的卸载回路实现低压状态下的卸载，同时泵 1 与泵 2 之间的单向阀 3 在泵 2 压力油作用下迅速关闭。泵 1 停止供油，泵 2 输出的油液仍经电液换向阀 9 继续供给主液压缸 12，实现保压作用。当保压结束后，阀 9 处于右位工况，泵 2 参与工作，实现主液压缸活塞杆缩回，之后顶料缸 13 相应动作，即完成一个工作循环。顶料缸 13 处于低压状态下工作。只有在保压期间相关回路和元件才处于高压状态。

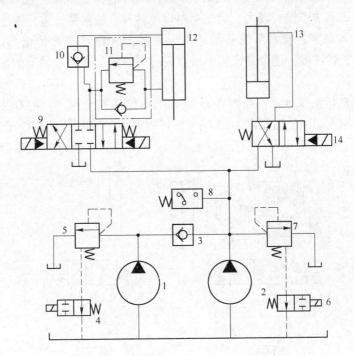

图 3-33　现有液压机双泵保压液压系统原理
1—低压大流量泵；2—高压小流量泵；3—单向阀；4，6—二位二通电磁阀；
5，7—溢流阀；8—压力继电器；9，14—电液换向阀；10—液控单向阀；
11—单向顺序阀；12—主液压缸；13—顶料缸

电磁换向阀受电磁推力的限制太大，不经济。一般来讲，当系统流量大于 63L/min 时不宜选用电磁阀而应选用电液换向阀。电液换向阀由电磁阀和液动阀组合而成，它适用于大流量高压系统，其优点为换向简单、可靠、省去控制油管、空循环压力也较低，缺点为当主阀采用液压强制对中时，阀体较长、结构复杂。

由于电液阀的容量比较大，大规格的换向阀的绝对泄漏量将相对较大，在高压时漏损较大（每个阀有 1～5L/min 左右），特别是处于高压状态下时先导阀漏损较大，当系统压力达 31.5MPa 时，电液换向阀的内部泄漏量高达 1.8L/min。在保压阶段，只有泵 2 供油，阀 14 虽不工作，但阀内和缸 13 仍处于高压状态下，根据力的可传递性原理，这条支路仍在泄漏，加上主缸系统，整个系统的泄漏量与泵 2 输出的流量相比是一个绝对高值。从理论上分析，液压泵的流量与压力之间无紧密函数关系，但实际上压力大小通过油液的泄漏间接地对流量有一定的影响，即泵压升高，由于泄漏所致，使油液有所减少，可能导致液压缸的保压压力上不去。

3.3.8.2　系统改进

图 3-33 所示系统采用了开泵保压方法，压力的稳定取决于溢流阀的质量。但开泵保压系统功率损失较大，尝试通过以下两种方法对系统进行改进：

（1）增大泵容。增大泵的容量，高压泵加上大流量必然价格昂贵；同时，系统能量损失将增多，还会带来如油液温升过高、氧化变质等其他问题，因而不是好的方案。

（2）高低压系统分开。在图 3-33 基础上不加任何元件，只把有关元件间的连接关系略加改动，仍沿用图 3-33 编号，可得到图 3-34 所示的高低压分离系统。

图 3-34 特点：泵 1 专供低压系统。低压大流量的泵相对费用和运行成本都

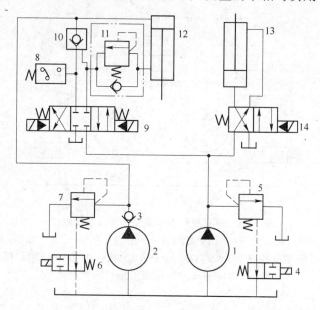

图 3-34　高低压分离系统

1—高压小流量泵；2—低压大流量泵；3—单向阀；4，6—二位二通电磁阀；
5，7—溢流阀；8—压力继电器；9，14—电液换向阀；10—液控单向阀；
11—单向顺序阀；12—主液压缸；13—顶料缸

较低，而泵2只在系统中的主液压缸进入保压阶段时才向系统提供高压小流量的油液。由图3-34知，泵2提供的油液不经过系统中的两个电液换向阀，从而消除了在保压阶段由于电液换向阀本身的泄漏和顶料缸的泄漏而导致压力下降的病根，使泵2向系统增压时不影响压力增高，还可做到保压系统流量尽可能小，以可靠保压为界线，这样不但降低了购置高压小流量泵的价格和相关元件的耐压等级，而且又消除了一些隐含故障，特别是对保压时间较长的系统更显得重要。

3.3.9 带阻尼调节器的电液换向阀的巧用

3.3.9.1 带阻尼调节器的电液换向阀

图3-35与图3-36分别所示为带阻尼调节器的电液换向阀的结构及图形符号。当电磁阀1两端的电磁铁DT1、DT2都不通电时，电磁阀1的阀芯处于中位。液动阀阀芯因其两端没接通控制油液（而接通油箱），在对中弹簧的作用下，也处于中位。电磁铁DT1通电时，液动阀阀芯移向右位，控制油液经双单向节流阀2右边单向阀通入主阀左端容腔6，推动主阀芯4移向右端，主阀右端容腔5的油液则经双单向节流阀2右边节流阀、电磁阀1流回油箱。主阀芯4移动的速度由双单向节流阀2右边节流阀的开口大小决定。同样道理，若电磁铁DT2通电，主阀芯4移向左端（使油路换向），其移动速度由双单向节流阀2左边节流阀的开口大小决定。

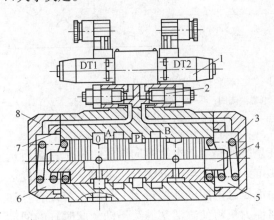

图3-35 带阻尼调节器的电液换向阀结构

1—电磁阀；2—双单向节流阀；3—弹簧；4—主阀芯；
5—右端容腔；6—左端容腔；7—密封件；8—阀体

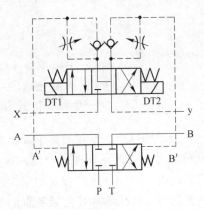

图3-36 带阻尼调节器的电液
换向阀的图形符号

3.3.9.2 应用实例

某冷轧薄板厂单、双平整机步进梁液压系统主要为阀控缸系统，如图3-37所示。该系统在实际运行中存在以下缺陷：

（1）步进梁在行走中，因电液换向阀的切换而发生抖动。

（2）电液换向阀9切换时，步进梁液压冲击较大，无法进一步提高缸速，难以提高产量。

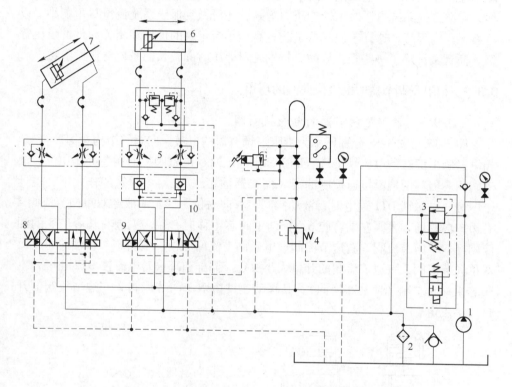

图3-37 某冷轧薄板厂单、双平整机步进梁液压系统

1—叶片泵；2—回油过滤器；3—电磁溢流阀；4—减压阀；5—双单向节流阀；

6—行走缸；7—提升缸；8，9—电液换向阀；10—液压锁

经现场排查，发现问题主要出在系统回路上的电液换向阀上。由于系统所选用阀均为4WEH系列（无节流调速功能），因此当步进梁行走缸以一定的速度运行到位时，换向阀突然切换到中位使液压缸两腔的油路封闭，虽然系统设有补油减振装置，但钢卷和步进梁装置的惯性力仍将使缸活塞继续运动，此时缸的回油腔油液因受活塞压缩而压力突然升高，进油腔油液的压力降低并有可能出现空穴现象，造成两腔压力反向变化，当钢卷和步进梁装置的动能转化为液压缸两腔封闭油液及弹簧的势能时，活塞停止运动并改变运动方向，引起步进梁的一次抖动震荡，这种震荡将是衰减性的，直到通过克服运动阻力将能量消耗掉为止。

改善步进梁起停、行进中的抖动和冲击，可将步进梁行走缸的三位四通电液换向阀改为电液比例换向阀或带阻尼调节器的电液换向阀，其主油路的功率阀芯换向时间可调整，因此在阀切换瞬间，通过滑阀节流口的缓冲，液压缸的控制流

量是逐渐减少的，所以步进梁在停止时连续减速到指定位置，从而避免了步进梁的抖动和冲击。

由于步进梁在运行中不需要精确定位，以及电液比例换向阀改造成本较高，选用了带阻尼调节器的电液换向阀。通过在导阀和主阀之间安装一个叠加式双单向节流阀，并调整节流阀开口度大小，从而改变主阀的换向速度。同时，调整液压缸主回路的双单向节流阀，提高液压缸运行速度，缩短步进梁运行周期，使产量得以提高。

小技巧：适当调节电液换向阀阻尼调节器，可抑制切换时液压缸的抖动和冲击。

3.4 溢流阀安装调试与故障维修

溢流阀用于调定或限制液压系统的最高压力。图 3-38 所示为溢流阀符号。

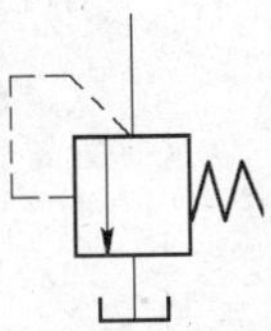

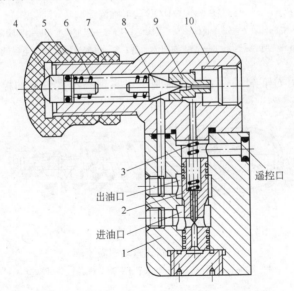

图 3-38 溢流阀符号

3.4.1 溢流阀结构类型图示

先导式溢流阀结构如图 3-39 所示。

图 3-39 先导式溢流阀结构

1—阀体；2—滑阀；3—弱弹簧；4—调节杆；5—调节螺帽；
6—调压弹簧；7—螺母；8—锥阀；9—锥阀座；10—上盖

图 3-40 所示为 Rexroth 公司 DZW 型电磁溢流阀。

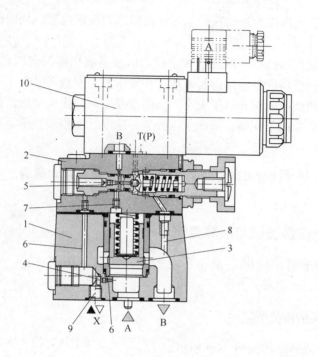

图 3-40 DZW 型电磁溢流阀

1—主阀体；2—先导阀体；3—主阀芯；4，7—阻尼孔；5—先导阀座；

6—先导油通道；8—先导油回油通道；9—遥控通道；10—电磁阀

图 3-41 所示为锥阀式直动型溢流阀，可实现高压大流量的控制。

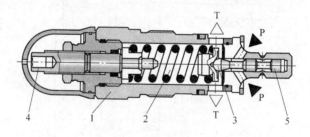

图 3-41 锥阀式直动型溢流阀

1—阀体；2—弹簧；3—球头；4—调节螺栓；5—阀芯

图 3-42 所示为油液杂质造成溢流阀芯磨损的情形。

3.4.2 溢流阀应用注意事项

3.4.2.1 确定应用场合

作为安全阀，用于系统限压保护时，溢流阀阀口常闭，过载时阀口打开溢流，系统正常工作压力应小于溢流阀的开启压力。通常，直动型溢流阀调整压力为 $1.1 \sim 1.15$ 倍的系统工作最大压力；先导型的调整压力为 $1.05 \sim 1.1$ 倍的系统工作最大压力。但以弹簧作为限压元件的溢流阀存在从阀开口溢流到全开溢流过程中，系统短暂超载。

图 3-42　油液杂质造成溢流阀芯磨损

用于稳压溢流，配合节流阀进行调速，溢流阀阀口常开，系统工作在溢流阀开启压力与调整压力之间。因此无论是直动型还是先导型溢流阀，调整压力皆为系统工作压力。

由于直动型的弹簧刚度较先导型的大，预压缩量较小，因而在开口溢流后的同等压力下，直动型的溢流量大，流量变化时压力波动也较大，一般适合用作安全阀。先导型的适合节流调速时的稳压溢流工况，也可用作安全阀。

3.4.2.2　确定技术参数

应注意阀开启压力、名义流量下的调压偏差曲线、调压范围以及滞回特性等参数。

开启压力与名义流量下的调压偏差可根据公式换算成溢流阀的开启比，即开启比＝开启压力/（开启压力＋名义流量下的调压偏差）。开启比大，则调压偏差小，控制系统的压力较稳定，开启比小，则说明系统压力远小于阀设定压力时就开始溢流，系统能量损失严重。因此，应选用名义流量和实际使用流量相接近而调压偏差较小的溢流阀。

溢流阀生产厂给出的调压范围通常指在名义流量下、出口压力几乎为零时的调压范围。调压范围大，则可以以少量的溢流阀品种涵盖较广的用户需求，但往往需要使用较长的弹簧，导致阀的外形尺寸较大。若改用较硬的弹簧，又将导致较大的调压偏差，阀的调节敏感性也会较差。

滞回特性是指阀的关闭压力比开启压力小的特性。溢流阀用作稳压溢流时，往往希望滞回较小，以获得稳定的压力。而用作安全阀时，则希望滞回较大，这样溢流阀一旦开启溢流时，可确保至系统压力明显低于设定压力时才关闭，以提高系统的安全性能。

3.4.2.3　拆卸分解与检查要求

拆卸分解溢流阀，检查阀的下列方面：

（1）主阀芯是否卡死。它与压力调节无效有关。

（2）主阀芯与阀座之间的密封是否正常，是否有异物。它与系统无压力有关。

（3）主阀芯阻尼孔是否堵死。它与系统无压力有关。

（4）主阀芯上部与阀盖孔之间的配合面的磨损情况。它与压力调不高有关。

（5）主阀芯与阀孔配合面是否有拉毛、卡滞现象。它与压力波动、压力上升滞后等症状有关，也与内泄漏有关。

（6）主弹簧是否疲软或折断。它与阀的振动、噪声及压力调不高有关。

（7）先导阀及阀座是否磨损。它与阀的振动、噪声及压力调不高有关。

（8）调压弹簧是否疲软。它与阀的振动及噪声有关。

3.4.3　溢流阀常见故障与解决

3.4.3.1　系统压力波动

引起压力波动的主要原因：（1）调节压力的螺钉由于震动而使锁紧螺母松动造成压力波动；（2）液压油不清洁，有微小灰尘存在，使主阀芯滑动不灵活，因而产生不规则的压力变化，有时还会将阀卡住；（3）主阀芯滑动不畅，造成阻尼孔时堵时通；（4）主阀芯圆锥面与阀座的锥面接触不良好，没有经过良好磨合；（5）主阀芯的阻尼孔太大，没有起到阻尼作用；（6）先导阀调正弹簧弯曲，造成阀芯与锥阀座接触不好，磨损不均。

解决方法：（1）定时清理油箱、管路，对进入油箱、管路系统的液压油要过滤；（2）如管路中已有过滤器，则应增加二次过滤元件或更换二次元件的过滤精度，并对阀类元件拆卸清洗，更换清洁的液压油；（3）修配或更换不合格的零件；（4）适当缩小阻尼孔径。

3.4.3.2　系统压力完全加不上去

原因1：（1）主阀芯阻尼孔被堵死，如装配时主阀芯未清洗干净，油液过脏或装配时带入杂物；（2）装配质量差，在装配时装配精度差，阀间间隙调整不好，主阀芯在开启位置时卡住；（3）主阀芯复位弹簧折断或弯曲，使主阀芯不能复位。

解决方法：（1）拆开主阀清洗阻尼孔并重新装配；（2）过滤或更换油液；（3）拧紧阀盖紧固螺钉，更换折断的弹簧。

原因2：先导阀故障。（1）调正弹簧折断或未装入；（2）锥阀或钢球未装；（3）锥阀碎裂。

解决方法：更换破损件或补装零件，使先导阀恢复正常工作。

原因3：远控口电磁阀未通电（常开型）或滑阀卡死。

解决方法：检查电源线路，查看电源是否接通；如正常，说明可能是滑阀卡死，应检修或更换失效零件。

原因4：液压泵故障。（1）液压泵连接键脱落或滚动；（2）滑动表面间间隙过大；（3）叶片泵的叶片在转子槽内卡死；（4）叶片和转子方向装反；（5）叶片中的弹簧因受高频周期负载作用，而疲劳变形或折断。

解决方法：（1）更换或重新调正连接键，并修配键槽；（2）修配滑动表面间间隙；（3）拆卸清洗叶片泵；（4）纠正装错方向；（5）更换折断弹簧。

原因5：进出油口装反。

解决方法：调正过来。

3.4.3.3 失压或压力上升得很慢

故障现象：系统上压后，立刻失压，旋动手轮再也不能调节起压或压力升得很慢，甚至一点儿也上不去。

原因分析：

（1）主阀芯阻尼小孔被污物堵塞，先导流量几乎为零，压力上升很缓慢；完全堵塞时，压力一点儿也上不去。

（2）主阀芯上有毛刺，或阀芯与阀孔配合间隙内卡有污物，使主阀芯卡死在全开位置，系统压力上不去。

（3）主阀平衡弹簧漏装或折断，进油压力使主阀芯右移，造成压油腔与回油腔O连通。压力上不去。

（4）液压设备在运输使用过程中，因保管不善造成阀内部锈蚀，使主阀芯卡死在全开（P与O连通）位置，压力上不去。

（5）使用较长时间后，先导锥阀与阀座小孔密合处产生严重磨损，有凹坑或纵向划痕，或阀座小孔接触处磨成多棱形或锯齿形；另外，此处经常产生气穴性磨损，加上热处理不好，情况更甚。

（6）因阀体铸件未达到规定的牌号，而阀安装螺钉又拧得太紧，造成阀孔变形，将阀芯卡死在全开位置。

（7）先导阀阀芯（锥阀）与阀座之间，有大粒径污物卡住，不能密合，主阀弹簧腔压力通过先导锥阀连通油箱，使主阀芯上移，压力上不去。

（8）拆修时装配不注意，先导锥阀斜置在阀座上，不能密合，或漏装调压弹簧。

（9）对先导式溢流阀，使用时如未将遥控口K堵住（非遥控时），或者设计得将回路安装板钻通，使K孔连通油箱，则压力始终上不去。

处理措施：

（1）适当增大主阀芯阻尼孔直径。我国溢流阀阻尼直径多为 $\phi0.8mm$、$\phi1.0mm$、$\phi1.2mm$，可改为 $\phi1.5 \sim 1.8mm$，这对静特性并无多大影响，但滞后时间可大为减少。

（2）拆洗主阀及先导阀。并用 $\phi0.8 \sim 1.0mm$ 的钢丝通一通主阀芯阻尼孔，或用压缩空气吹通。可排除许多情况下压力上升慢的故障。

（3）用尼龙刷等清除主阀芯阀体沉割槽尖棱边的毛刺，保证主阀芯与阀体孔配合间隙在 $0.008 \sim 0.015mm$ 的装配间隙下灵活运动。

（4）板式阀安装螺钉。管式阀管接头不可拧得过紧，防止因此而产生的阀孔变形。

3.4.3.4 系统压力升不高

故障现象：尽管全紧调压手轮，压力也只上升到某一值后便不能再继续上升。特别是油温高时，尤为显著。

A 主阀

故障原因：(1) 主阀芯锥面磨损或不圆，阀座锥面磨损或不圆。(2) 锥面处有脏物粘住。(3) 锥面与阀座由于机械加工误差导致不同心。(4) 主阀芯与阀座配合不好，主阀芯有别劲或损坏，使阀芯与阀座配合不严密。(5) 主阀压盖处有泄漏，如密封垫损坏、装配不良、压盖螺钉有松动等。(6) 主阀芯卡死在某一小开度上，呈不完全的微开启状态。此时，压力虽可上升到一定值，但不能再升高。(7) 对 Y 型、YF 型阀，较大污物进入主阀芯小孔内，部分阻塞阻尼小孔，使先导流量减少。

解决方法：(1) 更换或修配溢流阀体或主阀芯及阀座。(2) 清洗溢流阀使之配合良好或更换不合格元件。(3) 拆卸主阀，调正阀芯，更换破损密封垫，消除泄漏，使密封良好。

B 先导阀

故障原因：(1) 先导阀调压弹簧变形、断裂或弹力太弱；选用错误，调压弹簧行程不够，致使锥阀与阀座结合处封闭性差。(2) 液压油中的污物、水分、空气及其他化学性腐蚀物质使锥阀与阀座磨损，锥阀接触面不圆。(3) 接触面太宽，容易进入脏物，或被胶质粘住。(4) 调压手轮螺纹有效深度不够或螺纹有碰伤，使得调压手轮不能拧紧到极限位置，调节杆不能完全压下。弹簧也就不能完全压缩到应有的位置，压力也就不能调到最大。

解决方法：更换不合格件或检修先导阀，使它达到使用要求。

C 卸荷控制阀

故障原因：(1) 远控口电磁常闭位置时内漏严重。(2) 阀口处阀体与滑阀严重磨损。(3) 滑阀换向未达到正确位置，造成油封长度不足。(4) 远控口管路有泄漏。

解决方法：(1) 检修更换失效件，使它达到要求。(2) 检查管路，消除泄漏。

D 液压系统压力故障偏低查找流程

液压系统压力故障偏低查找流程如图 3-43 所示。

3.4.3.5 压力突然升高且压力下不来

原因 1：(1) 由于主阀芯零件工作不灵敏，在关闭状态时突然被卡死；(2) 加工的液压元件精度低、装配质量差、油液过脏等原因。

原因 2：先导阀阀芯与阀座结合面粘住脱不开，造成系统不能实现正常卸

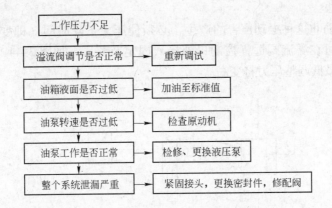

图 3-43 液压系统压力故障偏低查找流程

荷；调正弹簧弯曲"别劲"。

原因3：系统超压，甚至超高压，溢流阀不起溢流作用。当先导锥阀前的阻尼孔被堵塞后，油压纵然再高也无法作用或打开锥阀阀芯，调压弹簧一直将锥阀关闭，先导阀不能溢流，主阀芯上、下腔压力始终相等，在主阀弹簧作用下，主阀一直关闭，不能打开，溢流阀失去限压溢流作用，系统压力随着负载的增高而增高，当执行元件终止运动时，系统压力在液压泵的作用下，甚至产生超高压现象。此时，很容易造成拉断螺栓、泵被打坏等恶性事故。

原因4：Y型、YF型溢流阀采用内泄式。当Y型阀阀体上工艺销打入过深，封住了内泄通道；对YF型溢流阀，当主阀上中心泄油孔被堵死时。两种情况先导流量无油液回油，p_1腔与p_2腔压力相等，主阀芯上的弹簧力使其关闭，压力下不来。

对于因上述原因产生的故障可一一查明予以排除。

3.4.3.6 压力突然下降

原因1：（1）主阀芯阻尼孔突然被堵；（2）主阀盖处密封垫突然破损；（3）主阀芯工作不灵敏，在开启状态突然卡死，如零件加工精度低、装配质量差、油液过脏等；（4）先导阀芯突然破裂；调正弹簧突然折断。

原因2：远控口电磁阀电磁铁突然断电使溢流阀卸荷；远控口管接头突然脱口或管子突然破裂。

解决方法：（1）清洗液压阀类元件，如果是阀类元件被堵，则还应过滤油液；（2）更换破损元件，检修失效零件；（3）检查消除电气故障。

3.4.3.7 在二级调压回路及卸荷回路压力下降时产生较大振动和噪声

原因：在某个压力值急剧下降时，在管路及执行元件中将会产生振动，这种振动将随着加压一侧的容量增大而增大。

解决方法：

（1）要防止这种振动声音的产生，必须使压力下降时间（即变化时间）不小于0.1s。可在溢流阀远程控制口处接入固定节流阀，如图3-44所示。此时，卸荷压力及最低调整压力将变高。

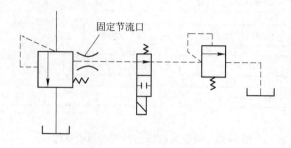

图3-44　溢流阀的远程控制口处接入固定节流阀

（2）在远控口的管路里使用防止振动阀，并且具有自动调节节流口的机能，如图3-45所示。此时，卸荷压力及最低调整压力不会变高，也不能产生振动和噪声。

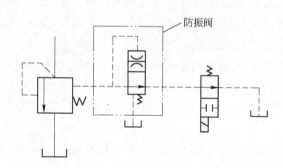

图3-45　远控口管路使用防止振动阀

特别提醒：液压系统高压转低压时，溢流阀的切换必须平缓，避免突变。

3.4.4　溢流阀先导阀口密封失效分析

溢流阀先导阀密封失效如图3-46所示。阀芯上有划伤或压痕（见图3-46（a）），阀口锐边有伤痕（见图3-46（b））；阀芯与阀口密封不严（见图3-46（b）），都会造成阀的泄漏量增大。假设阀处于某一工作状态时正常溢流量为q_c、附加泄漏量为q，且$q < q_c$。由于从阀口流出的总流量增大，流量平衡被破坏，阀进口压力p_c降低，阀开度变小，阀正常溢流量减小。当阀开度减小到某一状态时，正常溢流量减少值等于附加泄漏量，阀的进出口流量又平衡，进口压力p_c

又基本获得稳定。这时,阀口仍未关闭,阀的调压值仍在调压偏差内,压力基本还稳定。若附加泄漏量稍大于正常溢流量,即使阀口全关闭,无溢流,从阀口流出的流量还是比原来大,但流入阀口的流量未变,流量平衡被破坏。所以,阀口关闭后,阀进口压力还要降低。随进口压力降低,泄漏量减小,当减小到等于正常溢流量时,阀口流量平衡,阀进口压力暂时稳定。

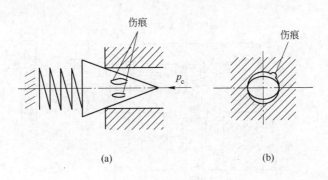

图 3-46 溢流阀先导阀密封失效

此时阀已失去对压力的稳定作用,阀口压力可随外负载及干扰而变化。阀口附加泄漏量越大,阀关闭后,阀前压力越低。

阀口附加泄漏量对阀口压力的影响效果,既与附加泄漏量大小有关,又与正常溢流量大小有关。当附加泄漏量相对正常溢流量较小时,阀通过关小开口,能抵消掉附加泄漏量,压力就基本稳定;当附加泄漏量相对正常溢流量较大时,阀即使全关闭,也抵消不完附加泄漏量,阀口压力下降就较厉害。一定的附加泄漏量,对于阀的小开度工况影响最明显。

先导阀由于以上诸原因发生掉压时,p_c 值可能略低于正常值,也可能低得很多。不管哪一种情况,主阀肯定开启溢流,主阀口压力应对应地为略低,或低很多。这种故障有些是突发的,有些是渐发的。很明显,调高压力时,无变化;调低压力时,先不变化,后跟随下降。液压系统的泵以及其他各类控制阀、管、执行器等有不同程度泄漏甚至串流时,也会引起系统压力下降。这种情况下,系统压力低于溢流阀调压值,所以溢流阀将关闭不溢流。这类故障出现后,调压规律与先导阀密封失效故障的情况相同。

3.4.5　先导溢流阀故障排除实例

某试验台在使用中数次发生被试液压泵加不上载的情况,即调整不起作用,被试液压泵输出压力建立不起来。

先导溢流阀结构如图 3-47 所示。当用于远控的直动溢流阀手轮反时针完全旋松时,先导溢流阀远控口大量通过油液,主阀芯上阻尼孔口中油液流动速度很快，在 A、B 两腔压差 Δp 的作用下，主阀芯上行，主阀溢流口开启，处于卸荷状态。当直动溢流阀手轮逐渐顺时针转动时，流经先导溢流阀远控口的油液流量减少，主阀芯阻尼孔 a 中油液流速减慢，Δp 减小，在主阀弹簧的作用下，主阀芯逐渐下移，主阀溢流口过流面积逐渐减小，使得进油口压力逐渐上升，被试泵得以逐渐加载。

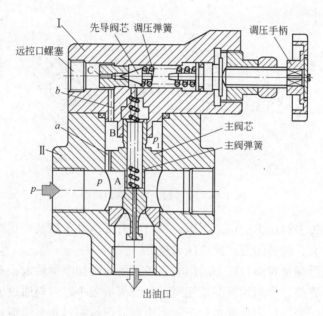

图 3-47 先导溢流阀（YF 型）结构

上述故障的原因很可能是由于主阀芯卡滞，当 A、B 两腔压差 Δp 减小时，主阀弹簧不能使主阀芯下移，以至被试液压泵输出油压 p 建立不起来。

为证实直动溢流阀的工作情况，首先卸开直动溢流阀回油管，转动其手柄，观察其回油情况正常。

然后拆检先导溢流阀。先导溢流阀主阀芯在主阀体 Ⅱ 的孔中及在先导阀体 Ⅰ 的孔中滑动都很自如，仔细观察发现先导阀体 Ⅰ 的孔壁一侧有明显的局部摩擦痕迹。由此可知，主阀芯卡滞是由于主阀体的孔与先导阀体的孔同心度差而造成的。

考虑将主阀芯磨细，这种方法虽然简单易行，但必然使其间隙的泄漏量增大，尤其是先导阀体的孔与主阀芯配合间隙的泄漏量增大，相当于先导阀不能关闭，而使先导溢流阀失效。考虑到主阀芯卡滞的根本原因是由于上述主阀体的孔与先导阀体的孔同心度差。用锉刀对先导阀的定位止口进行修整。将先导阀体的孔有摩擦痕迹部位相应一侧的止口外圆柱面修锉约 0.02mm。定位止口经过修整，在装配时须进行定位找正，具体做法是：在拧紧先导阀体与主阀体连接螺栓的同时，通过出油口，用螺丝刀反复顶推主阀芯，当主阀芯发卡时，用榔头敲击先导阀体来找正与主阀体的位置，直至拧紧螺栓后，主阀芯仍能灵活滑动。

经修理后，该阀再未发生任何故障。

3.4.6　溢流阀的修理

3.4.6.1　阀体的修理

阀体内孔表面磨损后可能出现划伤、失圆、腐蚀。可采用珩磨或研磨的方法消除磨损痕迹，恢复内孔圆度和圆柱度。修理后，阀体内孔各段圆柱面的圆度和圆柱度允差均不超过 0.005mm。各段圆柱面同轴度允差不超过 $\phi0.003$mm。内孔表面粗糙度 R_a 不大于 0.2μm。

3.4.6.2　主阀芯的修理

主阀芯圆柱表面磨损后，必须采用电镀或刷镀，加工研磨至适当尺寸（依阀体内孔尺寸而定），最后再与阀体内孔圆柱面研配。

研磨后的主阀芯各段圆柱面的圆度和圆柱度均为 0.005mm，各段圆柱面之间的同轴度为 $\phi0.003$mm，表面粗糙度 R_a 不得大于 0.2μm。

3.4.6.3　弹簧的修理

压力控制阀中的弹簧容易损坏和变形，变形后的弹簧对阀的工作性能有很大影响，会导致产生上述的常见故障。对于损坏或变形的弹簧，应给予更换，除了在尺寸和性能上与原弹簧相同之外，还应将两端面磨平，并与弹簧自身轴线垂直。若弹簧变形不大，可以校正修复，弹性减弱后，可以用增加调整垫片的方法予以补偿。

3.4.6.4　先导阀的修理

溢流阀的先导阀多为锥阀。在使用过程中容易出现调压弹簧变形、折断，锥阀与阀座磨损，接触面不圆或有杂物卡滞等，使锥阀与阀座密封不严而开启，其结果使主阀在低于额定压力时就打开溢流。对于磨损的阀芯，可以用研磨方法修复，或者在专用机床上磨掉磨痕，然后再与阀座研磨。磨损严重时，应予以更新。对于变形的弹簧应进行校正或更新。在有些压力控制阀上，有的功能阀的阀芯是以锥面与阀座配合的，对于这种结构的阀，由于在工作过程中油液压力波动而经常频繁启闭，阀芯与阀座的锥面接触处容易产生磨损，破坏阀的密封性，可分别采用研磨阀芯和阀座的圆锥面，消除磨损痕迹且达到要求的粗糙度（$R_a \leqslant 0.2\mu$m），恢复锥面密封性。由于阀座往往是由阀体加工成形的或者是压镀的，研磨阀座时需制作专门的研具。

3.5　减压阀安装调试与故障维修

减压阀是一种将出口压力（二次回路压力）调节到低于它的进口压力（一

次回路压力）的压力控制阀，应用十分广泛。其特点是出口压力为基本稳定的调定值，不随外部干扰而改变。

3.5.1　减压阀结构类型图示

图 3-48 所示为 DR6DP 型直动式减压阀。

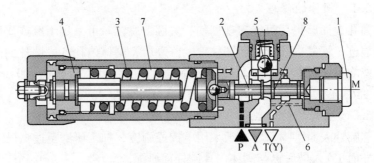

图 3-48　DR6DP 型直动式减压阀

1—压力表接头；2—控制滑阀；3—弹簧；4—调压件；5—单向阀；

6—测压通道；7—弹簧腔；8—控制凸肩

图 3-49 所示为 DR 型先导式减压阀。

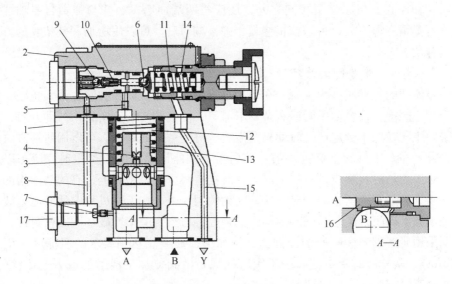

图 3-49　DR 型先导式减压阀

1—阀体；2—先导阀；3—阀套；4，7，10—阻尼孔；5，8—先导油通道；6—钢球；

9，16—单向阀；11—调压弹簧；12—主阀弹簧腔；13—主阀芯；

14—先导阀弹簧腔；15—先导阀回油路；17—过载保护器

图 3-50 所示为 DR10K 插装型先导式减压阀。

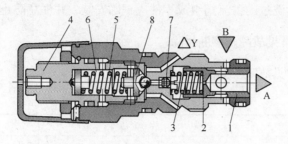

图 3-50　DR10K 插装型先导式减压阀
1—主阀芯；2，7—阻尼孔；3—主弹簧；4—调压件；
5—先导阀弹簧；6—先导阀弹簧腔；8—先导阀

3.5.2　减压阀使用要点

减压阀使用要点如下：

（1）应根据液压系统的工况特点和具体要求选择减压阀的类型，并注意减压阀的启闭特性的变化趋势与溢流阀相反（即通过减压阀的流量增大时，二次压力有所减小）。另外，应注意减压阀的泄油量较其他控制阀多，始终有油液从先导阀流出（有时多达 1L/min 以上），从而影响到液压泵容量的选择。

（2）正确使用减压阀的连接方式，正确选用连接件（安装底板或管接头），并注意连接处的密封；阀的各个油口应正确接入系统，外部卸油口必须直接接回油箱。

（3）根据系统的工作压力和流量合理选定减压阀的额定压力和流量（通径）规格。

（4）应根据减压阀在系统中的用途和作用确定和调节二次压力，必须注意减压阀设定压力与执行器负载压力的关系。主减压阀的二次压力设定值应高于远程调压阀的设定压力。二次压力的调节范围决定于所用的调压弹簧和阀的通过流量。

特别提醒： 减压阀调节压力应保证一次与二次压力之差最低为 0.3～1MPa。

（5）调压时，应注意以正确旋转方向调节调压机构，调压结束时应将锁紧螺母固定。

（6）如果需通过先导式减压阀的遥控口对系统进行多级减压控制，则应将遥控口的螺堵拧下，接入控制油路；否则，应将遥控口严密封堵。

（7）阀的回油口应直接接油箱，以减少背压。

（8）减压阀出现调压失灵或噪声较大等故障时，可参考表 3-5 介绍的方法进行诊断排除。拆洗过的溢流阀组成零件应正确安装，并注意防止二次污染。

3.5.3　减压阀常见故障及诊断排除

减压阀的常见故障及其诊断排除方法见表 3-5。

表 3-5　减压阀的常见故障及其诊断排除方法

故障现象	故障原因	诊断排除方法
不能减压或无二次压力	泄油口不通或泄油通道堵塞，使主阀芯卡阻在原始位置，不能关闭；先导阀堵塞	检查泄油管路、泄油口、先导阀、主阀芯、单向阀等并修理；检查排除执行器机械干扰
二次压力不能继续升高或压力不稳定	先导阀密封不严，主阀芯卡阻在某一位置，负载有机械干扰；单向减压阀中的单向阀泄漏过大	
调压过程中压力非连续升降，而是不均匀下降	调压弹簧弯曲或折断	拆检换新

3.5.4　减压阀故障及改进实例

3.5.4.1　减压回路压力不稳的处理

图 3-51 所示为组合机床的液压系统。该系统要实现的工作循环为：工件夹紧—（进给缸）快进—工进—快退—停止—工件松开。工件先夹紧，进给缸再快进的动作顺序是由压力继电器控制的。工件夹紧后，夹紧缸无杆腔压力升高，升至压力继电器动作压力时，压力继电器发出得电的电信号，从而控制进给缸快进。夹紧缸工作压力由减压阀保证。

故障是当进给缸快进时，发现工件有所松动，结果加工出的零件尺寸误差大。

由于进给缸快进时为空载快进，进给缸无杆腔压力低于减压阀的调定压力，致使减压阀不工作，减压阀进口压力下降，出口压力也随之下降，使工件不能夹紧。

在减压阀前串联一单向阀（见图 3-52），进给缸快进时，单向阀关闭，将进给油路和夹紧油路隔开，从而保证夹紧缸的工作压力，以防工件松动。

特别提醒： 减压阀本身不具稳压功能，油路须另外采取稳压措施。

3.5.4.2　节流阀与减压阀的相对安装位置

减压回路中液压缸速度需要调节时，需注意节流阀与减压阀的相对安装

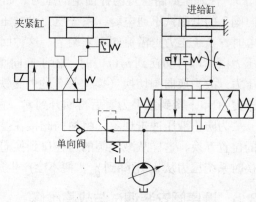

图 3-51　组合机床液压系统　　　　　图 3-52　改进后的系统

位置。

　　减压—调速回路如图 3-53 所示。当液压缸 2 的速度需要调节时，如果将节流阀 4 安装在减压阀前，当减压阀 3 泄漏（从减压阀泄油口流回油箱的油液）大时，会产生调节失灵或速度不稳定这一故障。

　　为防止这一故障，可将节流阀从图 3-53 中位置改为串联在减压阀之后，这样就可以避免减压阀泄漏对液压缸 2 速度的影响。

3.5.4.3　压力冲击问题及处理

多级减压回路在压力转换时需注意产生冲击现象。

　　双级减压回路如图 3-54 所示。它是在先导式减压阀 1 遥控油路上接入溢流

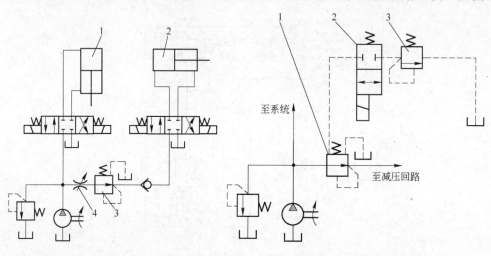

图 3-53　减压—调速回路　　　　　　图 3-54　双级减压回路

1，2—液压缸；3—减压阀；4—节流阀　　　1—减压阀；2—换向阀；3—溢流阀

阀3，使减压回路获得两种预定的压力。如果将换向阀2接在溢流阀3前，当换向阀2的电磁铁不通电时，系统压力由减压阀1来调节；当换向阀2的电磁铁通电时，系统压力由溢流阀3来调节。这种回路的压力切换由换向阀2来实现，当压力由p_1(p_2)切换到p_2(p_1)时，由于换向阀2与溢流阀3间的油路内切换前没有压力，故当换向阀切换（换向阀2的电磁铁通电）时，溢流阀3遥控口处的瞬时压力由p_1下降到几乎为零后再回升到p_2，两级压力转换时会产生压力冲击现象。

为防止液压冲击现象，将换向阀接在溢流阀的出油口处，即换向阀与溢流阀的位置互换，这样从减压阀的遥控口到换向阀油路里经常充满压力油。换向阀切换时系统压力从p_1下降到p_2，便不会产生过大的压力冲击。

3.6 顺序阀安装调试与故障维修

顺序阀在液压系统中的主要用途是控制多执行器之间的顺序动作。通常顺序阀可视为液动二位二通换向阀，其启闭压力可用调压弹簧设定，当控制压力（阀的进口压力或液压系统某处的压力）达到或低于设定值时，阀可以自动启闭，实现进、出口间的通断。按照工作原理与结构不同，顺序阀可分为直动式和先导式两类；按照压力控制方式的不同，顺序阀有内控式和外控式之分。顺序阀与其他液压阀如单向阀组合可以构成单向顺序阀（平衡阀）等复合阀，用于平衡执行器及工作机构自重或使液压系统卸荷等。

3.6.1 顺序阀结构类型图示

图3-55所示为先导式顺序阀。

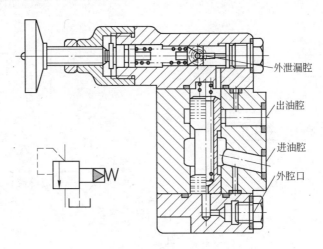

图3-55 先导式顺序阀

图3-56所示为Rexroth公司DZ型顺序阀。

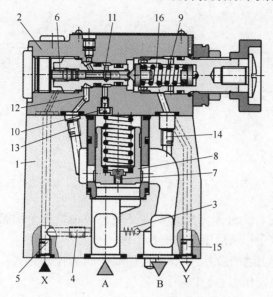

图 3-56 DZ 型顺序阀

1—阀体；2—先导阀体；3—单向阀；4—控制油路（内控）；5—控制油路（外控）；6—活塞；

7，10—阻尼孔；8—主阀芯；9—调压弹簧；11—控制凸肩；12，13—控制油路；

14—控制油回油（内泄）；15—控制油回油（外泄）；16—弹簧腔

图 3-57 所示为 DZ6DP 型直动式顺序阀。

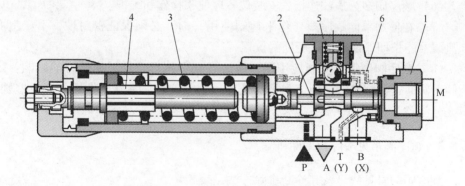

图 3-57 DZ6DP 型直动式顺序阀

1—压力表座；2—滑阀；3—调压弹簧；4—调节件；5—单向阀；6—控制油路

图 3-58 所示为顺序阀符号。

3.6.2 顺序阀使用要点

顺序阀的使用注意事项可参照溢流阀的相关内容，同时还应注意以下几点：

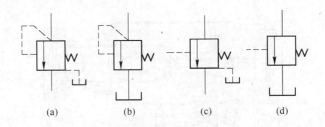

图 3-58 顺序阀符号

（a）内控外泄；（b）内控内泄；（c）外控外泄；（d）外控内泄

（1）顺序阀通常为外泄方式，所以必须将卸油口接至油箱，并注意泄油路背压不能过高，以免影响顺序阀的正常工作。

（2）应根据液压系统的具体要求选用顺序阀的控制方式。对于外控式顺序阀应提供适当的控制压力油，以使阀可靠启闭。

（3）启闭特性太差的顺序阀，通过流量较大时会使一次压力过高，导致系统效率降低。

（4）所选用的顺序阀，开启压力不能过低，否则会因泄漏导致执行器误动作。

（5）顺序阀的通过流量不宜小于额定流量过多，否则将产生振动或其他不稳定现象。

（6）顺序阀多为螺纹连接，安装位置应便于操作和维护。

（7）在使用单向顺序阀（作平衡阀使用）时，必须保证密封性，不产生内部泄漏，能长期保证液压缸所处的位置。

（8）顺序阀作为卸荷阀使用时，应注意它对执行元件工作压力的影响。因为卸荷阀通过调整螺钉、调节弹簧而调整压力，这将使系统工作压力产生差别，应充分注意。

3.6.3 顺序阀常见故障及诊断排除

顺序阀的常见故障及其诊断排除方法见表 3-6。

表 3-6 顺序阀的常见故障及其诊断排除方法

	故 障 现 象	故 障 原 因	诊断排除方法
顺序阀	不能起顺序控制作用（子回路执行器与主回路执行器同时动作，非顺序动作）	先导阀泄漏严重或主阀芯卡阻在开启状态不能关闭	拆检、清洗与修理

故障现象		故障原因	诊断排除方法
顺序阀	执行器不动作	先导阀不能打开、主阀芯卡阻在关闭状态不能开启、复位弹簧卡死、先导管路堵塞	拆检、清洗与修理
	作卸荷阀时液压泵一启动就卸荷	先导阀泄漏严重或主阀芯卡阻在开启状态不能关闭	
	作卸荷阀时不能卸荷	先导阀不能打开、主阀芯卡阻在关闭状态不能开启、复位弹簧卡死、先导管路堵塞	
单向顺序阀	不能保持负载不下降，不起平衡作用	先导阀泄漏严重或主阀芯卡阻在开启状态不能关闭	拆检、清洗与修理，拆检时必须用机械方法将负载固定不动，以免落下
	负载不能下降，液压缸能够伸出但不能缩回	先导阀不能打开、主阀芯卡阻在关闭状态不能开启、复位弹簧卡死、先导管路堵塞	
	执行器爬行或振动	负载有机械干扰或虽无干扰而主阀芯开启时执行器排油过速，造成进油不足产生局部真空时主阀芯在启闭临界状态跳动，时开时关跳动	消除机械干扰并在导轨等处加润滑剂，如无效则应在阀出口处另加固定节流孔或节流阀

3.6.4　顺序阀顺序动作失控分析与改进

图3-59(a)所示为原设计液压回路，其中液压泵为定量泵，液压缸 A 所属回路为进口节流调速回路。液压缸 A 的负载是液压缸 B 负载的1/2。在液压缸 B 前安装了顺序阀4，阀4压力调定值比溢流阀2低1MPa。

设计要求：液压缸 A 先动作，当其完成动作后液压缸 B 再动作。

故障现象：顺序动作不正常。

当启动液压泵并使电磁换向阀3通电，处于左位时，液压缸 A、B 基本同时动作，未能达到设计要求。

故障分析：属于顺序阀类型选择不当，造成达不到设计要求的顺序动作。

液压缸 B 前安装的是内控式顺序阀，这种阀是直接利用阀进口处的油压力来控制阀芯动作的。在溢流阀溢流时，系统工作压力已达到打开顺序阀的压力，使顺序阀4开启，压力油经4进入液压缸 B，使液压缸 B 也开始动作。使用这种顺序阀，只能使液压缸 B 不先动作，但实现不了液压缸 A 动作后 B 再动作的要求。

解决措施：将内控式顺序阀更换成外控式顺序阀。

改进后的液压系统图如图3-59(b)所示。将阀4由内控式顺序阀更换成外控式顺序阀，并将其外控油路接在液压缸 A 与节流阀之间，顺序阀启闭由液压缸 A 的负载压力决定，与顺序阀的进口压力无关。因此，将外控顺序阀的控制压力调

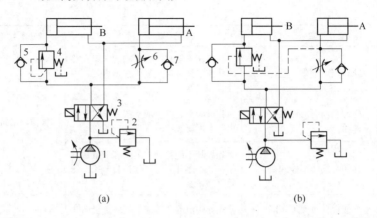

图 3-59 液压控制系统

（a）顺序阀工作不常的液压控制系统；（b）改造后工作正常的液压控制系统

1—液压泵；2—溢流阀；3—电磁换向阀；4—顺序阀；

5，7—单向阀；6—阻尼

得比液压缸 A 的负载压力稍高一点，就能实现设计所要求的动作。

特别提醒： 顺序阀的控制油压必须直接取自负载油压。

3.6.5 顺序阀压力调整故障与排除

两个顺序阀工作的液压系统如图 3-60 所示。系统中设置了两个顺序阀，其中顺序阀 5 控制液压缸 6 在液压缸 7 运动到终点后再动作；顺序阀 4 控制液压缸 6 在液压缸 7 返回到初始位置时再开始回程运动。

故障现象：液压缸 6 的运动速度慢。

故障分析及其排除：属压力调定值不匹配。一般来讲，速度慢常见原因是泄漏严重，包括阀内泄漏、液压缸内泄漏等，或者是液压泵流量未达到要求值。但经检查，不属于此类原因。后在检查溢流阀回油管时，发现液压缸 6 运动时有大量油液从回油管流出。说明溢流阀开始溢流，由此判定是因溢流阀与顺序阀的压力调定值不匹配的原因引起。一般而言，图 3-60中的顺序阀的调定压力比液压缸 7 的工作压力高 0.4 ~ 0.5MPa。

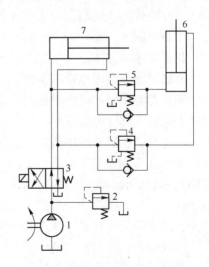

图 3-60 两个顺序阀工作的液压系统

1—液压泵；2—溢流阀；3—电磁换向阀；

4，5—顺序阀；6，7—液压缸

若溢流阀的压力值也按这一值调节，则在顺序阀打开时，溢流阀也开始溢流（因而在液压缸6运动时，有大量油液从回油管流出）。因此，应将溢流阀的压力调得比顺序阀的压力高，如果高出的数值不够，当液压缸6在运动过程中外载增大时，即液压缸6的工作压力达到溢流阀的调定压力时，溢流阀将开始溢流，液压缸6的运动速度随即慢下来。所以，应将溢流阀的压力调到比顺序阀的压力高0.5~0.8MPa，使之相互匹配，故障即可排除。

3.6.6 采用单向顺序阀平衡回路的故障及解决措施

在单向顺序阀的平衡回路（见图3-61）中，单向顺序阀的调整压力稍大于工作部件的自重在油缸下腔中形成的压力。这样，工作部件在静止时，单向顺序阀关闭，油缸就不会自行下滑，工作时，油缸下腔产生的背压力能平衡自重，不会产生下行时的超速现象，但由于有背压必须提高油缸上腔进油压力，要损失一部分功率，这种平衡回路的主要故障有两类。

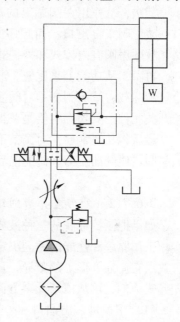

（1）停止位的位置不准确。理论上认为换向阀处于中位时，油缸内活塞可停留在任意位置上。而实际的情况并非如此，活塞要下行一段距离后才能停止，即出现停位位置点不准确的故障。产生这一故障的原因是：1）停位电信号在控制电路中传递的时间与电磁换向阀换向时间都偏长，使从发讯到活塞停止运动有一时间差；2）从油路分析，出现下滑，说明油缸下腔的油液在停位信号发讯后还在继续回油。当换向阀瞬时关闭时，油液会产生液压冲击，负载的惯性也会产生液压冲击，两者之和使油缸下腔产生的总压力远远大于

图3-61 单向顺序阀的平衡回路

回油路上单向顺序阀的调定压力，易使该阀打开，此时换向阀是处于中位关闭状态，但油液能从单向顺序的外泄口流回油箱，直到压力降为调定值为止。以上原因使油缸下腔的油液减少，必然导致停位点不准确。

解决措施为：1）检查调整各元件器件的动作灵敏度。采用交流电磁换向阀，可使换向时间由0.2s降到0.07s；2）单向顺序阀处漏泄口油路上可增加二位二通电磁换向阀。正常工作时，使换向阀导通，停位时，使换向阀切通，可使油缸下腔油液无处可泄，以满足停位精度。

（2）停机（或暂停）时缓慢下滑。主要是油缸活塞杆密封处的泄漏、单向顺序阀和换向阀的内泄漏较大所致。

解决这一故障，可以从解决泄漏方面来考虑。另外，可增加液控单向阀，对防止缓慢下滑很有效。

3.6.7　三种压力阀的比较

溢流阀、减压阀和顺序阀工作原理相近、外形相似，较难区别。

3.6.7.1　原理性能体现个体特征

首先，从阀口的变化情况来比较。溢流阀和顺序阀都是在油压作用力超过弹簧力后阀口才打开，大量的油液从阀口通过。而减压阀在同样工况下阀口却会变小，且只有少量的油液通过外泄漏管流走。

其次，从作用在阀芯上的油液来源渠道来比较。溢流阀的作用油液来自进口；减压阀来自出口；而顺序阀既可能来自进口，也可能来自外部某一压力油路。故顺序阀有内控式和外控式之别。

再者，从功能上来比较。通过调节手轮，溢流阀能对阀前进行调压、限压、稳压和卸载；减压阀却是对阀后进行减压、调压和稳压；而顺序阀则是一个典型的开关元件，其功用主要是获得"通"和"断"两种开关功能。

最后，从正常通油时调节手轮的作用效果来比较。若将手轮旋紧，溢流阀和顺序阀均使阀前压力和阀的前后压差增大，而减压阀则使阀后压力增高、阀的前后压差减小。

3.6.7.2　外形差异辨别结构种类

如果把撕掉标牌的三种液压阀放在一起，一般人很可能以为是同一种阀。其实，工作原理和性能的不同决定了它们的外形不可能完全相同，通过细致分析就可找出它们在外形上的差异，从而为安装、维修提供有利的支持。以这几种阀的先导式为例，可从以下几个方面对它们加以区别。

（1）根据进、出油口和外控油口旁的字母来比较。元件出厂时，厂家为了方便用户使用，一般都要在油口的位置打上钢印。通常，连接压力油路的油口旁打上字母"P"，连接油箱的油口旁打上字母"T"。因此，根据元件不同的性能和油路连接方式可知，溢流阀进、出油口旁的字母一定是 P 和 T，减压阀一定是 P1 和 P2。对于顺序阀来讲，由于有出口接油箱和出口接负载两种连接方式，控制阀芯动作的油液又有来自进口和外部油路两种渠道，故顺序阀就有内控外泄漏式、外控内泄漏式和外控外泄漏式之分。由于厂家在用外部油路控制阀芯动作的外控油口旁通常要打上字母"X"，故上面所提的三种顺序阀油口旁的字母就应依次为 P1 和 P2、P 和 T 加上 X 及 P1 和 P2 加上 X。

（2）根据有无外泄漏油口来比较。溢流阀的出口一定接油箱，因此其先导阀芯打开后的泄漏油液无需用专门的油管放油，而是通过内部油道流经出口到达油箱，在其先导阀芯旁就没有外泄漏油管；减压阀与之相反，出口与负载液压缸相连，压力较高，如果流经先导阀芯的油液也与阀的出口相接，则会适得其反，使该路油液倒流，造成先导阀芯闭合，故减压阀只得用一根专门的泄漏油管放油。由于减压阀主阀芯阻尼小孔的直径只有1mm左右，由阻尼小孔流向先导阀芯的流量很小，故所接泄漏油管很细，一般直径只有5mm左右，有时甚至不用耐压的紫铜管，而用一般的家用塑料管代替。因此，与溢流阀相比，减压阀在外形上多一个外接细油口，在此油口旁厂家通常会用字母"L"作标记。对于顺序阀而言，根据上面的原理可以推断，外控内泄漏式顺序阀无外泄漏口，而其余两种有外泄漏口。

（3）根据进、出油口的位置来比较。减压阀由于是利用阀后压力与弹簧力相抗衡的原理工作的，且弹簧位于主阀芯的上方，故其阀后油液只能处于主阀芯的下方位置。因此，减压阀的出口在下、进口在上。而溢流阀、顺序阀的作用油液来自进口或外部，故其出口在上、进口在下，与减压阀正好相反。

综上所述，若将撕掉标牌的溢流阀、减压阀及三种顺序阀摆在面前，人们可以根据上述原理，观察分析阀的进油口、出油口、外控油口及外泄漏油口的数目、大小、位置，使用逐一排除法，就可正确判断出阀的种类。

其具体方法是：在5个阀中，只有2个较粗油口的阀一定是溢流阀。有2个粗油口、2个细油口的阀一定是外控外泄漏式顺序阀。在余下均有2个粗油口、1个细油口的3个阀中，进口P1在上、出口P2在下的阀一定是减压阀。在最后2个阀中，先导阀芯旁有细油口的阀一定是内控外泄漏式顺序阀，主阀芯下方有细油口的阀一定是外控内泄漏式顺序阀。

3.6.7.3 典型油路印证使用差异

在此通过某一典型油路。进一步剖析三种液压阀在实际使用中的差异。

在如图3-62所示的双泵供油油路中，阀1、阀2、阀3分别为溢流阀、减压阀、顺序阀。从符号可以看出，顺序阀是外控内泄漏式。很显然，三阀的符号非常相似，但在许多方面有着明显区别。

（1）在功用方面。溢流阀在此油路中起安全作用，在液压缸正常运动时关闭，只有在超载、行程终了、制动时才打开通油；减压阀在此起减压作用，阀后可获得比阀前低的稳定压力，使缸B处于"顶住"状态时产生的作用力保持较低的恒定状态；外控内泄漏式顺序阀在此起到的则是卸载作用，当系统负载较小时，顺序阀由于外控油路压力较低而关闭，泵4和泵5同时向液压缸供油。

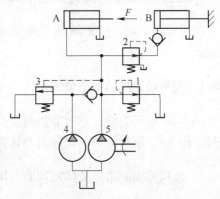

图3-62 双泵供油油路

反之，当系统负载较大时，顺序阀打开，泵4油液通过顺序阀向油箱卸载，只有泵5向液压缸供油。由此也可看出，借助顺序阀，液压缸还实现了由轻载高速向重载低速的转换。

（2）在阀的手轮松紧方面。在此油路中，溢流阀由于起安全作用，因此必须是三个阀中手轮最紧的，它只有在压力较高、超过安全限制的情况下才可打开通油。如果溢流阀相对较松，缸B将无法获得稳定的低压，阀3将无法打开，重载低速的运动状态也将无法看到。至于溢流阀要紧到什么程度，其开启压力要多高，则要视系统油路的安全要求及元件的额定压力高低等因素综合考虑。根据经验，溢流阀开启压力一般取元件额定压力的80%～90%较为合适；减压阀手轮的松紧完全取决于缸B处于"顶住"状态时对外所要产生作用力大小的要求，其开启压力一般较低，且可通过压力计算公式很方便地算出；顺序阀手轮的松紧则取决于系统对高、低速运动的切换要求，其开启压力应等于切换时的临界压力。

（3）在阀的规格型号方面。在此油路中，溢流阀必须是三个阀中规格最大的阀，因为它如果打开，通过的是2个液压泵的流量；减压阀所连接的液压缸一般用于夹紧作用，液压缸的规格通常较小，因此与之匹配的减压阀也是取较小规格。而顺序阀打开时通过的流量仅为泵4一个液压泵的流量，因而顺序阀的规格可比溢流阀缩小1倍。但有时考虑到让泵4能彻底卸载，其规格也不一定非要小不可。

小技巧：判断阀内油路是否联通，可对一油路口喷入烟雾，观察另一油路口是否有烟雾顺利冒出，有烟雾顺利冒出则两油口通，否则不通。也可对一油路口注入油液，观察另一油路口是否有油液顺利冒出，有油液顺利冒出则两油口通，否则不通。

3.7　流量控制阀安装调试与故障维修

流量控制阀用于控制液压管路通流量的大小，进而控制执行机构的速度或转速。

3.7.1　流量控制阀结构类型图示

图3-63所示为管式连接节流阀及其符号，图3-64所示为双通道节流阀及其符号，图3-65所示为单向调速阀及其符号。

3.7.2　流量控制阀常见故障及诊断与排除

节流阀的常见故障及诊断排除见表3-7。

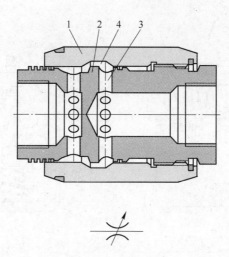

图 3-63 管式连接节流阀及其符号

1—阀套；2—阀芯；3—油道；4—可变节流口

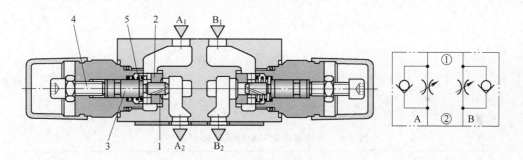

图 3-64 双通道单向节流阀及其符号

1—节流口；2—单向阀；3—节流阀芯；4—调节螺栓；5—弹簧

表 3-7 节流阀的常见故障及诊断排除方法

故障现象	故障原因	排除方法
流量调节失灵	密封失效；弹簧失效；油液污染致使阀芯卡阻	拆检或更换密封装置；拆检或更换弹簧；拆开并清洗阀或换油
流量不稳定	锁紧装置松动；节流口堵塞；内泄漏量过大；油温过高；负载压力变化过大	锁紧调节螺钉；拆洗节流阀；拆检或更换阀芯与密封；降低油温；尽可能使负载不变化或少变化
行程节流阀不能压下或不能复位	阀芯卡阻或泄油口堵塞致使阀芯反力过大；弹簧失效	拆检或更换阀芯；泄油口接油箱并降低泄油背压；检查更换弹簧

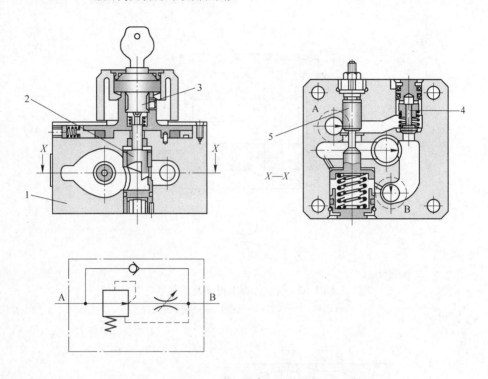

图 3-65 单向调速阀及其符号

1—阀体；2—节流阀；3—调节件；4—单向阀；5—减压阀

调速阀的常见故障及诊断排除方法见表 3-8。

表 3-8 调速阀的常见故障及诊断排除方法

故 障 现 象	故 障 原 因	排 除 方 法
流量调节失灵	密封失效；弹簧失效；油液污染致使阀芯卡阻	拆检或更换密封装置；拆检或更换弹簧；拆开并清洗减压阀芯和节流阀芯或换油
流量不稳定	调速阀进出口接反，压力补偿器不起作用；锁紧装置松动；节流口堵塞；内泄漏量过大；油温过高；负载压力变化过大	检查并正确连接进出口；锁紧调节螺钉；拆洗节流阀；拆检或更换阀芯与密封；降低油温；尽可能使负载不变化或少变化

3.7.3 节流阀使用要点

普通节流阀的进出口，有的产品可以任意对调，但有的产品则不可以对调，具体使用时，应按照产品使用说明接入系统。

节流阀不宜在较小开度下工作，否则极易阻塞并导致执行器爬行。

行程节流阀和单向行程节流阀应用螺钉固定在行程挡块路径的已加工基面

上，安装方向可根据需要而定；挡块或凸轮的行程和倾角应参照产品说明制作，不应过大。

节流阀开度应根据执行器的速度要求进行调节，调闭后应锁紧，以防松动而改变调好的节流口开度。

3.7.4　调速阀使用应注意的问题

3.7.4.1　启动时的冲击

对于图3-66(a)所示的系统，当调速阀的出口堵住时，其节流阀两端压力相等，减压阀芯在弹簧力的作用下移至最左端，阀开口最大。因此。当将调速阀出口迅速打开，其出油口与油路接通的瞬时，出口压力突然减小。而减压阀口来不及关小，不起控制压差的作用，这样会使通过调速阀的瞬时流量增加，使液压缸产生前冲现象。因此，有的调速阀在减压阀上装有能调节减压阀芯行程的限位器，以限制和减小这种启动时的冲击。也可通过改变油路来克服这一现象，如图3-66(b)所示。

图3-66(a)所示的节流调速回路中，当电磁铁1DT通电，调速阀4工作时，调速阀5出口被二位三通换向阀6堵住。若电磁铁3DT也通电，改由调速阀5工作时，就会使液压缸产生前冲现象。如果将二位三通换向阀换用二位五通换向阀，并按图3-66(b)所示接法连接，使一个调速阀工作时，另一个调速阀仍有油液流过，那么它的阀口前后保持了一较大的压差，其内部减压阀开口较小，当换向阀换位使其接入油路工作时，其出口压力也不会突然减小，因而可克服工作部件的前冲现象，使速度换接平稳。但这种油路有一定的能量损失。

3.7.4.2　最小稳定压差

节流阀、调速阀的流量特性如图3-67所示。由图3-67可见，当调速阀前后压差大于最小值 $\Delta p_{\min}$，以后，其流量稳定不变（特性曲线为一水平直线）。当其压差小于 $\Delta p_{\min}$ 时，由于减压阀未起作用，故其特性曲线与节流阀特性曲线重

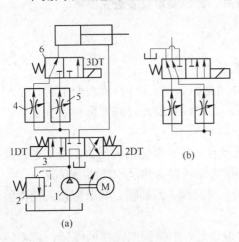

图3-66　调速系统

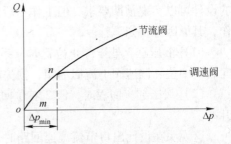

图3-67　节流阀、调速阀的流量特性

合，此时的调速阀相当于节流阀。所以在设计液压系统时，分配给调速阀的压差应略大于 Δp_{min}，以使调速阀工作在水平直线段。调速阀的最小压差约为 1MPa（中低压阀为 0.5MPa）。

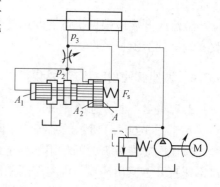

3.7.4.3 方向性

调速阀（不带单向阀）通常不能逆向使用，否则，定差减压阀将不起压力补偿器作用。在使用减压阀在前的调速阀时，必须让油液先流经其中的定差减压阀，再通过节流阀。若调速阀逆向使用（见图 3-68），则由于节流阀进口油压 p_3 大于出口油压 p_2，那么（$p_2A_1 + p_2A_2$）<

图 3-68 调速阀逆向使用的情形

（$p_3A + F_s$），即定差减压阀阀芯所受向右的推力永远小于向左的推力，定差减压阀阀芯始终处于最左端，阀口全开，定差减压阀不工作，此时调速阀也相当于节流阀使用了。

特别提醒：调速阀如果装反便失去稳定压差功能，液压缸运动速度会受负载变化影响，不能平稳。

3.7.4.4 流量的稳定性

在接近最小稳定流量下工作时，建议在系统中调速阀的进口侧设置管路过滤器，以免阀阻塞而影响流量的稳定性。

流量调整好后，应锁定位置，以免改变调好的流量。

特别提醒：压力阀、流量阀调整好后，都应锁定位置避免漂移。

3.7.5 出口节流调速易被忽视的问题

3.7.5.1 节流调速元件位置设计不当

在采用调速阀的出口节流调速系统中（见图 3-69(a)），从表面上看，系统的设计可以实现预期要求，但工作一段时间后，油液温升过高，影响系统正常工作，其原因分析如下：

（1）液压缸 3 处于停止位置时，系统没有卸载，泵输出的压力油全部通过换向阀 2 中位和调速阀 1 流回油箱，损失的压力能转换为热量，使油温升高。

（2）液压缸 3 回程时，阀 2 右位回油也要经阀 1 回油箱，其节流损失使油温升高。

这说明在设计出口节流调速回路时，应设置好节流调速元件的位置，将系统改为图 3-69(b)，在液压缸的出油口与电磁换向阀之间安置调速阀，与增加的单向阀4并联，系统液压缸快退时油液经单向阀直接进入液压缸有杆腔，实现快退动作，可避免油液温升过高。

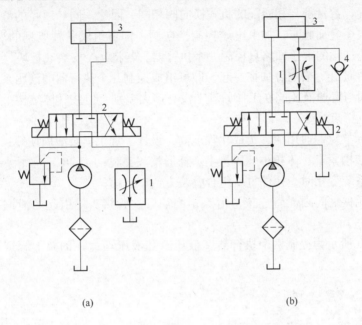

图 3-69　采用调速阀的出口节流调速回路

3.7.5.2　采用调速阀后容易忽视负载变化的影响

在节流调速回路中，如不能保证调速元件压差为一定值，执行器运动速度就不稳定，即使回路设计合理，也同样导致液压缸速度随负载变化。与节流阀相比，调速阀能够更好地实现执行器运动速度的稳定，但调速阀由减压阀和节流阀两个液阻串联，所以在正常工作时，至少要保证有0.5MPa的压差，压差若小于0.5MPa，定差减压阀便不能正常工作，也就不能起压力补偿作用，使节流阀前后压差不能恒定，通过流量随外负载变化，导致液压缸速度不稳定。所以要考虑适当提高回路溢流阀设定压力，保证外负载增大时，调速阀工作点不超过定差减压阀起补偿作用的临界点，以保证执行器速度稳定。

3.8　叠加阀安装调试与故障维修

3.8.1　叠加阀特点与分类

叠加阀是在板式阀集成化的基础上发展起来的一种新颖液压元件，但它在配置形式上和板式阀、插装阀截然不同。叠加阀是安装在板式换向阀和底板之间，由有关的压力、流量和单向控制阀组成的集成化控制回路。每个叠加阀除了具有液压阀功能外，还起油路通道的作用。因此，由叠加阀组成的液压系统，阀与阀之间不需要另外的连接体，而是以叠加阀阀体作为连接体，直接叠合再用螺栓结合而成。叠加阀因其结构形状而得名。同一通径的各种叠加阀的油口和螺钉孔的大小、位置、数量都与相匹配的板式换向阀相同。因此，同一通径的叠加阀，只要按一定次序叠加起来，加上电磁控制换向阀，即可组成各种典型的液压系统，通常一组叠加阀的液压回路只控制一个执行器。若将几个安装底板块（也都具有相互连通的通道）横向叠加在一起，即可组成控制几个执行器的液压系统。

叠加阀与普通液压阀在工作原理上没有多大差别，但在具体结构上和连接方式上有以下特点：

（1）标准化、通用化、集成化程度高，设计、加工、装配周期短；

（2）结构紧凑、体积小、质量小、外形整齐美观；

（3）系统变化时，元件重新组合叠装方便、迅速；

（4）元件之间因无管连接，消除了因油管、管接头等引起的泄漏、振动和噪声。

图3-70所示为控制两个执行器（液压缸和液压马达）的叠加阀组及其液压回路。

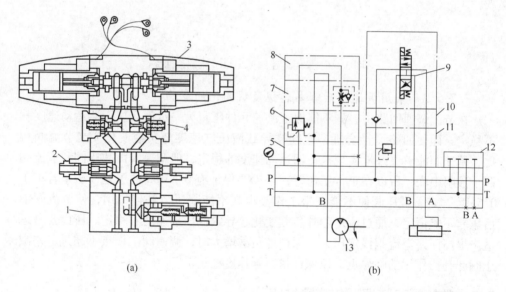

(a)　　　　　　　　　　　(b)

图3-70　控制两个执行器（液压缸和液压马达）的叠加阀及其液压回路
(a) 叠加阀；(b) 回路
1—叠加式溢流阀；2—叠加式流量阀；3—电磁换向阀；4—叠加式单向阀；
5—压力表安装板；6—顺序阀；7—单向进油节流阀；8—顶板；9—换向阀；
10—单向阀；11—溢流阀；12—备用回路盲板；13—液压马达

叠加阀的工作原理与板式阀基本相同，但在结构和连接方式上有其特点，因而自成体系。如板式溢流阀，只在阀的底面上有 P 和 T 两个进出主油口；而叠加式溢流阀，除了 P 口和 T 口外，还有 A、B 油口，这些油口自阀的底面贯通到阀的顶面，而且同一通径的各类叠加阀的 P、A、B、T 油口间的相对位置是和相匹配的标准板式换向阀相一致的。由于叠加阀的连接尺寸及高度尺寸，国际标准化组织已制订出相应标准（ISO 7790 和 ISO 4401），从而使叠加阀具有更广的通用性及互换性。

根据工作功能的不同，叠加阀通常分为单功能阀和复合功能阀两大类，如图 3-71 所示。

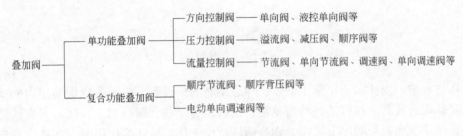

图 3-71 叠加阀的分类

3.8.2 叠加阀的工作原理与典型结构

3.8.2.1 单功能叠加阀

单功能叠加阀的一个阀体中有 P、A、B、T 四条通路，因此各阀根据其控制点，可以有许多种不同的组合，这一点是和普通单功能液压阀有很大差异的。单功能叠加阀的工作原理及结构与三大类普通液压阀相似。单功能叠加阀中的各种阀的结构可参看有关产品型谱系列。

3.8.2.2 复合功能叠加阀

复合功能叠加阀是在一个控制阀芯中实现两种以上控制机能的液压阀。

A 顺序节流阀

叠加式顺序节流阀是由顺序阀和节流阀复合而成的复合阀，它具有顺序阀和节流阀两种功能。其结构如图 3-72 所示，它采用整体式结构，由阀体 1、阀芯 2、节流阀调节杆 3 和顺序阀弹簧 4 等零件组成。顺序阀和节流阀共用一个阀芯，将三角槽形的节流口开设在顺序阀阀芯的控制边上。阀的节流口随着顺序阀控制口的开闭而开闭。节流口的开、闭，取决于顺序阀控制油路 A 的压力大小。当油路 A 的压力大于顺序阀的设定值时，节流口打开；而当油路 A 的压力小于顺序阀的设定值时，节流口关闭。此阀可用于多回路集中供油的液压系统中，以解决各执行器工作时的压力干扰问题。

以多缸液压系统为例，系统工作时各缸相互间产生的压力干扰，主要是由于

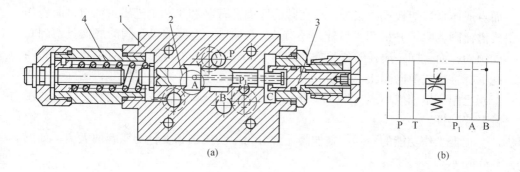

图 3-72 顺序节流阀

（a）结构图；（b）图形符号

1—阀体；2—阀芯；3—节流阀调节杆；4—顺序阀弹簧

工作过程中，当任意一个液压缸由工作进给转为快退时，引起系统供油压力的突然降低而造成其余执行器进给力不足，这种压力干扰会影响加工精度。但在这样的系统中，如采用顺序节流阀，则当液压缸由工作进给转为快退时，在换向阀转换的瞬间，而油路 P 与 B 接通之前，由于油路 A 压力降低，使顺序节流阀的节流口提前迅速关闭，保持高压油源 P_1 压力不变，从而不影响其他液压缸的正常工作。

B 电动单向调速阀

叠加式电动单向调速阀的如图 3-73 所示。此阀由板式连接的调速阀部分 Ⅰ、叠加阀的主体部分 Ⅱ、板式结构的先导阀部分 Ⅲ 等三部分组合而成。阀的总体结构采用组合式结构，调速阀部分 Ⅰ 可用一般的单向调速阀的通用

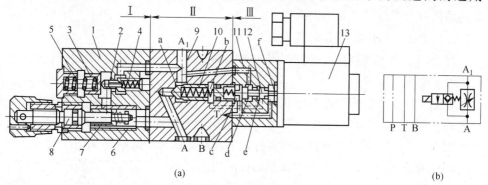

图 3-73 电动单向调速阀

（a）结构图；（b）图形符号

1—调速阀阀体，2—减压阀；3—平衡阀；4，5—弹簧；6—节流阀套；7—节流阀芯；

8—节流阀调节杆；9—主阀体；10—锥阀；11—先导阀体；12—先导阀；

13—直流湿式电磁铁；a～f—腔

件，通用化程度较高。

主阀体 9 中的锥阀 10 与先导阀 12 用于回路作快速前进、工作进给、停止或再快速退回的工作循环中。快进时，电磁铁通电，先导阀 12 左移，将 d 腔与 e 腔切断，接通 e 腔与 f 腔，锥阀弹簧腔 b 的油液经 e 腔、f 腔与叠加阀回油路 T 接通而卸荷。此时锥阀 10 在 a 腔压力油作用下被打开，压力油由 A_1 经锥阀到 A，使回路快进。工作进给时，电磁铁断电，先导阀 12 复位（见图 3-73 所示位置），油路 A_1 的压力油经 d、e 腔到 b 腔，将锥阀阀口关闭。此时，由 A_1 进入的压力油只能经调速阀部分到 A，使回路处于工作进给状态。当回路转为快退时，压力油由 A 进入该阀，锥阀可自动打开，实现快速退回。

3.8.3 叠加功能块及应用

叠加阀自成系列，按功能的不同可分为压力控制阀、流量控制阀和方向控制阀，其中方向控制阀仅有单向阀类。换向阀不属于叠加阀，导致一个叠加阀组（即一个执行元件系统）只能安装一只换向阀，使应用回路少，不能构建比较复杂的液压系统。

图 3-74 所示为多面铣组合机床的液压原理。图 3-74 中夹紧回路、回转回路、定位回路都可以设计成液压叠加阀回路（其中夹紧回路的液压叠加阀回路如图 3-75 所示）。而由于图 3-74 中的主进给系统有两只换向阀，无法采用叠加阀回路，只能设计成其他形式的回路。

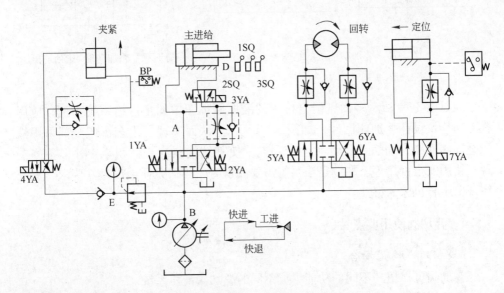

图 3-74 多面铣组合机床的液压原理

叠加功能块可解决"一个叠加阀组（即一个执行元件系统）只能安装一只换向阀"问题。

叠加功能块的长度、宽度、油孔、螺栓孔大小及数量均与同一通径的叠加阀相同，叠加功能块的高度根据所需要的换向阀宽度方向的安装尺寸而定。一般叠加功能块的高度略大于所需要的换向阀宽度方向的安装尺寸，如10mm 系列的叠加功能块高度可取 40～60mm。

叠加功能块的结构如图 3-76 所示。叠加功能块图形符号如图 3-77 所示。

在叠加功能块的四周表面上，根据设计要求可安装各种换向阀，同理也可安装叠加阀系列中没有的任何液压阀件，然后依据安装液压阀的种类及安装尺寸在其安装表面加工出相应的孔，同时也需要其安装表面有一定的平面度和表面粗糙度要求。

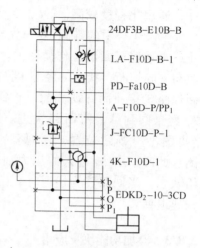

图 3-75   多面铣组合机床夹紧
系统叠加阀回路

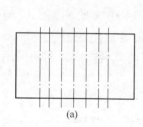

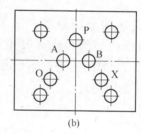

图 3-76   叠加功能块的结构图
（a）主视图；（b）俯视图

图 3-77   叠加功能块图形符号

现以图 3-74 所示多面铣组合机床的液压原理图中的主进给系统为例，应用叠加功能块设计叠加阀回路，如图 3-78 所示。从而实现了组合机床全部采用液压叠加阀回路，缩短了设计和生产周期，使其结构紧凑、体积小、外形整齐美观、使用安全可靠等。特别是当系统需要改变时，可很方便地满足其要求，充分体现出组合机床的特点。

3.8.4 叠加阀使用要点

3.8.4.1 使用场合

叠加阀可根据其不同的功能组成不同的叠加阀液压系统。

由叠加阀组成的液压系统除具有标准化、通用化特点外，还具有集成化程度高，设计、加工、装配周期短，质量轻，占地面积小等优点。尤其在液压系统需改变而增减元件时，将其重新组装既方便又迅速。叠加阀可集中配置在液压站上，也可分散安装在设备上，配置形式灵活。同时，因为它具有无管连接的结构，消除了因油管、管接头等引起的漏油、振动和噪声；叠加阀系统使用安全可靠，易维修，外形整齐美观。

叠加阀可集中配置在液压站上，也可分散安装在主机设备上，配置形式灵活；其又是无管连接的结构，消除了因管件间连接引起的漏油、振动和噪声；叠加阀系统使用安全可靠，维修容易，外形整齐美观。

叠加阀组成的液压系统的主要缺点是回路形式较少，通径较小，不能满足较复杂和大功率的液压系统的需要。

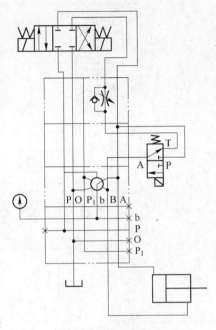

图 3-78　多面铣组合机床主进给
系统液压叠加阀回路

3.8.4.2　注意事项

在选择叠加阀并组成叠加阀液压系统时，应注意如下问题：

（1）通径及安装连接尺寸。一组叠加阀回路中的换向阀、叠加阀和底板的通径规格及安装连接尺寸必须一致，并符合国际标准 ISO—4401 的规定。

（2）液控单向阀与单向节流阀组合。如图 3-79（a）所示，使用液控单向阀 3 与单向节流阀 2 组合时，应使单向节流阀靠近执行器液压缸 1。反之，如果按图 3-83（b）所示配置，则当 B 口进油、A 口回油时，由于单向节流阀 2 的节流效果，在回油路的 a—b 段会产生压力，当液压缸 1 需要停位时，液控单向阀 3 不能及时关闭，并有时还会反复关、开，使液压缸产生冲击。

（3）减压阀和单向节流阀组合。图 3-80（a）所示为 A、B 油路都采用单向节流阀 2，而 B 油路采用减压阀 3 的系统。这种系统节流阀应靠近执行器液压缸 1。如果按图 3-80（b）所示配置，则当 A 口进油、B 口回油时，由于节流阀的节流作用，使液压缸 B 腔与单向节流阀之间这段油路的压力升高。这个压力又去控制减压阀，使减压阀减压口关小，出口压力变小，造成供给液压缸的压力不足。当液压缸的运动趋于停止时，液压缸 B 腔压力又会降下来，控制压力随之降低，减压阀口开度加大，出口压力又增加。这样反复变化，会使液压缸运动不稳定，还会产生振动。

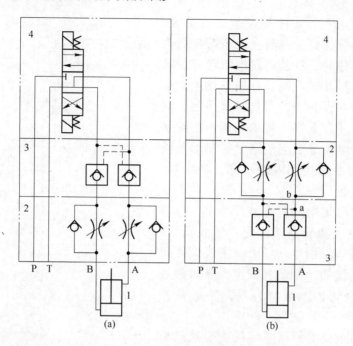

图 3-79 液控单向阀与单向节流阀组合

（a）正确；（b）错误

1—液压缸；2—单向节流阀；3—液控单向阀；4—三位四通电磁换向阀

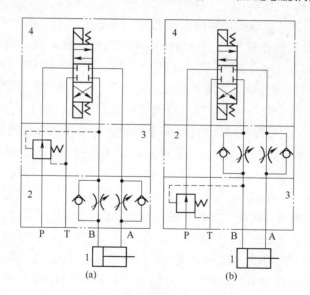

图 3-80 减压阀和单向节流阀组合

（a）正确；（b）错误

1—液压缸；2—单向节流阀；3—减压阀；4—三位四通电磁换向阀

（4）减压阀与液控单向阀组合。图3-81（a）所示系统为 A、B 油路采用液控单向阀2，B 油路采用减压阀3的系统。这种系统中的液控单向阀应靠近执行器。如果按图3-81（b）所示布置，由于减压阀3的控制油路与液压缸 B 腔和液控单向阀之间的油路接通，这时液压缸 B 腔的油可经减压阀泄漏，使液压缸在停止时的位置无法保证，失去了设置液控单向阀的意义。

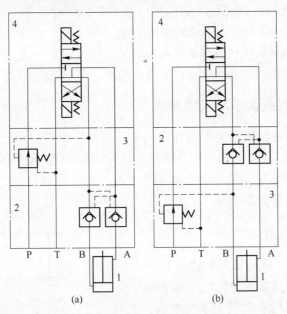

图 3-81　减压阀和单向节流阀组合
（a）正确；（b）错误
1—液压缸；2—液控单向阀；3—减压阀；4—三位四通电磁换向阀

（5）回油路上调速阀、节流阀、电磁节流阀的位置。回油路上的出口调速阀、节流阀、电磁节流阀等，其安装位置应紧靠主换向阀，这样在调速阀等之后的回路上就不会有背压产生，有利于其他阀的回油或泄漏油畅通。

（6）压力测定。在系统中，若需要测压力，需采用压力表开关，压力表开关应安放在一组叠加阀的最下面，与底板块相连。单回路系统设置一个压力表开关；集中供液的多回路系统并不需要每个回路均设压力表开关，在有减压阀的回路中，可单独设置压力表开关，并置于该减压阀回路中。

（7）安装方向。叠加阀原则上应垂直安装，尽量避免水平安装方式。叠加阀叠加的元件越多，质量越大，安装用的贯通螺栓越长。水平安装时，在重力作用下，螺栓发生拉伸和弯曲变形，叠加阀间会产生渗油现象。

3.8.4.3　绘制叠加阀液压系统原理图注意事项

绘制采用叠加阀液压系统的原理图时，应注意以下几点：

（1）首先要确定系统中各种阀的功能、压力通径等。一组叠加阀中相连块之间的通径和连接尺寸必须一致。

（2）在一组叠加阀中，系统中的主换向阀（主换向阀不是叠加阀，是标准的板式元件）安装在最上面，与执行部件连接用的底板块放在最下面。叠加阀均安装在主换向阀和底板块之间，其顺序按系统的动作要求而定。

（3）每个叠加阀和底板块上的接口都有不同字母表示，代表不同的含义。绘制原理图时，应注意其上字母的标识位置。

（4）压力表开关的位置应紧靠底板块。

（5）有些叠加阀的相互安装位置有制约性，不可随意改动。

3.9 插装阀安装调试与故障维修

二通插装阀是插装阀基本组件（阀芯、阀套、弹簧和密封圈）插到特别设计加工的阀体内，配以盖板、先导阀组成的一种多功能的复合阀。因每个插装阀基本组件有且只有两个油口，故被称为二通插装阀，早期又称为逻辑阀。

3.9.1 插装阀概述

3.9.1.1 二通插装阀的特点

二通插装阀具有下列特点：流通能力大，压力损失小，适用于大流量液压系统；主阀芯行程短，动作灵敏，响应快，冲击小；抗油污能力强，对油液过滤精度无严格要求；结构简单，维修方便，故障少，寿命长；插件具有一阀多能的特性，便于组成各种液压回路，工作稳定可靠；插件具有通用化、标准化、系列化程度很高的零件，可以组成集成化系统。

3.9.1.2 二通插装阀的组成及应用

二通插装阀由插装元件、控制盖板、先导控制元件和插装块体四部分组成。图 3-82 所示为二通插装阀的典型结构。

控制盖板用以固定插装件，安装先导控制阀，内装梭阀、溢流阀等。控制盖板内有控制油通道，配有一个或多个阻尼螺塞。通常盖板有五个控制油孔：X、Y、Z_1、Z_2 和中

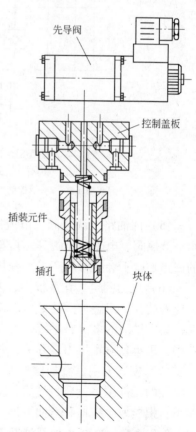

图 3-82 二通插装阀的典型结构

心孔 a（见图 3-83）。由于盖板是按通用性来设计的，具体运用到某个控制油路上有的孔可能被堵住不用。为防止将盖板装错，盖板上的定位孔起标定盖板方位的作用。另外，拆卸盖板之前就必须看清、记牢盖板的安装方法。

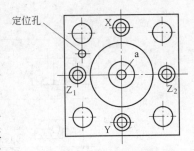

图 3-83　盖板控制油孔

先导控制元件称作先导阀，是小通径的电磁换向阀。块体是嵌入插装元件、安装控制盖板和其他控制阀、沟通主油路与控制油路的基础阀体。

根据用途不同，插装阀基本组件分为方向阀组件、压力阀组件和流量阀组件。同一通径的三种组件安装尺寸相同，但阀芯的结构形式和阀套座直径不同。三种组件均有两个主油口 A 和 B、一个控制口 X，如图 3-84 所示。

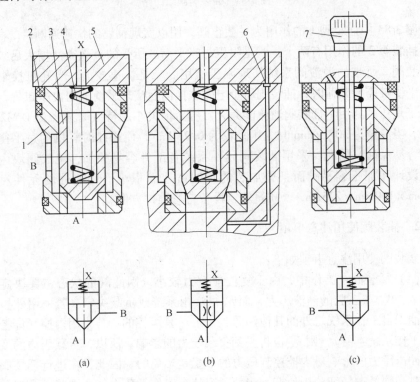

图 3-84　插装阀基本组件
（a）方向阀组件；（b）压力阀组件；（c）流量阀组件
1—阀套；2—密封件；3—阀芯；4—弹簧；5—盖板；6—阻尼孔；7—阀芯行程调节杆

某中板轧机液压平衡系统采用了插装阀液压系统回路，部分液压回路如图 3-85 所示。

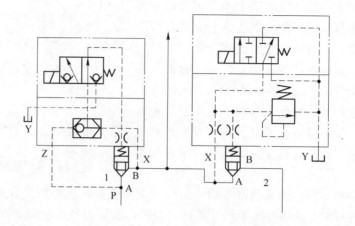

图 3-85   插装阀阀组回路

图 3-85 中插装阀 1 的作用为一截止阀,用以实现油路的快速通断。

插装阀 2 的作用有两个:一是限压。当平衡缸所受的负载突然增大后,将通过插装阀 2 所带的溢流阀系统实现限压作用。二是快速放油。当轧机换辊检修时,平衡缸需要卸荷时,插装阀所带电磁铁换向后实现平衡缸的快速卸荷。

正是巧妙利用了插装阀通流能力大、压力损失小的特点(通径为 DN32 的插装阀,当流量为 307L/min 时,压降仅为 0.2MPa),使得此时轧机的过平衡系数比较容易保证。同时,采用插装阀元件系统各部件容易叠加,集成阀块内孔道少,设计和加工容易,而且叠加后的阀组占地面积小(阀块外的元件尺寸为 100mm × 100mm × 225mm),质量轻,设备检修维护方便。

3.9.2   插装阀使用注意事项

插装阀使用注意事项如下:

(1)插装阀在工作中,由于复位弹簧力较小,因此阀的状态主要决定于作用在 A、B、X 三腔的油液压力,而 p_A、p_B 由系统或负载决定。若采用外控(即控制油来自工作系统之外的其他油源),则 p_X 是可控的;若采用内控(即控制油来自工作系统本身),则 p_X 也将受到负载压力的影响。所以,负载压力的变化及各种冲击压力的影响对内控控制压力的干扰是难免的。因此,在进行插装阀系统设计时必须经过仔细分析计算,清楚了解整个工作循环中每个支路压力变化的情况,尤其注意分析动作转换过程冲击压力的干扰,特别是内控方式。须重视梭阀和单向阀的运用,否则将造成局部误动作或整个系统的瘫痪。

(2)如果若干个插装阀共用一个回油或泄油管路,为了避免管路压力冲击引起意外的阀芯移位,应设置单独的回油或泄油管路。

(3)应注意面积比、开启压力、开启速度及密封性对阀的工作影响。

（4）由于插装阀回路均是由一个个独立的控制液阻组合而成，所以它们的动作一致性不可能像传统液压阀那样可靠。为此，应合理设计先导油路，并通过使用梭阀或单向阀等元件的技术措施，以避免出现瞬间路通而导致系统出现工作失常甚至瘫痪现象。

（5）阀块又称集成块或通道块，它是安装插装元件、控制盖板及与外部管道连接的基础阀体。阀块中有插装元件的安装孔（也称插入孔）及主油路孔道和控制油路孔道，有安装控制盖板的加工平面、安装外部管道的加工平面及阀块的安装平面等。二通插装阀的安装连接尺寸及要求应符合国家标准（GB/T 2877—2007）。阀块可选用插装阀制造厂商的标准件，也可根据需要自行设计。

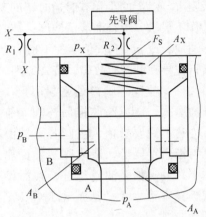

图3-86　二通插装阀结构图

3.9.3　二通插装阀常见故障分析

图3-86所示为二通插装阀结构图，二通插装阀常见故障有下列现象：

（1）主阀芯不能关闭。主阀芯关闭的条件是：

$$F_S + p_X A_X > p_A A_A + p_B A_B$$

式中　　　F_S——弹簧力；

p_A，p_B，p_X——分别为A、B、X油口的液体压力；

A_A，A_B，A_X——分别为上述各油口在阀芯上的有效作用面积。

因此，主阀芯不能关闭的原因有：控制油腔A内的控制压力 p 值过低，使主阀芯不容易关闭；弹簧力 F_S 过小或弹簧断裂，使主阀芯不容易迅速复位；液阻 R_1 或 R_2 的小孔被堵塞，控制油未能进入控制油腔，造成主阀芯关不死；先导阀有故障或控制盖板有异常，如控制信号误动作或泄漏等；主阀芯与阀套制造精度差，致使主阀芯卡住在开启状态的位置上；油液过脏，油污颗粒将阀芯卡住在开启状态的位置上；主阀芯锥面与阀座锥面密封不良，可以使主阀芯打开；液阻 R_1 与 R_2 匹配不适应，也会造成主阀芯开启；阀套与集成块体间密封圈老化失效，也会使主阀芯开启。

（2）主阀芯不能开启。主阀芯开启的条件是：

$$F_S + p_X A_X < p_A A_A + p_B A_B$$

因此，主阀芯不能开启的原因有：控制油腔 A_X 内的控制压力值 p_X 过高，使主阀芯打不开；弹簧力 F_S 过大，使主阀芯打不开；油路口A或油路口B内油液压力 p_A 或 p_B 过低，使主阀芯打不开；液阻 R_2 小孔被堵塞，使主阀芯控制油腔

A_X 内油液不能排出，致使主阀芯打不开；先导阀有故障，如控制信号误动作等；主阀芯与阀套制造精度差，致使主阀芯卡住在关闭状态的位置上；油液过脏，油污颗粒将主阀芯卡住在关闭状态的位置上。

（3）主阀芯处于时开时闭不稳定。原因是：控制油腔 A_X 内控制压力 p_X 不稳定或 p_A、p_B 压力值的变化而造成，待查影响 p_X、p_A、p_B 三者压力值变化的因素；液阻 R_1 或 R_2 的小孔有时通时堵的现象，待查油液清洁度；油液过脏，使主阀芯动作不灵敏，待查油液清洁度；控制油腔控制压力 p_X 与油口 A 油腔压力 p_A 匹配不适应，或 p_B 与 p_X 值匹配不适应，待查造成 p_X、p_A、p_B 三者压力值不协调的因素；先导控制阀有故障，待查原因。

（4）主阀芯阀口处密封不严。原因是：主阀芯锥面磨损，造成阀芯锥面与阀座锥面密封不良，使压力达不到要求值；主阀芯圆柱面与锥面或阀套内孔与锥面不同心，造成阀芯锥面密封不良，使压力达不到要求值；油液过脏，其污染物粘在阀芯锥面或阀套座锥面上，造成密封不良；先导阀有故障，待查原因。

二通插装阀故障原因可以从一个一个单元进行分析与排除。在此以二通插装溢流阀故障原因分析为例，按图 3-87 所示的工作原理对二通插装溢流阀故障原因加以分析与排除，结果见表 3-9。

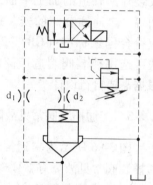

图 3-87　二通插装溢流阀工作原理

表 3-9　二通插装溢流阀故障分析与排除

现　象	原　因	排　除　方　法
系统无压力	阻尼孔被堵塞	清洗阻尼孔、查油质
	主阀芯卡住在开启位置上；主阀芯复位弹簧断裂	清洗阀、更换弹簧、检查油质
	先导阀故障；先导阀阀芯碎裂；调节弹簧断裂；先导阀阀座被压出	检查、清洗、修复、更换
	电磁铁未得电或电磁铁线圈被烧坏	检查电气线路、修理电磁铁或更换
	电磁换向阀阀芯卡住在卸荷位置	清洗、修复
系统压力不稳定（忽高忽低）	阻尼小孔 d_1 或 d_2 时堵时通现象	清洗、检查油质
	主阀芯锥面与阀座锥面配合不严	清洗、修复或更换
	先导阀阀芯锥面与阀座锥面接触不良	清洗、修复或更换
	先导阀调节弹簧弯曲	更换
	主阀工作不灵敏	清洗、检查油质

现　象	原　因	排　除　方　法
系统压力居高不下	阻尼小孔 d_2 被堵塞	清洗阻尼塞、检查油质
	先导阀调节弹簧过硬	更换
	先导阀阀芯紧压于阀座锥面脱不开	清洗、更换
	主阀芯卡死在关闭位置上	清洗、修配
系统压力升不高	主阀芯锥面与阀座锥面密封不严	清洗、修配
	先导阀阀芯锥面与阀座锥面磨损严重	清洗、修配、更换
	先导阀调节弹簧过软	更换
	控制盖板端面有泄漏	更换密封圈
	电磁换向滑阀与阀体孔磨损严重；电磁铁未将滑阀推到终端（有效位置）	清洗、修复、更换
系统压力不卸荷	电磁铁可能处在带电状态	检查、改正
	使滑阀复位的弹簧力过小或弹簧断裂	更换
	阻尼孔 d_2 被堵死	清洗阻尼塞、检查油质
	装配时漏装了阻尼塞 d_1	清洗后装上阻尼塞

3.9.4　插装阀液压系统故障的排除要点与步骤

3.9.4.1　处理故障的要点

（1）熟悉机器每一个工作机构的工作步骤及该步骤中先导阀的电磁铁得电节拍表。

（2）掌握插装阀阀芯开启与关闭的控制原理。

（3）掌握设备液压原理，知道某一具体动作中，哪些阀芯必须关闭，哪些阀芯必须开启。如果该关闭的阀芯不能完全关闭，该开启的阀芯不能开启，必定造成油流错误走向，表现出液压故障。插装阀液压回路如图 3-88 所示。由图 3-88 可以看出，当2号、4号阀芯开启后，液压油经 2 号阀芯进入油缸的有杆腔，无杆腔的油液经 4 号阀芯回油箱，油缸的活塞及活塞杆上升。此时，如 3 号阀芯不能关闭，液压油就会从 3 号阀芯泄漏掉，必然造成油缸不能动作。

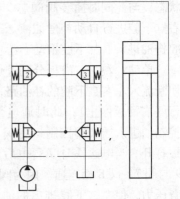

3.9.4.2　故障查找与排除步骤

（1）在液压泵不启动的情况下，核查相关先导阀的电磁铁得电是否符合液压原理图节拍表。

（2）查验油源的供油压力。任何液压工作机

图 3-88　插装阀液压回路

构动作异常，均需首先检查供油压力是否正常。油源部分如有故障，必定影响执行机构的正常工作。

（3）检查阀芯、阀套是否卡阻、咬合、磨损、损坏，必要时还需检查阀套的密封件是否失效与损坏。

（4）检查先导阀与控制油路。在检查完先导阀后，必须将其装在盖板上对照液压原理图检查控制油路（见图3-89），此时盖板的中心孔 a 应该与 Z_1、X 孔相通，Z_2 孔和 Y 孔相通。用物件顶住先导阀的电磁铁铁芯后，中心孔 a 应该与 Z_1、Y 孔相通，Z_2 孔和 X 孔相通。只有这样检查，才能避免将先导阀装错和装反。最有效的检查方法是用塑料笔套对着孔吹烟。如果盖板与先导阀之间还装有其他叠加阀，也必须将三者完全组装后检查。

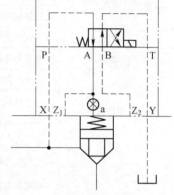

图 3-89 插装阀控制油路

特别提醒： 在排除液压故障的过程中，切忌将物件装错与装反。否则，不但排除不了故障，还会带来难以判断的故障现象。

3.9.5 L7220 型双柱立式拉床插装阀液压系统故障分析与排除实例

L7220 型双柱立式拉床液压系统改造后具有左、右滑板一上一下的双柱拉削功能和左、右滑板分别进行单柱拉削的功能，适用性强，调整方便。但是，在调节过程中出现了左滑板或右滑板都不能分别进行单独上下运行的故障。

3.9.5.1 部分液压回路说明

部分液压回路（见图3-90）的工作状况说明如下：

双动：左、右滑板一上一下同时运行。此时插装阀阀芯 7 和阀芯 8 处于关闭状态，与此同时插装阀阀芯 9 和阀芯 10 处于打开状态，且主油路压力油对左、右缸下腔进行自动补偿油液。这时只要左缸上腔进油，左滑板下行，而从左缸下腔排油进入右缸下腔推动右滑板上行。反之，右滑板下行，左滑板上行。

单动：左、右滑板分别进行单独上下运行。此时，首先将电磁铁 DT8 得电，切断流入左右缸下腔的补油路，给左、右滑板单独工作创造条件。左滑板单独运行（右滑板停止），此时通电使主油路阀3 打开，与此同时电磁铁 DT10 得电，控制油进入插装阀控制口将阀芯 10 关闭，切断与右缸下腔的连通，此时阀芯 9 被打开。当电磁铁 DT7 得电后，可以使左缸下行，从左缸下腔排出的油流经过阀 9 与阀 7、阀 8 相连通。因为阀 7 处于关闭状态，阀 8 处于调压状态，建立排油背压力，使左缸下腔排出的油经过调定的背压力带压溢入油箱，使滑板下行平稳。当电磁铁 DT7 断电时，阀 8 关闭，与此同时电磁铁 DT6 得电，阀 7 打开。

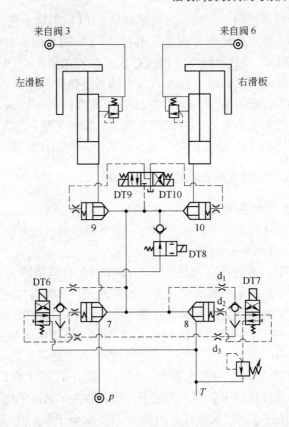

图 3-90 拉床部分液压回路

此时，主油经过油道和阀7、阀9进入左缸下腔推动滑板上升。如果右滑板工作（左滑板停止），首先将电磁铁 DT9 得电和电磁铁 DT10 断电才能进行右滑板工作。

3.9.5.2 原因分析与处理

左、右滑板一上一下同时运行和拉削均很正常，这就充分说明液压系统工作是正常的。因此，不必检查油泵，调压阀和控制左、右缸进出油路上的各插装阀及有关电磁阀的工作情况。但是，左、右滑板不能单独工作，其主要问题是出在左、右缸下腔的排油阀8上。按图示分析原因：

如果左缸或右缸不能向下运行，就是阀8打不开，造成油缸下腔的油不能排出，使滑板不能向下运行。其可能原因：（1）电磁铁 DT7 未得电；（2）阀8中调压阀阀芯卡住打不开；（3）阻尼小孔 d_2 被堵死，阀8右腔的油排不出来，使阀芯8打不开；（4）电磁铁 DT7 得电，但阀芯卡住未移动；（5）油液过脏，使阀芯8卡死在关闭位置。

如果左缸或右缸不能向上运行，就是阀8未关闭，由主系统来油经过阀8口溢入油箱，使滑板不能向上运行。其可能原因：（1）阻尼小孔 d_2 被堵死，控制油不能进入阀 8 右腔，造成阀 8 阀芯关不死；（2）阀 8 阀芯锥面与阀座密封不良；（3）电磁铁 DT7 虽然已断电，但阀芯因卡住而未复位；（4）油液过脏，使阀芯 8 在打开位置上卡住；（5）阀 8 右腔中的复位弹簧有异常。

经过分析认为，新安装液压元件及其管道等部件由于运输、安装等种种原因，油液过脏堵死阻尼小孔 d_2，造成阀 8 阀芯工作不正常。经拆下检查是阻尼小孔 d_2 被堵死而出现故障。清洗阻尼小孔，使液压系统工作正常。

3.9.6　插装阀式电磁溢流阀故障的分析及解决

3.9.6.1　故障的分析

电磁溢流阀组件主要是由压力阀插件、先导调压阀、电磁换向阀组成（有的还携带缓冲阀），如图 3-91 所示。

由于长期使用，电磁换向阀的阀芯与阀体的配合间隙增大，其泄漏量也增大。尤其是电磁换向阀采用的滑阀式换向控制方式，其阀芯封油长度短、阀芯直径小，这更增大了电磁换向阀泄漏量对油压及温度的敏感。对于零开口滑阀，其泄漏量计算公式：$q_x = (\pi W C_r^3 / 32\mu) P_v$。由此可知，电磁换向阀泄漏量 q_x 正比于阀芯、阀体的径向间隙 C_r 的三次方，可见润滑对其密封间隙的要求是相当高的，C_r 的微量增加导致泄漏量的急剧增大。另外，温升 T 也导致了泄漏量的增大，因为黏度系数 μ 线性反比于温升，为便于分析，将关闭状态的电磁换向阀视作一个阻尼 R_3，此阻尼值与 C_r 成反比、与油液黏度 μ 成正比。W 为阀芯面积梯度。插装阀如图 3-92 所示。

显然，R_1 与 R_3 是串联的（R_1、R_2、R_3 为液阻）。电磁溢流阀组件正常关闭

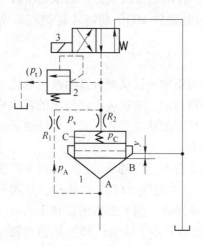

图 3-91　电磁溢流阀

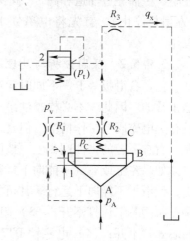

图 3-92　插装阀

1—压力阀插件；2—先导调压阀；3—电磁换向阀

状态时，R_1、R_2 为常量。

R_1 的流量：

$$q_{R1} = (\pi\Phi^4/128\mu l)(p_A - p_v)$$

电磁换向阀泄漏量：

$$q_x = (\pi W C_r^3/32\mu)p_v$$

$$q_{R1} = q_x$$

由上述 3 个公式及图 3-92 可推导：

若 R_3 增大（实为 C_r^3 与 μ 变化），因 R_1 与 R_3 是串联的，在同等工况下（p_A 值相同），流量 q_x（q_{R1}）减小，压差（$p_A - p_v$）减小，p_v 增大。对于整个电磁溢流阀组件而言，这正是所期望的，此时 R_3 相关的电磁换向阀泄漏量减少，$p_A - p_v$ 的减小导致压力阀插件主阀芯难以开启。R_3 大，表明电磁换向阀处于正常的状态，只有当 p_A 升至先导调压阀开启（P）时，电磁溢流阀组件才开启。

若 R_3 减小（实为 C_r^3 与 μ 变化），因 R_1 与 R_3 是串联的，在同等工况下（p_A 值相同），则 q_x（q_{R1}）增大，压差（$p_A - p_v$）增大，p_v 减小。对于整个电磁溢流阀组件而言，处于非正常的状态，取极限状态：$R_3 = 0$，则先导调压阀被短路，完全不起作用，电磁溢流阀完全开启。可见 R_3 的减小导致了泄漏量的增大，而泄漏量的增大使得压差也增大，当压差（$p_A - p_v$）达到克服弹簧力时，主阀芯微量开启，而此时的 p_A 值则没有达到所要求的开启压力。因此，当 R_3 值的减小达到影响电磁溢流阀的正常工作时，有 $0 < p_A \leqslant p_t$。这表明：因为滑阀的泄漏很小，在滑阀式液控系统中，系统加压时，由于泵的补偿作用，压力损失得不到体现。但在插装式电磁溢流阀结构中，由于阻尼 R_1 的反馈作用，泵对滑阀泄漏的补偿无法正常实现，反而导致了插装式电磁溢流阀的不正常开启。

3.9.6.2 实例分析

在插装阀液压系统中，常出现压力下降的情形。以某四柱 100t 压机进行实例分析，其液压原理如图 3-93 所示。

在主缸活塞下降时，CT3、CT2、4DT、6DT、5DT 通电，主缸活塞快速下行，当接触到行程开关 K4 时，6DT 断电，7DT 通电，主缸活塞慢速加压。并进入整型模具，系统全压输出，当接触到行程开关 I<5 时，工作到位，CT3、CT2、4DT、6DT、5DT 断电，系统释压延时到发信，CT2、CT3、3DT 通电，主缸活塞回程。

但是，在运行一段时间（1~2h），油温升高以后，此时系统压力只能达到 9MPa 左右，而要求的整形压力是 16MPa 左右，主缸活塞中途停下，而无法整形到位，系统压力明显不足。

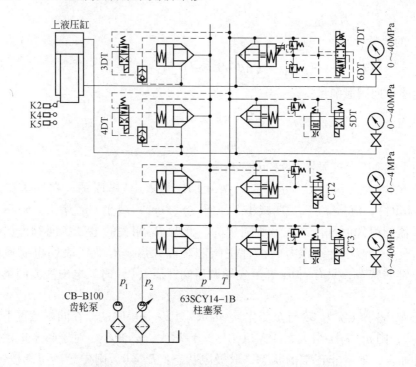

图 3-93　100t 全自动整形压机液压原理（上缸部分）

此设备一直存在压力不足的问题，不过没这么明显。再加上产品数量不多，可以停停歇歇的，一旦产品数量提高，问题就凸显出来，这说明故障是长期形成的，不是突发故障，由此考虑系统泄漏的问题。

首先考虑到系统压力是由柱塞泵提供的，齿轮泵只提供流量，在空运行状态下，首先检测液压泵，认为有可能是柱塞泵内泄漏严重，因为油温升高也可以导致类似故障。为此，找手动电磁阀 C，发现空运行状态下，此时泵源最高压力也只能达到 9MPa 左右，而当油温冷却后，手动电磁阀 CI3，泵源最高压力却能达到 32MPa 左右，排除了 3DT、4DT 所控制的液压阀产生故障及窜缸的可能，进行换泵也无济于事，这排除了泵的问题。

其次怀疑电磁溢流阀组件有泄漏。经仔细检查，没发现明显的机械故障，并做了压力阀主阀芯的泄漏实验，没有问题。

再考察集成块是否有缝隙，将整个部件拆开却没发现异常。

后来经过分析，终于发现了非常隐蔽的电磁溢流阀组件出了问题，得出了结论：电磁换向阀的阀芯阀体配合间隙过大、温升明显时，油液黏度降低使得微泄漏增加，导致了主阀芯的微量开启。问题原因找到了，只需更换电磁换向阀即可。为了使先导调压阀的泄漏减少，尽量采用阀芯阀体间隙小且配合段长的电磁换向阀以减少泄漏。

3.9.7 螺纹式插装阀及其应用

螺纹插装阀具有体积小、结构紧凑、应用灵活、使用方便、价格低等一系列优点。

螺纹插装阀可以单独装入与其配用的单阀块或双阀块（阀供货商一般都能同时提供这类阀块），成为管式元件；可以装入液压马达、液压泵体或液压缸接口处，作为控制阀；可以装入带接口的阀块，成为竖式叠加阀或横向片状组装阀；可以装入二通插装阀的控制盖板，作为先导控制；可以装入自行设计的专用（纯）螺纹插装阀集成块。

螺纹式插装阀及其对应的孔有二通、三通、三通短型及四通功能，即阀和阀的腔孔有两个油口、三个油口（三个油口中一个用作控制油口即为三通短型）及四个油口，如图 3-94 所示。图 3-95 列举了装入相同腔孔中的各种螺纹式插装阀。

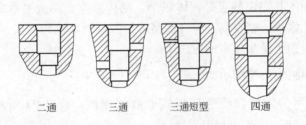

| 二通 | 三通 | 三通短型 | 四通 |

图 3-94　二通、三通、三通短型及四通螺纹式插装阀的阀块功能油口布置

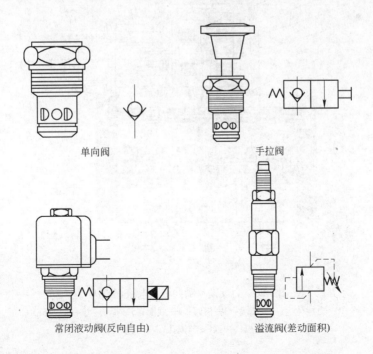

单向阀　　　　　　　　　　手拉阀

常闭液动阀(反向自由)　　　溢流阀(差动面积)

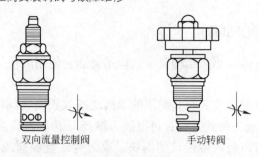

双向流量控制阀　　　　手动转阀

图 3-95　装入相同腔孔中的各种螺纹式插装阀

3.10 伺服阀安装调试与故障维修

电液伺服阀是实现电液两者结合、变电气信号为液压信号的转换装置，是现代电液控制系统中的关键部件，它能用于如位置控制、速度控制、加速度控制、力控制等各方面。其突出特点是：体积小、结构紧凑、功放系数大、直线性好、动态响应好、死区小、精度高，符合高精度伺服控制系统的要求，因此在工业自动控制系统中得到了越来越多的应用。

3.10.1 伺服阀结构类型图示

图 3-96 所示为力反馈喷嘴挡板式电液伺服阀。图 3-97 所示为带电反馈

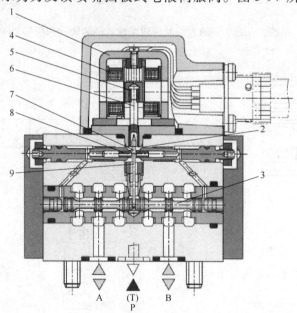

图 3-96　力反馈喷嘴挡板式电液伺服阀

1—力矩马达；2—喷嘴；3—滑阀；4—线圈；5—衔铁；6—扭矩管；
7—挡板；8—可变节流孔；9—反馈弹簧

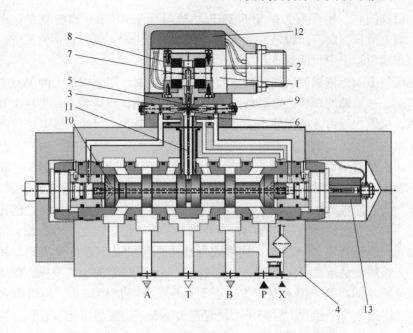

图 3-97 带电反馈的电液伺服阀

1—级阀；2—力矩马达；3—液压放大器；4—阀体；5—扭矩管；6—挡板；7—衔铁；
8—线圈；9—节流口；10—主阀芯；11—反馈件；12—电子元件；13—位移传感器

的电液伺服阀。

3.10.2 电液伺服阀的选用

电液伺服阀由电气—机械转换器和液压放大器构成，如图 3-98 所示。电气—机械转换器是将电信号转换成机械位移；液压放大器是将电气—机械转换器输出的机械位移放大后推动阀芯运动。液压放大器由前置放大级和功率放大级组成，前置放大级采用滑阀、喷嘴挡板阀或射流管阀，功率级放大级采用滑阀形式。

电液伺服阀分为单级、二级和三级。单级电液伺服阀直接由力马达或力矩马

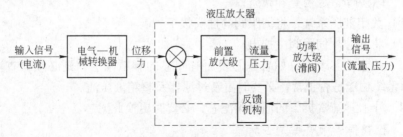

图 3-98 电液伺服阀

达驱动滑阀阀芯，用于压力低于 6.3MPa、流量小于 4L/min 和负载变化小的系统；二级电液伺服阀有两级液压放大器，用于流量小于 200L/min 的系统；三级电液伺服阀可输出更大的流量和功率。

选用伺服阀要依据伺服阀的特点和系统性能要求。伺服阀最大的弱点是抗污染能力差，过滤器的颗粒粒度必须小于 3μm。伺服阀侧重应用在动态精度和控制精度高、抗干扰能力强的闭环系统中，对动态精度要求一般的系统可用比例阀。

从响应速度优先的原则考虑，伺服阀的前置级优先选择喷嘴挡板阀，其次是射流管阀，最后是滑阀；从功率考虑，射流管阀压力效率和容积效率在 70% 以上，应首先选择，然后是选择滑阀和喷嘴挡板阀；从抗污染和可靠性方面考虑，射流管阀的通径大、抗污染能力强，可延长系统无故障工作时间；从性能稳定方面考虑，射流管阀的磨蚀是对称的，不会引起零漂，性能稳定、寿命长。滑阀的开口形式一般选择零开口结构。伺服阀规格由系统的功率和流量决定，并留有 15% ~30% 的流量裕度。伺服阀的频宽按照伺服系统频宽的 5 倍选择，以减少对系统响应特性的影响，但不要过宽，否则系统抗干扰能力减小。伺服阀在安装时，阀芯应处于水平位置，管路采用钢管连接，安装位置尽可能靠近执行器。伺服阀有 2 个线圈，接法有单线圈、双线圈、串联、并联和差动等方式，使用时要注意。伺服阀正式安装前，管路要接入精密过滤器，用 60℃ 的工作油运行清洗 1h。伺服阀若在使用中出现振荡现象，可通过改变管路的长度、连接板或液压执行器的安装形式消除。为了减小和消除伺服阀阀芯与阀套的间隙，防止滑阀卡死或堵塞，在伺服阀输入信号上叠加一个高频低幅值的颤振信号。

3.10.3 电液伺服阀的保养及调整

当电液伺服阀的喷嘴挡板系统由于油液污染造成堵塞时，就会引起伺服控制的异常现象，如设定值与实际值偏差过大、伺服阀响应不够灵敏、被控制量成跳跃式变化、需要施加反向电流才能达到控制零位等。此时，必须对伺服阀的喷嘴挡板系统进行清洗和保养。

3.10.3.1 伺服阀检查和清洗

A 伺服阀滤芯检查和清洗

（1）关闭液压系统，将伺服阀的插头拔下。

（2）将滤芯从伺服阀中拧出。

（3）检查滤芯表面，如果滤芯表面有明显的颗粒附着，则必须检查液压系统过滤系统功能是否正常，必要时更新过滤器及整箱液压油。

（4）小心地清洗拆下的伺服阀滤芯，必要时更换此滤芯。

B 检查伺服阀喷嘴是否堵塞

（1）打开伺服阀力矩马达的罩壳。

（2）拆下连接第一级阀和第二级阀的四个螺钉。

（3）将第一级阀从伺服阀上取下。

特别提醒： **不要损坏反馈弹簧杆头部的红宝石小球，否则会造成伺服阀失效。**

（4）将第一级阀安装到自制的测量阀块上（见图3-99）。

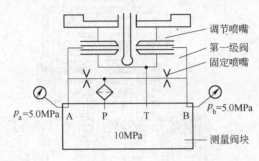

图 3-99　测量阀块

（5）将试验站系统压力设定在10MPa，并与测量阀块的P口相连，测量阀块的T口通过油管与油箱相连，从而组成一个试验站。

（6）观察A口和B口压力表的读数。正常情况下，喷嘴系统没有堵塞，A、B两端的压力应该相同，分别等于5.0MPa。

（7）当A、B两端压力不等，说明喷嘴系统不正常，需要进行保养和校准。

1）如A端压力等于5.0MPa，B端压力等于7.0MPa，说明B端的调节喷嘴有部分堵塞，需要进行清洗。

2）如A端压力等于8.0MPa，B端压力等于5.0MPa，说明A端的固定喷嘴有部分堵塞，需要进行清洗。

C　伺服阀固定喷嘴清洗和保养

（1）关闭液压系统。

（2）将螺纹套从第一级阀中拧出（固定喷嘴在螺纹套中）。

（3）将固定喷嘴取出并用汽油清洗（确保节流孔可见）。

（4）握紧固定喷嘴用压缩空气吹干。

（5）重新安装固定喷嘴。

D　伺服阀调节喷嘴清洗和保养

（1）关闭液压系统。

（2）将调节喷嘴从第一级阀中拧出。

（3）用汽油进行清洗。

（4）然后用压缩空气吹干（注意：喷嘴顶尖不能损坏）。

（5）重新安装调节喷嘴。

至此，电液伺服阀喷嘴挡板系统的检查和保养工作结束。

3.10.3.2 电液伺服阀的零位校准

Rexroth 公司 4WS2EM10 型喷嘴挡板机械反馈式电液伺服阀的结构如图 3-100 所示。

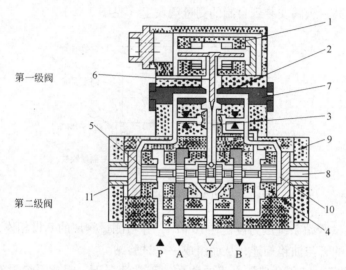

图 3-100 4WS2EM10 型喷嘴挡板机械反馈式电液伺服阀结构

1—力矩马达；2—液压放大器；3—反馈弹簧杆；4—阀套；5—控制阀芯；6—挡板；
7—调节喷嘴；8—调整螺钉；9—阀体盖板；10，11—液压控制腔

当电液伺服阀压力理论值和设定值偏差达到 0.03 ~ 0.5MPa，以及喷嘴、挡板系统清洗保养以后，必须对伺服阀的零位进行校准。

A　第一级阀调节喷嘴的校准

调节喷嘴在清洗后重新拧入第一级阀时，先要使喷嘴的后端端面与第一级阀体端面持平，然后将第一级阀安装到测量阀块上，与试验站相连。打开液压测试压力，根据 A、B 两端的压力表读数，缓慢同步地调整左右两端调节喷嘴的位置，直到 A、B 两端压力相等且等于试验压力值的一半时，说明此时挡板处于中间位置，调节喷嘴已校准到零位，此时再将调节喷嘴的锁紧螺母锁紧。

B　第二级阀控制阀芯的零位校准

调节喷嘴校准后，将第一级阀从测量阀块上拆下，安装到第二级阀上（小心红宝石小球损坏）；然后将整个伺服阀安装到机床上进行控制阀芯零位校准。

首先在伺服阀输出口的测压点连接上压力表（先选用大量程压力表，防止将压力表过载损坏）然后打开液压系统，使伺服阀进入工作状态。将伺服阀力矩马达的线圈插头拔掉，使电磁线圈失电。理论上此时控制阀芯应该在零位，所有阀

口关闭。观察压力表读数,若读数不为零,说明控制阀芯有漂移。

参照图 3-100,调节左右调整螺钉 8 的位置,推动阀套 4 移动,改变阀套和控制阀芯 5 的相对位置,使压力逐步降低。在微调阶段,换上小量程压力表,提高调整精度,最终调整到压力为零为止。至此,控制阀芯已精确调整到零位,整个伺服阀零位校准工作完成,可以正常工作。

3.10.4 喷嘴挡板式电液伺服阀的故障

3.10.4.1 电液伺服阀损坏图解

图 3-101 所示为 MOOG79 系列伺服阀主阀芯的损坏情况,图 3-102 所示为伺服阀反馈杆的损坏情况。

图 3-101 伺服阀主阀芯的损坏情况

图 3-102 伺服阀反馈杆的损坏情况

3.10.4.2 电液伺服阀的故障模式

喷嘴挡板式伺服阀原理如图 3-103 所示,主要由电磁、液压两部分组成。电

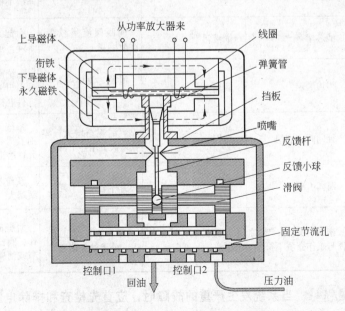

图 3-103 喷嘴挡板式伺服阀原理

磁部分是永磁式力矩马达，由永久磁铁、导磁体、衔铁、控制线圈和弹簧管组成。液压部分是结构对称的二级液压放大器，前置级是双喷嘴挡板阀，功率级是四通滑阀；滑阀通过反馈杆与衔铁挡板组件相连。

电液伺服阀出现故障时，将导致系统无法正常工作，不能实现自动控制，甚至引起系统剧烈振荡，造成巨大的经济损失。

电液伺服阀的一些常见的、典型故障原因及现象见表3-10。

表 3-10 电液伺服阀的一些常见的、典型的故障原因及现象

项 目	故障模式	故障原因	现 象	对 EH 系统影响
力矩马达	线圈断线	零件加工粗糙，引线位置太紧凑	阀无动作，驱动电流 $I=0$	系统不能正常工作
	衔铁卡住或受到限位	工作气隙内有杂物	阀无动作，运动受到限制	系统不能正常工作或执行机构速度受限制
	反馈小球磨损或脱落	磨损	伺服阀滞环增大，零区不稳定	系统迟缓增大，系统不稳定
	磁钢磁性太强或太弱	主要是环境影响	振动，流量太小	系统不稳定，执行机构反应慢
	反馈杆弯曲	疲劳或人为所致	阀不能正常工作	系统失效
喷嘴挡板	喷嘴或节流孔局部堵塞或全部堵塞	油液污染	伺服阀零偏改变或伺服阀无流量输出	系统零偏变化，系统频响大幅度下降，系统不稳定
	滤芯堵塞	油液污染	伺服阀流量减少，逐渐堵塞	引起系统频响有所下降，系统不稳定
滑阀放大器	刃边磨损	磨损	泄漏，流体噪声增大，零偏增大	系统承卸载比变化，油温升高，其他液压元件磨损加剧
	径向阀芯磨损	磨损	泄漏逐渐增大，零偏增大，增益下降	系统承卸载比变化油温升高，其他液压元件磨损加剧
	滑阀卡滞	污染、变形	滞环增大，卡死	系统频响降低，迟缓增大
密封件	密封件老化，密封件与工作介质不符	寿命已到，油液不适所致	阀不能正常工作，内、外渗油、堵塞	伺服阀不能正常工作，阀门不能参与调节或油质劣化

特别提醒 1： 当系统发生严重的故障时，应首先检查和排除电路和伺服阀以外的环节，再检查伺服阀。

特别提醒2: 伺服阀若在使用中出现振荡现象,可通过改变管路的长度、连接板或液压执行器的安装形式消除。

特别提醒3: 伺服阀在安装时,阀芯应处于水平位置,管路采用钢管连接,安装位置尽可能靠近执行器。

3.10.4.3 引起电液伺服阀故障的主要原因

现场调查显示伺服阀卡涩故障占70%,内泄漏量大占20%左右,由其他原因引起的零偏不稳占5%左右。从统计数字看,这些故障发生得比较频繁。经过现场调研分析及多次试验,发现造成伺服阀故障频繁的原因主要有:

(1)油质劣化。伺服阀是一种很精密的元件,对油质污染颗粒度的要求很严,抗燃油污染颗粒度增加,极易造成伺服阀堵塞、卡涩。同时形成颗粒磨损,使阀芯的磨损加剧,内泄漏量增加;酸值升高,对伺服阀部件产生腐蚀作用,特别是对伺服阀阀芯及阀套锐边的腐蚀,这是使伺服阀内泄漏增加的主要原因。

(2)使用环境恶劣。伺服阀长期在高温下工作,对力矩马达的工作特性有严重影响,同时长期高温下工作加速了伺服阀的磨损及油质的劣化,形成恶性循环。

(3)控制信号有较强的高频干扰,致使伺服阀经常处于低幅值高频抖动,这样伺服阀的弹簧管将加速疲劳,刚度迅速降低,导致伺服阀振动。目前正对此问题进行处理。

3.10.5 火电机组电液伺服阀失效分析及预防

3.10.5.1 电液伺服阀常见失效形式

A 变形失效

一个零部件或构件的变形失效可以是塑性的,也可能是弹性的;可能产生裂纹,也可能不产生裂纹。在电液伺服阀中汽门不能关闭或卡涩、汽门不能正常启动、阀芯不能正常转动等现象,均是由于这些部件或部件局部的几何形状或尺寸发生变化所引起的变形失效。

B 腐蚀失效

金属零部件同环境之间因受化学或电化学作用,而产生的腐蚀失效可能是均匀腐蚀发生在金属零部件的表面,也可能在金属零部件表面出现局部腐蚀。局部腐蚀尤其是其中的点腐蚀往往可穿透容器、导管、阀套,并可使设备泄漏,产生破坏。

通过对抗燃油的油质进行分析和研究,发现抗燃油酸值的升高对电液伺服阀部件可产生腐蚀,尤其点腐蚀作用非常严重。若电液伺服阀阀芯、阀套的点腐蚀特别厉害时,就会引起泄漏失效。

C　磨损失效

金属零部件的磨损范围包括从轻度的抛光型磨损，到严重的材料快速磨掉并使表面粗化。磨损是否构成零部件的失效，要看磨损是否危及零件的工作能力。例如，一个电液伺服阀的精密配合的阀芯，哪怕是轻度的抛光型磨损，也可以引起严重的泄漏而导致失效。又如，电液伺服阀工作状态下油液中质地较硬的微细颗粒长期冲刷滑阀节流口、喷嘴和挡板，日积月累，也会使阀套锐角边磨损、尺寸改变，导致部件性能下降，甚至引起泄漏失效。

D　疲劳失效

金属零部件经一定次数循环应力作用后，将出现裂纹或断裂。疲劳断裂是由循环应力、拉应力以及塑性应变共同作用下发生的。电液伺服阀中凡受循环应力或应变作用的零件如弹簧管、反馈杆等零件，均可产生疲劳断裂失效。

机械零件在断裂过程中，大多是受几种断裂失效机理所控制。经常出现的失效形式为复合型失效，如磨损腐蚀失效、磨损疲劳失效等。

3.10.5.2　电液伺服阀失效的主要原因

A　设计缺陷

零件设计上的缺陷大多是由于对复杂零件未做可靠性的应力计算，以及对零件在实际工况条件下运行所受的载荷类型、载荷大小、载荷变化缺少足够的考虑所造成的。如果仅考虑零件拉伸强度和屈服强度数据的静载荷能力，而忽视了脆性断裂、疲劳损伤、局部腐蚀、微动磨损等机理也能引起失效，将在设计上造成严重的错误。在设计上常常需要避免的缺陷是机械缺口。

缺口会引起应力集中，容易形成失效源。例如，受弯曲或扭转载荷的轴类零件，在变截面处的圆角半径过小就属于这类设计缺陷。

B　选材不当

选材涉及产品的形状和几何尺寸，它与实际运行工况的环境关系密切。每一种可预见的失效机理都可作为最佳选材的重要判据。就零部件在实际运行而言，潜在的失效机理似乎是疲劳或脆性断裂，甚至还包括磨损或腐蚀的交互作用。

在选材中，最困难的是那些与材料受工作时间影响的机械行为有关的问题，如耐磨损、耐腐蚀等，除了掌握实验室的试验数据外，还应根据实际工况做模拟试验，所得的资料为选材的依据；另外，还应重视材料质量，防止由于材料中存在缺陷引起意外的失效事故。材料内部和表面缺陷都可能降低材料的总强度，相当于缺陷的作用，使裂纹由此扩展，成为最先产生点腐蚀的位置，或成为晶间腐蚀的裂源。

C　环境介质

通常将含有一种或多种腐蚀介质的环境称为腐蚀环境。对于电液控制系统而言，其环境包括抗燃油、电液伺服阀、橡胶密封件、油泵、硅藻土中和装置、储油罐等组成的循环油路封闭系统。在机组运行过程中，上述产品或部件必须符合使用标准，不允许任何污染颗粒或腐蚀介质混入系统中。从电厂机组实际运行的实践证实，汽轮机发生故障或停机事故，多数是由控制系统抗燃油污染导致电液伺服阀失效。机组控制系统抗燃油污染问题更为复杂，不仅与机组安装、管道清洗、焊接工艺、油品质量等因素有关，而且还与电液伺服阀的损伤、橡胶密封件质量及其性能老化等系统内部因素有关。所以，抗燃油污染问题的治理及其管理有相当难度。

3.10.5.3 预防措施

A 加强抗燃油的检验及管理

电液控制系统中普遍采用磷酸酯抗燃油，这类油是人工合成的，在使用过程中容易劣化，使油质性能下降，并使污染颗粒度增加和酸值提升，最终油的质量指标超过规定标准。要对原始油液进行检验，使抗燃油颗粒度等级控制在NAS5 ~ 6级范围之内，未经检验的油液一律不准用于电液控制系统中。在运行过程中也要抽样检验油液的颗粒大小及酸值等指标，严禁污染颗粒进入控制系统，尤其是 5 ~ 10μm 颗粒污染物进入，还要使油样检验规范化。另外，还要加强油路管道、油泵、油罐等部件的管理，在使用之前一定要冲洗干净，不许留下污染物或腐蚀介质，尤其要选用合格的密封材料，如氟硅橡胶。

小提示： 运行实践证实，由于抗燃油污染造成的电液伺服阀事故占总事故率的50%左右。

B 加强对电液控制系统的检查和维护

在运行中必须定期检查和维护电液伺服阀控制系统中的软、硬部件，应按规定即按检修质量标准进行检修，对关键零件或部位进行认真检查，及时掌握损伤程度，以便立即采取治理措施，避免事故发生。例如，必须对电液伺服阀进行跟踪检查，并且每半年要进行清洗一次。对电液伺服阀清洗时，应采用无氯离子的清洗剂；否则，极易造成电液伺服阀阀芯或转子产生局部腐蚀失效。电液伺服阀拆装时，必须用高倍率光学显微镜，最好用扫描电子显微镜（SEM）对各零件表面，特别是对阀芯及阀套锐边的表面进行认真检查。若发现电液伺服阀的阀芯及阀套锐边的表面存在点腐蚀或严重的腐蚀坑等缺陷，必须立即更换。

3.10.6 电液伺服阀高频颤振故障的分析

图 3-104 所示为电液伺服系统液压原理。偏差电压信号 U_{SR} 经放大器放大后变为电流信号，控制电液伺服阀输出压力，推动液压缸移动。随着液压缸的移动，反馈传感器将反馈电压信号与输入信号进行比较，然后重复以上过程，直至达到输入指令所希望的输出量值。

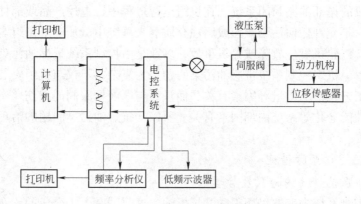

图 3-104　电液伺服系统液压原理

电液伺服系统试验台原理如图 3-105 所示。计算机自动生成控制信号、自动检测系统的状态及分析系统的时域响应和频域响应等，实现控制系统自动运行。

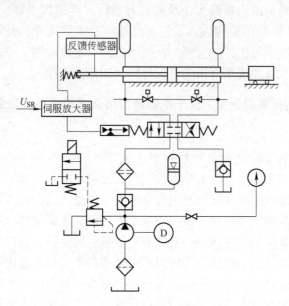

图 3-105　电液伺服系统试验台原理

图 3-104 所示的电液伺服系统在试验台上调试时，液压缸运动中出现高频颤振现象，尤其当输入信号频率在 5～7Hz 时更为严重。经分析及检查，发现液压缸的高频颤振现象是由于电液伺服阀颤振造成的，电液伺服阀 1～7Hz 的输入信号被 50Hz 的高频交流信号所调制，致使伺服阀处于低幅值高频抖动。如果伺服阀经常处于这种工作状态，则伺服阀的弹簧管将加速疲劳，刚度迅速降低，最终导致伺服阀损坏。此 50Hz 的高频交流信号为干扰信号，其来源可能有两方面：

一是电源滤波不良；二是外来干扰信号。首先从电源上考虑，由于整个电路工作正常，排除了电源滤波不良的可能性。在故障诊断中，将探头靠近控制箱内腔的任何部位，都出现干扰信号，即使将电源线拔下，还是有干扰信号。于是检查与控制箱连接的地线，发现没有与地线网相连，而是与暖气管路相连接。由于暖气管路与地接触不良，不但起不到接地作用，反而成为了天线，将干扰信号引入。于是，将地线重新与地线网连接好，试验台工作正常。由此可知，液压系统发生故障还应从电气控制方面检查，这一点需要特别注意。

3.10.7 SC—VP 系列的电液伺服阀故障分析及维修

某自动压机使用 OILGEAR 公司的 SC—VP 系列的电液伺服阀，工作压力为 9MPa，控制系统采用相应的电液调节系统，其结构为永磁式力反馈两级伺服阀。

3.10.7.1 永磁式力反馈两级伺服阀的工作原理

A 工作原理

伺服阀由电磁和液压两部分组成，电磁部分是一个力矩马达，液压部分是一个两级液压放大器。液压放大器的第一级是双喷嘴挡板阀，称为前置放大级；第二级是四边滑阀，称为功率放大级。在两级伺服阀中，第一（先导）级接受一个电气—机械输入，经放大后，控制第二级移动。也就是说，力矩马达推动先导滑阀，而先导滑阀则送出油液来推动第二级滑阀。

当控制线圈无输入电流信号时，力矩马达中的两个导磁体和衔铁间四个气隙中的磁通相等且方向相同，衔铁处于中位，无输出力矩。先导阀振动挡板处于两喷嘴中间位置，无控制压力输出，主阀芯在两端弹簧弹力的作用下处于中位，伺服阀无流量输出。

当控制线圈有输入电流信号时，力矩马达的一组对角方向的气隙中的磁通增加，另一组对角方向的气隙中的磁通减小，产生磁力矩；衔铁以旋转轴为中心旋转，衔铁通过拉杆带动先导阀振动挡板产生位移，先导阀上弹簧片变形产生力矩与电磁力矩平衡，先导阀保持一定的开度，开度与电流成正比。此时控制油经先导阀节流减压作用于主阀芯一端，主阀芯另一端经先导阀与回油相通，控制油产生的压力推动主阀芯移动，直到压力与另一端的弹簧力平衡，主阀芯保持一定的开度，开度与作用于阀芯控制油的压力成比例。由于先导阀油口为长方形，出口压力、流量与开度成比例，因此主阀芯的开度与输入电流成比例。通入线圈的控制电流越大，使衔铁偏转的转矩、挡板位移、滑阀两端的压差以及滑阀的偏移量越大，伺服阀输出的流量也越大。输入电流反向时，流量输出也反向。伺服阀工作原理如图 3-106 所示。

B 电气控制系统

电液伺服阀为典型的机电一体化设备，其电气控制部分有信号发生回路、伺

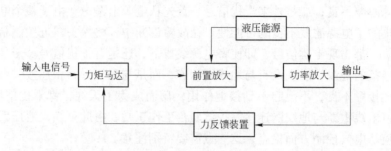

图 3-106   伺服阀工作原理

服放大回路、力矩电机及 LVDT（差动变压器）。根据生产要求，产生控制伺服阀的信号后，将该信号送给信号发生回路；信号发生回路根据输入信号产生平滑的电信号，并将该信号送给伺服放大回路；伺服放大回路将该信号放大后驱动力矩电机动作，带动阀芯动作，控制液压回路；阀芯动作同时带动 LVDT 动作，LVDT 产生的阀芯位置信号送回伺服放大回路，形成闭环控制，精确控制伺服阀的动作。液压伺服系统如图 3-107 所示。

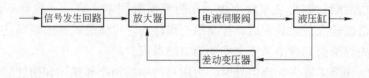

图 3-107   液压伺服系统

3.10.7.2   故障现象及分析处理

A   故障现象

冲压油缸在动作过程中出现颤抖现象，并且颤抖动作时强时弱，但基本能够完成全部动作。

B   分析处理

根据故障现象为液压油缸动作不良，反映出伺服阀阀芯在动作过程中有颤抖动作，其原因可分为电气故障和机械故障两大部分。因电气故障处理较快，为尽快维修，故从电气处理开始。

（1）电气故障。假设为电气部分出现故障，则有可能为控制信号串入交流信号、接线端子松动、连线接触不良、信号发生回路硬件故障、伺服放大回路硬件故障。经检查，可以排除控制信号串入交流信号的可能，接线端子牢固无松动现象，连线无接触不良，更换信号发生回路硬件模块和伺服放大回路硬件模块，故障现象依旧，采用示波器测量，信号正常。至此，基本排除电气部分故障。

（2）液压故障。分别排除以下故障的可能性：油压管道和油缸内有空气、

液压油污染、油缸内漏严重、控制油路和主油路压力不稳定。最后认为是伺服阀本体故障。更换伺服阀先导部分，开机正常。经检查，发现力矩马达导磁体与衔铁缝隙中有许多金属屑，相当于减小了衔铁在中位时的每个气隙长度 g。根据参考文献的分析结论：当 $|x/g| > 1/3$ 时（x 为衔铁端部偏离中位的位移），衔铁总是不稳定的。因此认为液压系统中的金属屑被吸附在永磁体上，减小了气隙长度 g，改变了伺服阀的流量—压力系数 K_c、流量增益 K_q、压力增益 K_p，即破坏了力矩马达原有的静态特性，是本次故障的根本原因。

3.10.7.3　维护措施

针对故障原因以及其他可能，采取了以下措施：

（1）定期更换油路滤芯，清理变质油。由于此次故障是由液压油中金属污染造成的，因此，需制定一份过滤器维护计划表并认真执行。定期更换该系统油路中的滤芯，更换时应严格遵守操作程序：先终止系统运行并卸掉所有过滤器回路上的压力；松开端盖螺钉，轻轻地旋下端盖螺钉并拆下端盖，让剩余的油液排掉；将滤芯从组件中拆下；将新的滤芯安装在过滤器的壳体内，要确保其头部的 O 形圈安放正确（如果已失效就更换）；装回端盖并拧紧螺钉，拧紧力矩不要过大。只有这样才能防止污物进入伺服阀，有效地防止故障发生，良好的过滤能够延长伺服阀的寿命并改善阀的性能。

力矩马达和先导阀完全浸泡在与回油相通的油液里，位置又处于管道的盲端，所以该处的油液几乎不流动，易氧化变质。因此，需定期更换变质的液压油。

（2）定期更换液压油，加强液压油的管理。液压油在长期工作中会氧化焦化，并且液压系统中的泵、阀、油缸等的磨损，会产生一些金属屑，它们会降低液压油的品质，造成故障。实践证明，液压油的污染是系统发生故障的主要原因，它严重影响着液压系统的可靠性及元件的寿命。所以严格控制液压油的污染及定期检查和更换液压油显得尤为重要。根据近几年液压油使用周期和油品化验结果，要每 10 个月更换一次液压油，才能保证设备无计划外停机。在更换新油液前，整个液压系统必须先清洗一次；严格按照要求清洗系统和灌油，保证适当的液面高度，液面过高或过低都是绝对不允许的。更换完毕后，彻底检查液压系统以消除泄漏或污染引入点。

（3）定期更换伺服阀。此次故障的直接原因为力矩马达被污染，导致伺服阀动作不良。因此，要定期清洗、更换力矩马达和先导阀，防止污染，从而杜绝故障发生。伺服阀的装拆应在尽可能干净的环境中进行，操作时应先去掉接到伺服阀上的电气信号，再卸掉液压系统的压力，然后拆下伺服阀。在干净、相容的相应商用溶剂中清洗所有的零件，零件可以晾干或用软气管以洁净、干燥的空气吹干。清洗后的伺服阀，可以作为备件轮流使用，降低费用。定期更换检查电气信号，紧固接线端子，防止松动，检查连线，防止接触不良。

3.10.8　MOOG E760Y 电液伺服阀在铝材冷轧机中应用

MOOG E760Y 系列电液伺服阀是一种高性能、双喷嘴、力反馈流量控制阀，它具有结构紧凑、工作性能稳定可靠、动态响应高、流量范围宽、体积小等优点。该电液伺服阀用于某冷轧机压上系统的电液伺服系统的位置、力的控制，是该系统的关键部件。

3.10.8.1　工作原理

图 3-108 所示为 MOOG E760Y 系列电液伺服阀的结构原理，它由电磁部分和液压部分组成。在电磁部分中，衔铁与挡板连接在一起，由固定在阀座 E 的弹簧管支撑着。挡板插在两个喷嘴之间，形成两个可变节流口。反馈杆从挡板内部伸出，它的小球插在滑阀阀芯中间的小槽内。永久磁铁和导磁体形成一个固定磁场，当线圈中没有电流通过时，到磁体和衔铁间的四个气隙中的磁通都是相等且方向相同的，衔铁处于中间位置，此时液压油从供油腔 P 通过内部过滤器及两个固定的节流孔，流过喷嘴挡板形成的可变节流孔，流回回油腔 T。

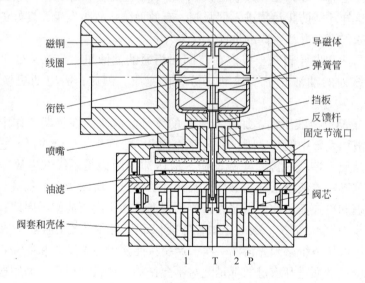

图 3-108　MOOG E760Y 结构原理图

当有控制电流输入时，一组对角方向的气隙中的磁通增加，而另一组方向的气隙中的磁通减小，于是衔铁在此力的作用下克服弹簧管的弹性反作用力而偏转一角度，并偏转到磁力所产生的力矩和弹性反作用力所产生的力矩平衡为止。同时，挡板因衔铁的偏转而产生挠曲，它导致了两个喷嘴与挡板间的间隙变化，一边的可变节流面积减少，另一边的可变节流面积增加，致使喷嘴腔产生压差，作用在滑阀阀芯的端面上，使阀芯向相应的方向移动一段距离，压力油就通过滑阀开口流向液压缸。当滑阀移动时，挡板反馈杆的球头跟着移动，在挡板组件上产生一个力矩，使衔铁向着相应方向偏转，并使挡板在两喷嘴间的偏移量减少，这就是反馈作用。反馈作用的结果是使滑阀两端的压差减少。当滑阀上的液压作用力和挡板球头因移动而产生的弹性反作用力达到平衡时，滑阀便不再移动，并保持在这一开口度上。换言之，阀芯的移动一直持续到由于反馈杆弯曲产生的反馈力矩与控制电流产生的力矩相平衡为止，此时挡板基本上处于中位。

3.10.8.2　使用与维护

MOOG E760Y 系列电液伺服阀是铝板冷轧机上电液控制系统中的关键零部件，它对液压系统有着较高的要求。伺服阀工作性能的稳定性很大程度上依赖于液压系统介质品质的高低。冷轧机压上液压系统使用的介质为进口的石油基液压油 NUTOH32 或国产替代产品"杭白"L32，介质的颗粒污染度要求不低于 NAS6 级。除在液压泵站泵的出口安装有名义过滤精度为 $3\mu m$ 的过滤器外，在伺服阀的进口前还装有一个 $3\mu m$ 的二级保护过滤器。

根据使用与维护经验，该伺服阀在使用与维护上应注意以下几方面：

（1）定期取样化验液压介质的颗粒污染度，并根据化验结果，制定出一个较合理的油品及滤芯更换周期，以保证介质的颗粒污染度不低于 NAS6 级。

（2）液压系统泵站的油箱温度不能过高，应控制在 $50℃$ 以下。

（3）在环境湿度较高的地方使用该阀时，应在油箱上安装可除湿的呼吸器，以保证介质的含水量不超过 0.006%。

（4）在更换液压系统其他元件时（如密封件、阀件），必须保证操作时的清洁卫生，以防对液压系统造成污染。

（5）更换下来的伺服阀，一般情况下经过修理便可再次使用，但最好送专业厂家检修，以确保伺服阀的性能可靠。

（6）伺服阀在发生故障前，往往可根据许多途径判断出它的工作状态。因此，预见性的更换较被动更换而言，更能保证整个系统的工作稳定性。

3.10.9　电液伺服系统零偏与零漂

用户选用伺服阀一般希望阀的零漂、零偏小，不灵敏区小，线性度好。但要减小伺服阀的零漂难度相当大，因为伺服阀零漂是伺服阀元件制造精度及使用环境的综合反映，在伺服阀生产调试过程中，经常发生调好的伺服阀零位在油压、油温都没有变化的情况下，零位又发生了变化。因此，零位很难调。

3.10.9.1　电液伺服阀的零偏、零漂

零偏是电液伺服阀的一个重要性能指标。电液伺服阀的零偏一般指实际零点相对坐标原点的偏移，用使阀处于零点所需输入的电流值相对于额定电流的百分

比表示。

　　电液伺服阀的零漂是指工作条件或环境变化所导致的零偏的变化，也用使阀处于零点所需输入的电流值相对于额定电流的百分比表示。

　　生产制造中电液伺服阀元件参数的不对称，容易造成电液伺服阀的零偏和零漂。供油压力或油温变化时，也会引起伺服阀零点的变化，称为压力零漂或温度零漂，也用相对于额定电流的百分比来表示。一般所说的零漂是指当供油压力和油温一定时，电液伺服阀零点（输出流量为零的位置）变化，实际上是电液伺服阀死区的变化，用所需控制的电流值相对于额定电流的百分数表示。

3.10.9.2　阀芯与阀套方孔的遮盖量对伺服阀零偏、零漂的影响

　　有人做过试验发现，在电液伺服阀为负开口且处于零位，阀芯稍有移动，但伺服阀输出还是为零时，其性能表现为伺服阀的死区大、不灵敏、零位复原性差、不稳定；伺服阀在零开口附近，稍微正开口时，伺服阀处于零位，此时，节流口有少量油液通过，在供油压力一定时，阀芯在节流口泄漏油的作用下，相对于阀套会产生一个动态平衡位置，只要油压保持不变，此动态平衡点就不会轻易改变，反映在电液伺服阀上就是零位基本保持稳定；当伺服阀为正开口且较大时，损耗功率大，节流口有较多泄漏油，会引起振动。反复研究和实践发现，在阀芯与阀套配合间隙为0.004～0.006mm情况下，阀芯与阀套方孔的最佳遮盖量为单边 −0.006mm 左右。

3.10.9.3　力矩马达对电液伺服阀零偏、零漂的影响

　　力矩马达稳定性直接影响电液伺服阀的零偏、零漂。一般力矩马达滞环大，与其组成的电液伺服阀的零偏、零漂相对也大。生产实践中表明，力矩马达装配时对称性差，与其组成的电液伺服阀零位不稳定，零偏、零漂相当大。因此，力矩马达在与滑阀配合时，其装配的机械对称性相当重要。

3.10.9.4　油液对电液伺服阀零漂的影响

　　电液伺服系统对所使用的油液清洁度要求较高，一般要求达到 MOOG2 级。目前在电液伺服系统中普遍采用磷酸酯抗燃油。这是一种人工合成油，在使用过程中极易劣化，主要表现为污染颗粒度的增加，污染颗粒度增加即油液变脏以后，电液伺服阀工作时，阀芯在阀套内产生的摩擦力就增大，需更大的电信号推动阀芯运动，电液伺服阀的零漂范围变大。因此，对电液伺服系统所用的油液要定期检查，在系统中设置过滤设备，以保证油液的质量。

　　油液的温度和压力变化也会对电液伺服系统的零漂产生影响。当电液伺服系统中所使用的油液温度和压力变化时，相对于电液伺服阀原来零位的动态平衡被破坏，直到达到新的动态平衡，表现为电液伺服阀的零位产生了偏移，此种零位的偏移很难消除。

3.10.9.5　环境温度对电液伺服阀零偏、零漂的影响

　　在低温环境下，电液伺服系统所使用的油液会变得很黏稠，直接加大了电液

伺服阀工作时阀芯在阀套内运动的摩擦力，导致电液伺服系统零偏、零漂变大。另外，在低温环境下，电液伺服阀的阀芯与阀套都会产生冷缩现象，但由于阀套方孔通流槽附近壁较薄，相对于阀芯凸肩更易收缩，此时，滑阀负开口电液伺服阀的阀芯对阀套方孔通流槽的遮盖量变得更大，工作时死区更大，直接表现为零位不稳定，零偏、零漂范围更大。因此，在低温环境下使用的电液伺服阀滑阀应采用正开口。

3.11 比例阀安装调试与故障维修

比例阀按主要功能分为压力控制阀、流量控制阀和方向控制阀三大类。每一类又可以分为直接控制和先导控制两种结构形式，直接控制用在小流量、小功率系统中，先导控制用在大流量、大功率系统中。比例阀的输入单元是电气—机械转换器，它将输入的电信号转换成机械量。转换器有伺服电机和步进电机、力马达和力矩马达、比例电磁铁等形式。但常用的比例阀大都采用了比例电磁铁，比例电磁铁根据电磁原理设计，能使其产生的机械量（力或力矩和位移）与输入电信号（电流）的大小成比例，再连续地控制液压阀阀芯的位置，进而实现连续地控制液压系统的压力、方向和流量。

3.11.1 比例阀结构图解

图 3-109 所示为比例方向阀，图 3-110 所示为比例溢流阀，图 3-111 所示为比例调速阀。

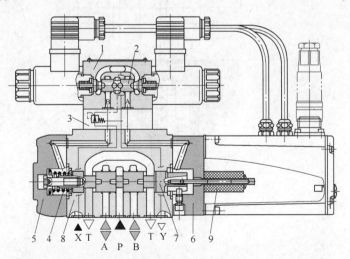

图 3-109　比例方向阀

1—先导阀座；2—先导阀芯；3—减压阀；4—弹簧；5，6—阀盖；
7—主阀芯；8—主阀座；9—比例电磁铁

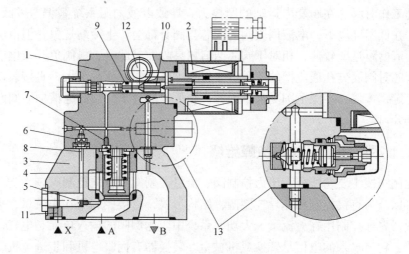

图 3-110 比例溢流阀

1—先导阀；2—比例电磁铁；3—主阀；4—主阀芯；5—螺堵；6，7—节流阀；
8—先导油路；9—阀座；10—锥阀；11—X 口；12—Y 口；13—安全阀

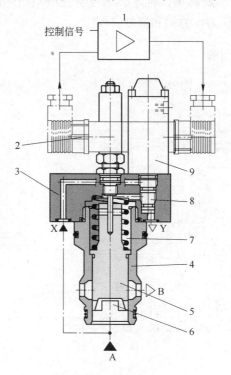

图 3-111 比例调速阀

1—放大器；2—反馈件；3—阀盖；4—阀套；5—主阀芯；
6—主阀口；7—弹簧；8—先导阀；9—比例电磁铁

特别提醒： 图 3-110 13 是安全阀，调定压力为电调，最高压力 + 1MPa 左右。

3.11.2 比例阀使用要点

3.11.2.1 比例阀的功率域（工作极限）问题

对于直动式电液比例节流阀，由于作用在阀芯上的液动力与通过阀口的流量及流速（压力）成正比。因此，当电液比例节流阀的工况超出其压降与流量的乘积即功率表示的面积范围（功率域或工作极限）时（见图 3-112(a)），作用在阀芯上的液动力可增大到与电磁力相当的程度，使阀芯不可控。类似地，对于直动式电液比例方向阀也有功率域问题。当电液比例方向阀的阀口上的压降增加时，流过阀口的流量增加，与比例电磁铁的电磁力作用方向相反的液动力也相应增加。当阀口的开度及压降达到一定值后，随着阀口压降的增加，液动力的影响将超过电磁力，从而造成阀口的开度减小，最终使得阀口的流量不但没有增加反而减少，最后稳定在一定的数值上，此即为电液比例方向阀的功率域的概念（见图 3-112(b)）。

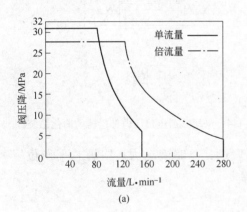

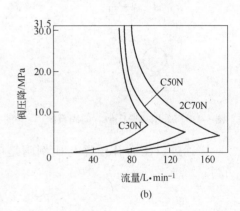

(a)　　　　　　　　　　　(b)

图 3-112　电液比例阀的功率域（工作极限）

(a) 比例节流阀；(b) 比例方向阀

综上所述，在选择比例节流阀或比例方向阀时，一定要注意不能超过电液比例节流阀或比例方向阀的功率域。

3.11.2.2 污染控制

比例阀对油液的污染度通常要求为 NAS1638 的 7 ~ 9 级（ISO 的 16/13，17/14，18/15 级），决定这一指标的主要环节是先导级。虽然电液比例阀较伺服阀的抗污染能力强，但也不能因此对油液污染掉以轻心，因为电液比例控制系统的很多故障也是由油液污染所引起的。

3.11.3 压力补偿器在比例方向阀速度控制中的应用

用比例方向阀进行速度控制时，如果负载是变化的，那么执行元件的速度就会受负载变化的影响（负载小时，速度快；负载大时，速度慢）。因此在系统设计时，引入了压力补偿器，它可以使比例阀阀口的压差保持恒定，使执行元件的速度不受负载变化的影响。

图 3-113 所示采用普通比例方向阀系统虽然可对速度进行控制，但阀口压差随负载变化不断变化。

为了获得更好的速度刚性，可采用压力补偿器，这样就可使比例阀的阀口压差保持恒定。图 3-114 所示为采用二通进口压力补偿器的简化系统。

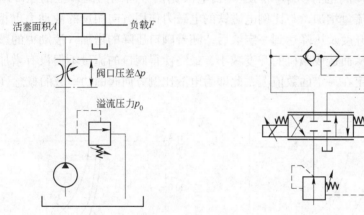

图 3-113 采用普通比例方向阀系统 图 3-114 采用二通进口压力补偿器的简化系统

二通进口压力补偿器与比例阀是串联的，忽略液动力，在阀芯平衡位置可得：

$$p_1 A_K = p_2 A_K + F_F \tag{3-4}$$

式中 p_1——压力补偿器左侧压力，也是比例阀进口压力；

    p_2——压力补偿器右侧压力，也是比例阀出口压力；

    A_K——压力补偿器作用面积；

    F_F——弹簧力。

由式(3-4)得：

$$\Delta p = p_1 - p_2 = F_F / A_K \tag{3-5}$$

当弹簧很软，调节位移又很短时，弹簧力变化就很小，压差 Δp 近似为常数。

当负载变化时，由于梭阀的反馈作用，压力补偿器的阀芯将重新建立平衡位置，压差 Δp 仍为常数。

这里的二通进口压力补偿器在实际工作中相当于一个定差减压阀，始终保持比例阀 P—A(B) 的压差 Δp 为常数。这种压力补偿器在实际应用中最为常见。

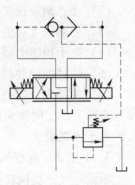

固定机械的补偿器常设计成叠加形式,与比例方向阀一起组成叠加结构。工程机械中的补偿器多集成于多路阀中,这样可节省空间,使整个液压系统结构更加紧凑。

图 3-115 所示为三通进口压力补偿器原理。

三通压力补偿器与比例方向阀是并联使用的,同样由式(3-4)和式(3-5)可知,阀口压差 Δp 保持不变。这里的压力补偿器相当于一个定差溢流阀。这种补偿装置经常与定量泵配合使用。工作时,其进口的压力仅需比

图 3-115　三通进口压力补偿器原理

负载压力高出一个 Δp,当比例阀使用 Y 形阀芯(中位时 A 和 B 与油箱相通)时,油液就以所设定的压差 Δp 循环于泵和油箱之间。

常见的补偿器还有出口压力补偿器,这种补偿器工作时保证液压回路中 A(B) 口到 T 口的压差 Δp 为常数,经常用于有超越负载的场合,还可用作变量泵中的泵控压力补偿器等。

3.11.4　比例控制放大器

一个完整的电液比例系统是由比例阀和比例放大器共同组成的。比例放大器的作用是对比例阀进行控制,它的主要功能是产生放大器所需的电信号,并对电信号进行综合、比较、校正和放大。为了使用方便,电液比例系统往往还包括放大器所需的稳压电源、颤振信号发生器等,还有带传感器的测量放大器等。其中校正和放大对电液比例系统的性能影响最大。

3.11.4.1　基本要求

对比例放大器的基本要求是能及时地产生正确有效的控制信号。及时地产生控制信号意味着除了有产生信号的装置外,还必须有正确无误的逻辑控制与信号处理装置。正确有效的控制信号意味着信号的幅值和波形都应该满足比例阀的要求,与电气—机械转换装置(比例电磁铁)相匹配。为了减小比例组件零位死区的影响,放大器应具有幅值可调的初始电流功能;为减小滞环的影响,放大器的输出电流中应含有一定频率和幅值的颤振电流;为减小系统启动和制动时的冲击,对阶跃输入信号能自动生成可调的斜坡输入信号。同时,由于控制系统中用于处理的电信号为弱电信号,而比例电磁铁的控制功率相对较高,因此必须用功率放大器进行放大。

在电液比例控制系统中,对比例控制放大器一般有以下要求:

(1) 良好的稳态控制特性;

（2）动态响应快，频带宽；

（3）功率放大级的功耗小；

（4）抗干扰能力强，有很好的稳定性和可靠性；

（5）较强的控制功能；

（6）标准化，规范化。

实际上，比例放大器是一个能够对弱电的控制信号进行整形、运算和功率放大的电子控制装置。

3.11.4.2 典型构成

根据电气—机械转换器的类别和受控对象的不同技术要求，比例控制放大器的原理、构成和参数各不相同。随着电子技术的发展，放大器的组件、线路以及结构也不断改善。图 3-116 所示为比例控制放大器的典型构成。它一般由电源、输入接口、信号处理、调节器、前置放大级、功率放大级、测量放大电路等部分组成。

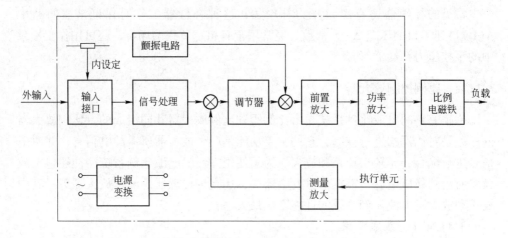

图 3-116 比例控制放大器的典型构成

图 3-117 所示为一双路电反馈比例控制放大器的结构。其他类型的比例控制放大器在结构上与图 3-116 有一定差别，尤其是信号处理单元，常需要根据系统要求进行专门设计；另外，根据使用要求，也常省略某些单元，以简化结构、降低成本、提高可靠性。

3.11.4.3 比例阀与放大器的配套及安置

比例阀与放大器必须配套。通常比例放大器能随比例阀配套供应，放大器一般有深度电流负反馈，并在信号电流中叠加着颤振电流。放大器设计成断电时或差动变压器断线时使阀芯处于原始位置或使系统压力最低，以保证安全。放大器中有时设置斜坡信号发生器，以便控制升压、降压时间或运动加速度或减速度。

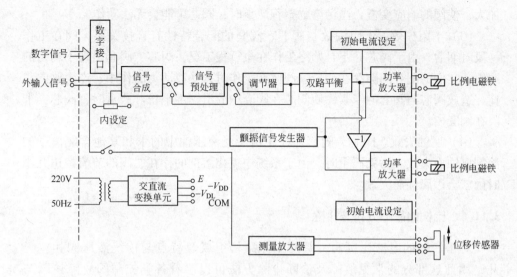

图 3-117 双路电反馈比例控制放大器结构

驱动比例方向阀的放大器往往还有函数发生器，以便补偿比较大的死区特性。

3.11.4.4 控制加速度和减速度的传统方法

控制加速度和减速度的传统方法有：换向阀切换时间迟延、液压缸缸内端位缓冲、电子控制流量阀和变量泵等。用比例方向阀和比例放大器斜坡信号发生器可以提供很好的解决方案，这样就可以提高机器的循环速度并防止惯性冲击。

3.11.5 比例阀的污染失效

比例阀属于阀类元件，其阀芯、阀座的失效模式有冲蚀失效、淤积失效、卡阻失效、腐蚀失效。

（1）冲蚀失效。冲蚀失效是由比阀芯或阀套的表面更硬的颗粒冲蚀阀芯的节流棱边引起的，如图 3-118 所示。在阀芯开口较小时，液压油中的硬质颗粒冲刷阀芯和阀套的棱边，其作用类似切削加工。当阀芯或阀套的节流棱边被损坏，成为类似钝角时，就会降低阀的压力增益，增加零位泄漏，导致控制功能失效。

（2）淤积失效。比例阀阀芯与阀套的配合间隙为 2 ~ 6μm。当阀芯静止并处于受压力控制时，污染物中与半径间隙尺寸接近的颗粒就有可能随着油液的流动淤积在阀芯与阀套之间。随着污染物的聚积，阀芯与阀套间的滑动摩擦和静摩擦力逐渐

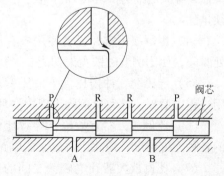

图 3-118 冲蚀失效部位

加大，使阀的响应变慢，当污染物聚积严重时，阀芯可能会无法动作。

（3）卡阻失效。卡阻失效与阀芯、阀套的配合特性有直接关系，阀在工作一段时期后，由于阀芯并不是始终工作在全行程工况，阀芯、阀套出现不均匀的磨损，它们的配合间隙存在差异。阀体在工作时，受液动力的作用，产生侧向载荷，造成阀芯与阀套的卡紧，使阀芯在阀套中的滑动不平稳。严重时，阀芯会卡阻在阀套内。

（4）腐蚀失效。阀芯、阀套往往还由于受液压油中的水和其他含氯离子的溶剂腐蚀而失效。污染严重时，由于系统中氯化溶剂的存在，阀的节流棱边几小时内就会因腐蚀而失效。

3.11.6　比例阀故障分析与排除

对于一般的电液比例阀，阀的主体结构组成及特点与传统液压阀相差无几，因此这部分的常见故障及诊断排除方法可以参看各类控制阀故障诊断与排除。而其电气—机械转换器部分的常见故障及诊断排除方法可以参看产品说明书。

3.11.6.1　比例电磁铁与放大器故障

（1）由于插头组件的接线插座（基座）老化、接触不良以及电磁铁引线脱焊等原因，导致比例电磁铁不能工作（不能通入电流）。此时可用电表检测，如发现电阻无限大，可重新将引线焊牢，修复插座并将插座插牢。

（2）线圈组件的故障有线圈老化、线圈烧毁、线圈内部断线以及线圈温升过大等现象。线圈温升过大，会造成比例电磁铁的输出力不够，还会使比例电磁铁不能工作。对于线圈温升过大，可检查通入电流是否过大、线圈漆包线是否绝缘不良、阀芯是否因污物卡死等，一一查明原因并排除；对于断线、烧坏等现象，须更换线圈。

（3）衔铁组件的故障主要有衔铁因其与导磁套构成的摩擦副在使用过程中磨损，导致阀的力滞环增加。推杆导杆与衔铁不同心，也会引起力滞环增加，必须排除。

（4）因焊接不牢，或者使用中在比例阀脉冲压力的作用下使导磁套的焊接处断裂，使比例电磁铁丧失功能。

（5）导磁套在冲击压力下发生变形，以及导磁套与衔铁构成的摩擦副在使用过程中磨损，导致比例阀出现力滞环增加的现象。

（6）比例放大器有故障，导致比例电磁铁不工作。此时应检查放大器电路的各种元件情况，消除比例放大器电路故障。

（7）比例放大器和电磁铁之间的连线断线或放大器接线端子接线脱开，使比例电磁铁不工作。此时应更换断线，重新连接牢靠。

3.11.6.2　比例压力阀故障分析与排除

由于比例压力阀是在普通的压力阀的基础上，将调压手柄换成比例电磁铁。因此，它也会产生各种压力阀所产生的故障，其对应的故障原因和排除方法完全适用于对应的比例压力阀（如溢流阀对应比例溢流阀），可参照进行处理。此外还有：

（1）比例电磁铁无电流通过，使调压失灵。发生调压失灵时，可先用电表检查电流值，断定究竟是电磁铁的控制电路有问题，还是比例电磁铁有问题，或者阀部分有问题，可对症处理。

（2）压力上不去。现象：虽然流过比例电磁铁的电流为额定值，但压力一点儿也上不去，或者得不到所需压力。

例如图 3-119 所示的比例溢流阀，在比例先导调压阀 1（溢流阀）和主阀 5 之间，仍保留了普通先导式溢流阀的先导手调调压阀 4，在此处起安全阀的作用。当阀 4 调压压力过低时，虽然比例电磁铁 3 的通过电流为额定值，但压力也上不去。此时相当于两级调压（比例先导阀 1 为一级，阀 4 为一级）。若阀 4 的设定压力过低，则先导流量从阀 4 流回油箱，使压力上不来。此时，应将阀 4 调定的压力比阀 1 的最大工作压力调高 1MPa 左右。

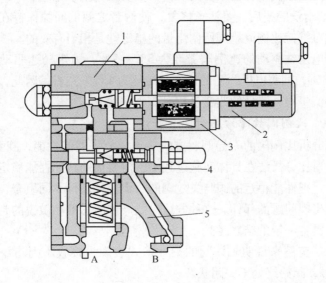

图 3-119　比例溢流阀结构
1—比例先导调压阀；2—位移传感器；3—比例电磁铁；4—安全阀；5—主阀

3.11.6.3　比例流量阀的故障分析与排除

（1）流量不能调节，节流调节作用失效。

1）比例电磁铁未能通电。产生原因有：①比例电磁铁插座老化，接触不良；

②电磁铁引线脱焊；③线圈内部断线等。

2）比例放大器有问题。

（2）调好的流量不稳定。比例流量阀流量的调节是通过改变通入其比例电磁铁的电流决定的。当输入电流值不变，调好的流量应该不变。但实际上调好的流量（输入同一讯号值时）在工作过程中常发生某种变化，这是力滞环增加所致。

滞环是指当输入同一讯号（电流）值时，由于输入的方向不同（正、反两个方向），经过某同一电流讯号值时，引起输出流量（或压力）的最大变化值。

影响力滞环的因素主要是存在径向不平衡力及机械摩擦。减小径向不平衡力及减小摩擦系数等措施可减少机械摩擦对滞环的影响。滞环减小，调好的流量自然变化较小。具体可采取如下措施：

1）尽量减小衔铁和导磁套的磨损。

2）推杆导杆与衔铁要同心。

3）注意油液清洁，防止污物进入衔铁与导磁套之间的间隙内而卡住衔铁，使衔铁能随输入电流值按比例地均匀移动，不产生突跳现象。突跳现象一旦产生，比例流量阀输出流量也会跟着突跳，而使所调流量不稳定。

4）导磁套衔铁磨损后，要注意修复，使两者之间的间隙保持在合适的范围内。以上措施对维持比例流量阀所调流量的稳定性是相当有效的。

一般比例电磁铁驱动的比例阀滞环为 3% ~ 7%，力矩马达驱动的比例阀滞环为 1.5% ~ 3%，伺服电机驱动的比例阀滞环为 1.5% 左右。因此，采用伺服电机驱动的比例流量阀，流量的改变量相对要小一些。

3.11.6.4 比例阀故障诊断对比分析法

通过对比分析比例阀的先导阀、主阀、集成放大器的性能，找到问题部件。一般情况下，对比分析法在具体实施过程中，需要借助其他性能稳定、型号相同阀的帮助。通过把性能稳定的阀与失效阀的 3 大部件进行不同组合，利用阀的自身特性，找到出现问题的部件。这种方法需要严谨的思维和敏锐的判断力，同时需要维修人员具备一定的维修经验。

下面结合一实例来说明。该阀的失效形式表现为接收不到指令信号，输入 0 ~ 10V 的信号，阀始终处于关闭状态。

为了便于描述，将完好比例阀与失效比例阀的各部件分别进行标示，结果见表 3-11。

表 3-11 完好比例阀与失效比例阀的各部件

比例阀	集成放大器	先导阀	主 阀
完好比例阀	A1	B1	C1
失效比例阀	A2	B2	C2

（1）A1 + B2 + C2 组合。在静态的情况下给该阀指令信号，发现信号指示灯为红色（正常情况下阀接受指令信号，信号指示灯应该熄灭），说明该阀的 B2（先导阀）、C2（主阀）最少有一个存在问题。

（2）A1 + B2 + C1 组合。在静态情况下给阀指令信号，发现信号指示灯熄灭，可以断定 B2 完好，综合（1）可推断 C2 存在问题。

（3）A2 + B1 + C1 组合。给该阀指令信号发现信号指示灯熄灭，说明集成放大器 A2 完好。

综合（1）、（2）、（3）分析，可推断出比例阀失效的原因是该阀的主阀 C2 出现了问题。为了证明判断的正确性，将失效的阀拆开，结果发现该主阀阀芯位移传感器的探针折断，与分析结果一致。

3.11.6.5 比例阀的维修及调节

在实际的故障维修过程中，对存在问题的零部件可以采取直接更换的方法，同时要对该阀的电气零点和死区进行调节，如果有实验条件还要对维修后阀的行程进行验证。

（1）更换存在问题的零部件。更换法是对存在问题的零部件进行整体或者部分更换。更换法在阀的维修中应用相当广泛。该方法的关键是查找出现问题的部件，找到问题后就可更换一个与之相同的完好部件，一般情况下通过这种维修方法就能使阀实现正常工作。导致比例阀失效比较普遍的原因是阀的密封件过度磨损、阀芯位移传感器探针折断，而集成放大器一般不会出现问题。

（2）电气零点的调节。比例阀可能工作在恶劣的环境下，而其电气零点易受到外界环境的干扰。因此更换了失效的零部件后就应对电气零点进行检测，对不符合要求的应重新标定。

一般检测方法如下：给比例阀的放大器供电（一般情况下 0 ~ 24V），确保阀芯处于断电状态。用万用电表（直流挡，0.25V 量程）检测阀芯位移反馈信号。在阀芯没有接受指令的条件下，要求阀芯位移反馈电压为零。如果不为零，就应调节阀芯位移传感器的调节螺母，直至阀芯反馈电压为零。

（3）死区的调节。比例阀死区一般为 10% 左右。不同类型比例阀的死区可以通过该阀产品手册的电流、电压—流量曲线查得。对于高性能的比例阀，死区可控制在 5% 之内。检测的方法为：给阀输入死区对应的指令信号，通过万用电表检测阀芯位移反馈信号，看其是否存在对应的关系。如假设阀的死区开口幅度为 0 ~ 100%，对应反馈电压为 0 ~ 10V，如果阀的死区开口幅度为 5%，则对应的反馈电压应该为 0.5V；如果没有对应，则应调节集成放大器的死区调节螺钉至反馈电压为 0.5V 止。

（4）阀行程的验证。在试验台上，对阀输入不同的指令信号，检测各种状态阀芯位移反馈信号，通过它们之间的对应关系，来判断维修后阀的性能。如果不能满足对应关系，建议送代理商或厂家维修。

3.11.7 鼓风机调速比例控制系统故障分析与处理

某煤气加压站两台具有调速能力的 D500—12 型煤气鼓风机，其调速方式为在鼓风机与主电机之间加装了一套 YT02 型液力调速离合器。

3.11.7.1 液压控制系统原理及基本组成部分

当煤气鼓风机需要改变转速时，调整电子控制器的旋钮，电子控制器能稳定输出 0～850mA 的控制电流。用来控制电液比例溢流阀阀芯开度，调整溢流量的大小，使控制油压在 0～2.5MPa 范围内变化，从而推动活塞，达到通过控制摩擦片间油膜厚度来改变离合器输出转速的目的，如图 3-120 所示。

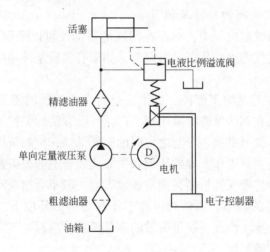

图 3-120 调速液控制系统

3.11.7.2 调速控制系统比例阀常见故障分析与处理方法

（1）电液比例阀卡滞。油质不清洁是引起电液比例阀卡滞的主要原因。由于比例阀内部各运动部件之间间隙很小，油中含有机械杂质和运行中油质劣化（如油中进水等）将引起阀内各运动部件卡滞和锈蚀，从而导致煤气鼓风机在调节过程中出现主电机工作电流不稳定甚至过流现象。

处理方法：1）对电液比例阀进行解体清洗，特别是阀体内各油道内的滤网。2）提高控制系统精过滤器的过滤精度。根据有关技术手册得知，此工况下精滤油器过滤精度应选为 10μm，而实际设备所匹配的精滤油器过滤精度为 20μm，其过滤能力远达不到要求。3）严格控制油质在储运和运行中被污染，如封堵油箱上原有的两个回油孔，可有效防止水分和各种杂质进入油箱。设备在检修后，要彻底清扫油箱内部，防止在注入新油后二次污染。

（2）电液比例阀不动作。电液比例阀不动作的原因是因为比例阀内部主油道上的过滤网被杂质完全堵死，而使控制油无法进入主油道引起的。后来在给调速器换油时发现控制油泵的吸油口第一道粗过滤器已脱落掉入油箱，使第一道过滤系统失去作用，致使大量大直径杂质直接进入阀体内的第二道过滤网而引起比例阀主油道堵塞。

处理方法：重新安装好第一道粗过滤器，清洗比例阀内部的过滤网。

（3）比例电磁铁故障。比例电磁铁在动作时，一部分高压油液由工作腔沿导杆间隙渗入电磁铁末端端盖处，当油液积累到一定程度时，形成困油现象，由于油液的不可压缩性，当比例电磁铁再动作时，而发生动作不灵敏甚至不动作现象。

处理方法：打开比例电磁铁端盖处的泄油孔，排出油液即可。

3.11.8 水电厂机组调速器系统溜负荷原因分析

某水电厂调速器系统投产以来，4台机都不同程度存在溜负荷的问题。所谓溜负荷是指机组负荷在没有增减指令的情况下突然上升或下滑。其基本现象是机组在正常运行时，负荷突然上升或下降，有时能回复到以前设定值，有时不能。具体原因分析如下：

（1）伺服比例阀原因。伺服比例阀的功能是把输入的电气控制信号转换成输出流量控制。机组正常运行时调速器应处于自动运行工况。所谓调速器系统处于自动运行工况，即是指伺服比例阀在运行的情况下。电厂机组负荷的调整是由伺服比例阀将负荷增减的电信号转换为输出流量到达伺服缸驱动主配压阀，主配压阀再液压放大到主接力器动作导叶实现的。机组运行工况要求伺服比例阀必须具有高精度、高响应性，同时，在结构上还要求伺服比例阀具有良好的耐污能力及防卡能力。如果伺服比例阀存在工作不正常的情况，就有可能引起机组负荷的调整值与实际应该达到的数值存在偏差，严重时引起机组溜负荷。

要避免这种情况，除了做好伺服比例阀的定期检修维护外，还应建立定期试验更换制度。

（2）伺服缸原因。液压反馈式伺服缸是液压柜的重要部件，它的作用是将输入的流量按比例转换成位移输出，机组运行工况要求它必须具有很高的尺寸稳定性、耐磨性、抗腐蚀能力以及很高的回中能力；同时，在结构上还要求液压反馈缸具有良好的排污能力。机组在长期运行过程中，由于油质或其他的原因造成伺服缸损坏或者运行性能达不到要求，造成机组在运行中伺服缸卡塞，也有可能导致机组溜负荷。1号机就曾经出现过此类情况。要避免此类事故的发生，除了做好伺服缸的定期检修维护外，还应建立定期试验更换制度。

（3）压力油油质原因。由于伺服比例阀是将机组负荷增减的电信号转换为流量控制，这就要求伺服比例阀要有极高的动作回中能力。影响伺服比例阀回中的原因除了伺服比例阀本身特性以外，另一个原因就是油质。如果油中存在比较大的杂质，特别是金属性的杂质，在机组运行过程中，能够对伺服比例阀或伺服缸的内壁造成损伤。当机组增减负荷动作伺服比例阀及伺服缸时，油中杂质卡住伺服比例阀或伺服缸使其不能很好回中，引起机组负荷调整值与实际值存在比较大的差异，造成机组溜负荷。

要避免此种情况，可以将调速器用油过滤一遍，再更换滤网。

3.11.9 电液比例阀在液压油缸试验台改造中的应用

3.11.9.1 液压缸试验台原状

该液压缸试验台是根据 GB/T 15622 设计的，能对流量 280L/min、压力 31.5MPa 以下的各类油缸进行测试。液压系统原理如图 3-121 所示，它由被试缸系统和加载缸系统两部分组成。被试缸 11 由泵源 1 供油，压力的变化是通过泵源 1 遥控口控制远程调压阀 21 实现的，运动方向的变化由电液换向阀 20、行程开关 8 和 10 调节，而油缸运动速度由单向节流阀 18 和 19 控制。加载缸 7 由泵源 2 供油，压力调节是通过泵源 2 遥控口控制远程调压阀 3 实现，运动方向由电液

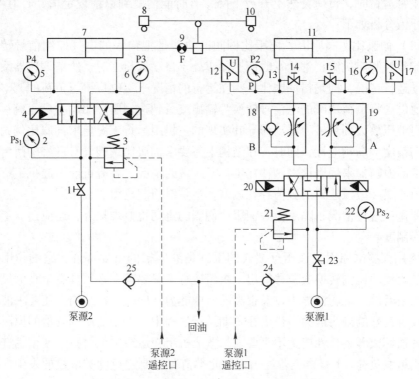

图 3-121 改造前的油缸试验台液压系统原理图

1，14，15，23—截止阀；2，5，6—压力表；3，21—远程调压阀；4，20—电液换向阀；

7—加载液压缸；8，10—行程开关；9—力传感器；11—被试液压缸；12，17—压力传感器；

13，16，22—压力表；18，19—单向节流阀；24，25—单向阀

换向阀4、行程开关8和10调节，加载力的大小由力传感器9测定。

存在的问题有：不能实现小负载加载试验；试验中油缸在启动和换向时压力冲击很大；行程开关损坏，油缸的位移靠标尺显示，人工观察，效率低，精度差；加载力传感器损坏，还缺乏加载力显示；控制台部分线路损坏，致使不能停泵，不能启动冷却系统，不能进行污染显示和油温显示。

3.11.9.2　拟测试项目

（1）最低启动压力，是指液压缸在无载荷状态下工作时的最低压力。

（2）最低稳定速度，是指满载负荷运动时，没有爬行现象的最低速度。

（3）外部渗漏，是指液压缸在满载运动时的外部渗漏。

（4）内部渗漏，主要是指活塞和液压缸缸筒之间的渗漏。

（5）缓冲效果，针对设置缓冲装置的油缸，要求在空载状态，缸在最高速度运动，试验压力为工作压力的50%的条件下进行。

（6）负载效率，其计算公式为：$\eta = W/p_A \times 100\%$。

（7）耐压试验，此时压力为公称压力的 1.25 ~ 1.5 倍，保压 5min，看有无渗漏及变形。

（8）高温性能试验，油温 90℃，满载工作 1h，看有无异常现象。

（9）耐久性试验，满载工作 8h 或往复运行 50km，然后进行全面检查。

（10）缸的全行程检测，检测缸的全行程是否符合设计要求。

3.11.9.3　液压系统的改造

改造后的油缸试验台液压系统原理如图 3-122 所示。

（1）为了实现小负载加载和加载的灵活调节，在加载缸 11 的两腔用比例溢流阀 1 和 3 代替原来的远程调压阀；

（2）被试液压缸 15 的速度调节由手动控制改为比例调节，即由比例节流阀 24 和 25 代替原单向节流阀，以便于与计算机连接提高系统的自动化程度。

（3）把被试液压缸 15 的电液换向阀更换为双阻尼电液换向阀 26，这样通过延长被测缸的换向时间，达到减小压力冲击的目的。

（4）更换加载力传感器，并配备显示仪表，同时更换两个行程开关。

（5）如需进行空载试验（如测定最低启动压力和进行缓冲效果试验），则在被测缸与加载缸连接之前进行试验即可。

采用电液比例阀后，实现了小负载加载试验，改变了试验中油缸在启动和换向时压力冲击大的缺点，同时提高了测试的自动化程度和效率。

3.11.10　比例调速阀故障诊断

3.11.10.1　系统及症状

某液压系统如图 3-123 所示。

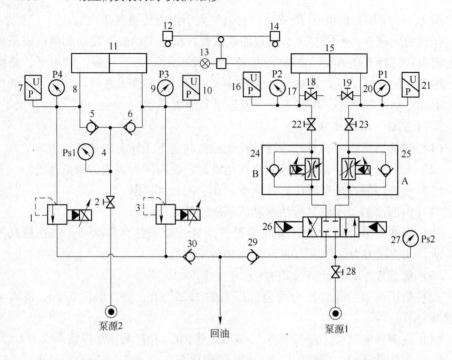

图 3-122　改造后的油缸试验台液压系统原理

1，3—比例溢流阀；2，18，19，22，23，28—截止阀；4，8，9，17，20，27—压力表；
5，6，29，30—单向阀；7，10，16，21—压力传感器；11—加载液压缸；12，14—行程开关；
13—力传感器；15—被试液压缸；24，25—比例节流阀；26—电液换向阀

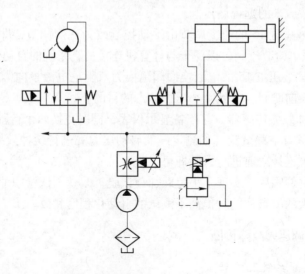

图 3-123　液压系统

系统的症状为：液压缸在接触工作位置时有冲撞现象，液压马达转速调整不灵敏。

3.11.10.2 故障的诊断

分别对这两个症状进行分析，找出它们的可能原因，再综合对比。

（1）液压缸冲撞问题的分析。引起液压缸冲撞的可能原因有：1）液压缸内混入空气，在液压缸接近工作位置时，尽管已切换速度（由快速转慢速），但压缩的流体释放能量，使液压缸继续以高速运行，由此撞击工作台面；2）液压缸接近工作位置时，由于行程开关或电路故障，未能发出快速转慢速的控制信号，使液压缸保持原速，撞击工作面；3）比例流量阀故障（包括比例放大器故障），使流速失去控制，无法使液压缸减速。

（2）液压马达转速调整不灵问题的分析。引起问题的可能原因有：1）控制液压马达转速的比例数码器故障，不能调节比例流量阀的流量；2）比例流量阀或其放大故障，使流速控制不灵；3）液压马达或其负载出现异常，使速度调节更加困难。

将两个症状的可能原因对比，便可发现：比例阀及放大器故障是两个症状共同的可能原因，故其出现的可能性最大。进一步分解比例流量阀发现，主阀芯弹簧已折断，引起流量失控，进而引起液压缸的冲撞与液压马达速度调节不灵敏。

小技巧： 液压阀内部故障失效，主要有四方面的原因：（1）阀移动部分被卡住；（2）节流小孔被堵住；（3）几何精度超差；（4）弹簧问题。因此，失效液压阀拆卸分解后主要检查这四方面。

3.11.11 电液比例技术在船舶液压舵机改造中的应用

3.11.11.1 人工舵机操作概述

船舶液压舵机人工舵主要依靠操舵人员的经验，根据舵角指示仪反馈舵角与航向的偏差决定换向阀的动作，进而控制舵角并不断地修正，操舵人员劳动强度大，航行安全存在隐患，操舵频率过高，航向保持精度差，为开式系统。人工舵控制图如图3-124所示。

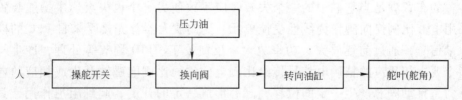

图3-124 人工舵控制示意图

3.11.11.2　系统的改进

电液比例技术容易实现遥控，容易实现编程控制，工作平稳，控制精度较高，对污染不敏感，用于内河船舶液压舵机的不足加以改造大有可为。

A　基于电液比例技术的内河船舶液压舵机

a　电液比例阀

电液比例阀是电液比例控制技术的核心和功率放大元件，代表了流体控制技术的发展方向。它以传统的工业用液压控制阀为基础，采用电气—机械转换装置，将电信号转换为位移信号，按输入电信号指令连续、成比例地控制液压系统的压力、流量或方向。电液比例阀可以同时实现流量、压力、方向等多参数的复合控制，主要分成比例放大器、比例电磁铁、液控主阀。通过比例电磁铁推动阀芯，经闭环控制，准确定位阀芯位置，改变动态液阻，既能实现换向功能来改变液流方向，又可以使得液流的流量得到精确控制。电液比例阀控制示意图如图 3-125 所示。

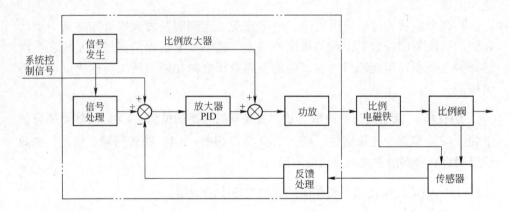

图 3-125　电液比例阀控制示意图

b　液压系统

基于液压比例技术的内河船舶液压舵机液压系统如图 3-126 所示。

舵机设置一个主操舵装置和一个辅助操舵装置。主操舵装置和辅助操舵装置的布置满足当它们中的一个失效时应不致使另一个也失灵。主操舵装置采用电液比例换向阀作为线性受控单元，比例放大器首先接受来自 PLC 的模拟量信号，通过前置放大、功率放大、反馈校正、PID 调节等处理，产生与指令要求相适应的精确电信号传给比例电磁铁；比例电磁铁会生成相应的电磁力，推动阀芯产生一定的位移，阀芯形成一定的开度，起到阻尼作用，其流出、到达油量就成为可控、可调的了。随着比例放大器对信号处理的不断修正，液阻随之动态变化，输出的流量、压力和方向也就随之变化，实现动

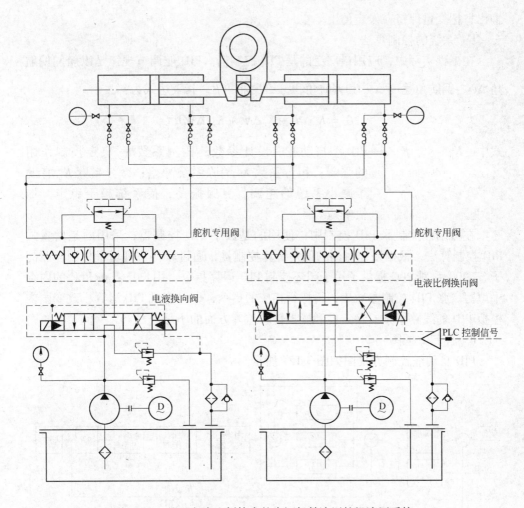

图 3-126 基于电液比例技术的内河船舶液压舵机液压系统

态控制。

辅助操舵装置作为主操舵装置不能正常工作下的应急操舵，采用手动操舵，通过按钮操控电液换向阀电磁铁的通电与断电，使油路的方向转换，实现手扳舵转、复位舵停、左舵左扳、右舵右扳的直接控制。

B PLC 控制系统

a 可编程控制器（PLC）

可编程序逻辑控制器（PLC）是专为工业环境下应用而设计的工业计算机，可在恶劣的工业现场工作，能够完成顺序控制、位置控制、数据处理、在线监控等功能。特别具有过程控制功能，控制算法（PID）控制模块的提供使 PLC 具有了闭环控制的功能，控制过程中变量出现偏差时，PID 控制算法会计算出正确的输出，把变量保持在设定值上。

b　系统的控制算法

在工程实际中，应用最广泛的是 PID 控制器。PID 舵调节规律是以船舶偏航角 $\Delta\psi$、偏航角速度 $\Delta\dot{\Psi}$ 和偏航角积分给出舵角 β，其表达式为：

$$\beta = K_p\Delta\Psi + K_d\Delta\dot{\Psi} + K_i\int\Delta\Psi\mathrm{d}t$$

式中　K_p，K_i，K_d——PID 型自动舵的设计参数，比例系数 K_p 决定控制作用的强弱；积分系数 K_i 消除系统静差；微分系数 K_d 有助于减小系统的超调，克服振荡，使系统趋于稳定，加快响应。

在可编程控制器 PID 控制中，使用的是数字 PID 控制器，采用的是增量式 PID 控制算法，根据采样时刻的偏差计算控制量，通过软件实现增量控制。西门子 S7-200 系列 PLC 提供了用于闭环控制 PID 运算指令，用户只需在 PLC 的内存中填写一张 PID 控制参数表，再执行相应的指令，即可完成 PID 运算，改变国内模拟 PID 舵线路繁杂、稳定性和操控性较差等方面的不足。

c　控制方框图

PID 自动舵控制方框图如图 3-127 所示。

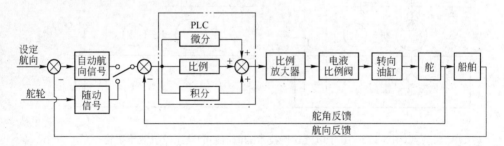

图 3-127　PID 自动舵控制方框图

图 3-127 中，当系统设定航向，首先传送至 PLC，经 D/A 转换变成模拟量指令，作为比例放大器输入信号，比例放大器相应输出模拟量提供给比例电磁铁，产生对应的力或位移，作用在电液比例方向阀，从而得到相应的流量、压力以驱动液压缸，进而形成一定的速度或力来驱动舵叶，改变船舶的航向。运用相应的检测元件将船舶航向反馈信号再传回进行比较，以便动态地调整舵角，使最终的船舶实际航向与设定航向相一致。

d　系统软件

PID 自动舵控制系统的软件部分主要由手动、随动和自动三部分组成，由控制面板相应的开关进行选择，其系统控制流程如图 3-128 所示。

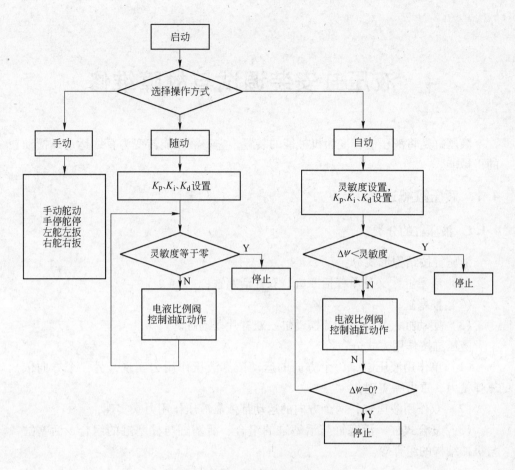

图 3-128 PID 自动舵控制系统流程

4　液压缸安装调试与故障维修

液压缸是将液压能转变为机械能的装置，它将液压能转变为直线运动或摆动的机械能。

4.1　液压缸概述

4.1.1　液压缸的分类

液压缸按结构形式分：

（1）活塞缸，又分单杆活塞缸、双杆活塞缸；

（2）柱塞缸；

（3）摆动缸，又分单叶片摆动缸、双叶片摆动缸。

液压缸按作用方式分：

（1）单作用液压缸，一个方向的运动依靠液压作用力实现，另一个方向依靠弹簧力、重力等实现；

（2）双作用液压缸，两个方向的运动都依靠液压作用力来实现；

（3）复合式缸，活塞缸与活塞缸的组合、活塞缸与柱塞缸的组合、活塞缸与机械结构的组合等。

4.1.2　双杆活塞缸

双杆活塞缸活塞两侧都有活塞杆伸出，如图 4-1 所示。根据安装方式不同又分为活塞杆固定式和缸筒固定式两种。

图 4-1　双杆活塞缸活塞

双杆活塞缸的速度推力特性

$$v = q/A = 4q\eta_v/\pi(D^2 - d^2)$$

缸在左右两个方向上输出的速度相等，η_v 为缸的容积效率。

$$F = A(p_1 - p_2)\eta_m = \pi(D^2 - d^2)(p_1 - p_2)\eta_m/4$$

缸在左右两个方向上输出的推力相等，η_m 为缸的机械效率。

4.1.3 单杆活塞缸

4.1.3.1 单杆活塞缸速度推力特性

单杆活塞缸只有一端带活塞杆，如图 4-2 所示。它也有缸筒固定和活塞杆固定两种安装方式，两种方式的运动部件移动范围均为活塞有效行程的两倍。

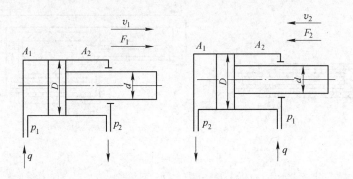

图 4-2　单杆活塞缸

向右运动速度　　　　$v_1 = q\eta v/A_1 = 4q\eta_v/\pi D^2$

向右运动推力　　　　$F_1 = (A_1 p_1 - A_2 p_2)\eta_m$

向左运动速度　　　　$v_2 = q\eta_v/A_2 = 4q\eta_v/\pi(D_2 - d_2)$

向左运动推力　　　　$F_2 = (A_2 p_1 - A_1 p_2)\eta_m$

往返速比　　　　　　$\lambda_v = v_2/v_1 = 1/[1 - (d/D)^2]$

式中　η_v——缸的容积效率；

　　　η_m——缸的机械效率。

4.1.3.2 单杆活塞缸差动连接的速度推力特性

单杆活塞缸差动连接如图 4-3 所示。此时单活塞杆缸两腔同时通压力油。差动连接的缸只能一个方向运动，图示为向右运动。

运动速度：

$$v_3 = (q + q')/A_1 = (q + A_2 v_3)/A_1$$

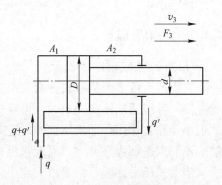

图 4-3　单杆活塞缸差动连接

整理得：
$$v_3 = q/(A_1 - A_2) = 4q/\pi d^2$$

如果要求差动缸向右运动速度 v_3 等于非差动连接向左运动速度 v_2，则

$$D = 2^{1/2}d$$

活塞推力：

$$F_3 = p_1(A_1 - A_2)\eta_m$$

4.1.4 柱塞缸

柱塞缸结构如图 4-4 所示。

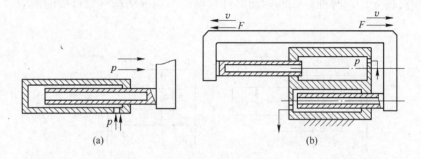

图 4-4 柱塞缸结构

（a）单柱塞缸；（b）双柱塞缸

柱塞缸的特点：

柱塞与缸筒无配合关系，缸筒内孔不需精加工，只是柱塞与缸盖上的导向套有配合关系。为减轻质量，减少弯曲变形，柱塞常做成空心。柱塞缸只能作单作用缸，要求往复运动时，需成对使用。柱塞缸能承受一定的径向力。

柱塞缸的速度推力特性：

柱塞运动速度 $\qquad v = q\eta_v/A = 4q\eta_v/\pi d^2$

柱塞推力 $\qquad F = pA\eta_m = p(\pi d^2/4)\eta_m$

4.1.5 伸缩液压缸

伸缩液压缸如图 4-5 所示。

它由两个或多个活塞式缸套装而成，前一级活塞缸的活塞杆是后一级活塞缸的缸筒。各级活塞依次伸出时，可获得很长的行程；当依次缩回时，缸的轴向尺寸很小。除双作用伸缩液压缸外，还有单作用伸缩液压缸，它与双作用伸缩液压缸的不同点是回程靠外力，而双作用伸缩液压缸的靠液压作用力。

当通入压力油时，活塞由大到小依次伸出；缩回时，活塞则由小到大依次收回。各级压力和速度可按活塞缸的有关公式计算。

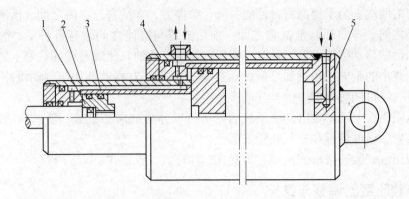

图 4-5　伸缩液压缸

1—活塞；2—套筒；3—密封件；4—套筒；5—缸盖

小提示： 伸缩液压缸特别适用于工程机械及自动线步进式输送装置。

4.1.6　液压缸的典型结构

图 4-6 所示为单杆活塞式液压缸，它由缸筒 26，活塞杆 1，前、后缸盖 22、29，活塞杆导向环 4，活塞前缓冲 9 等主要零件组成。活塞与活塞杆用螺纹连接，并用止动销 14 固定死。前、后缸盖通过法兰 23 和螺钉（图 4-6 中未标示）压紧

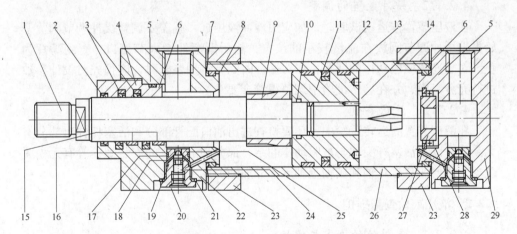

图 4-6　单杆活塞式液压缸结构

1—活塞杆；2—防尘圈；3—活塞杆密封；4—活塞杆导向环；5，7，16，19—反衬密封圈；

6，8，10，17，18—O 形密封圈；9—活塞前缓冲；11—活塞；12—活塞密封；

13，15—低摩密封；14—螺钉止动销；20—止动销；21—密封圈；

22—前缸盖；23—法兰；24—可调缓冲器；25—螺纹止动销；

26—缸筒；27—后缓冲套；28—后止动环；29—后缸盖

在缸筒的两端。为了提高密封性能并减少摩擦力，在活塞与缸筒之间、活塞杆与导向环之间、导向环与前缸盖之间、前后缸盖与缸筒之间装有各种动、静密封圈。当活塞移动接近左右终端时，液压缸回油腔的油只能通过缓冲柱塞上通流面积逐渐减小的轴向三角槽和可调缓冲器24回油箱，对移动部件起制动缓冲作用。缸中空气经可调缓冲器中的排气通道排出。

从图4-6中可以看出，液压缸的结构可以分为缸筒和缸盖、活塞和活塞杆、密封装置、缓冲装置和排气装置五部分。

液压缸安装连接形式主要有脚架式、耳环式、铰轴式。

4.2　液压缸的调整与维护

4.2.1　液压缸的调整

4.2.1.1　排气装置的调整

排气装置一般的调整方法是：先将动作压力降低到 0.5 ~ 1MPa 左右，以便于原来溶解在油中的空气分离出来；然后，在使用活塞交替运动的同时，一手用纱布盖住空气的喷出口，另一手开、闭排气阀；当活塞到达向右的行程末端，在压力升高的瞬间，应打开右腔的排气阀，而在向左的行程开始前的瞬间，应关闭右腔的排气阀，这样反复几次，就能将液压缸右腔的空气排除干净。可用相应的办法排除左腔的空气。

4.2.1.2　缓冲装置的调整

在液压装置作运动试验时，如应用缓冲液压缸，就需要调整缓冲调节阀。开始先把缓冲调节阀放在流量较小的位置，然后渐渐地增大节流口，直到满意为止。对于连续顺序动作的回路，如对循环时间有特别要求时，应预先对设计参数进行充分考虑，并在运转试验中调整得符合要求。

4.2.1.3　注意事项

在液压装置的运转试验中，还要检查进出油口配管部分和活塞杆伸出部分有无漏油，以及活塞杆头部与被驱动体的结合部分和液压缸的安装螺栓等有无松脱现象。还要注意对耳轴和铰轴等轴承部分加油。

4.2.2　液压缸检查与维护

4.2.2.1　密封件的检查与维护

活塞密封是防止液压缸内泄的主要元件。对于唇形密封件应重点检查唇边有无伤痕和磨损情况。对于组合密封件应重点检查密封面的磨损量，然后判定密封件的是否可使用。另外，还需检查活塞与活塞杆间静密封圈有无挤伤情况。活塞杆密封应重点检查密封件和支承环的磨损情况。一旦发现密封件和导向支承环存在缺陷，应根据被修液压缸密封件的结构形式，选用相同结构形式和适宜材质的密封件进行更换，这样能最大限度地降低密封件与密封表面之间的油膜厚度，减少密封件的泄漏量。

4.2.2.2 缸筒检查与维护

液压缸缸筒内表面与活塞密封是引起液压缸内泄的主要因素，如果缸筒内产生纵向拉痕，即使更换新的活塞密封，也不能有效地排除故障。缸筒内表面主要检查尺寸公差和形位公差是否满足技术要求，有无纵向拉痕，并测量纵向拉痕的深度，以便采取相应的解决方法。

缸筒存在微量变形和浅状拉痕时采用强力珩磨工艺修复缸筒。强力珩磨工艺可修复比原公差超差 2.5 倍以内的缸筒。它通过强力珩磨机对尺寸或形状误差超差的部位进行珩磨，使缸筒整体尺寸、形状公差和粗糙度满足技术要求。

缸筒内表面磨损严重，存在较深纵向拉痕时按照实物进行测绘，由专业生产厂按缸筒制造工艺重新生产进行更换。也可运用 TS311 减磨修补剂修复缸筒。TS311 减磨修补剂主要用于对磨损、滑伤金属零件的修复。修复过程中，用合金刮刀在滑伤表面剃出 1mm 以上深度的沟槽，然后用丙酮清洗沟槽表面，用缸筒内径仿形板将调好的 TS311 减磨修补剂敷涂于打磨好的表面上，用力刮平，确保压实，并高于缸筒内表面，待固化后，进行打磨留出精加工余量，最后通过研磨使缸筒整体尺寸、形状公差和粗糙度达到要求。但这种修复缸的寿命及可靠性都不高。

4.2.2.3 活塞杆、导向套的检查与维护

活塞杆与导向套间相对运动副是引起外漏的主要因素，如果活塞杆表面镀铬层因磨损而剥落或产生纵向拉痕时，将直接导致密封件的失效。因此，应重点检查活塞杆表面粗糙度和形位公差是否满足技术要求。如果活塞杆弯曲，应校直达到要求或按实物进行测绘，由专业生产厂进行制造。如果活塞杆表面镀层磨损、滑伤、局部剥落，可采取磨去镀层、重新镀铬表面加工处理工艺。

4.2.2.4 缓冲阀的检查与维护

对于缓冲阀液压缸，应重点检查缓冲阀阀芯与阀座磨损情况。一旦发现磨损量加大、密封失效，应进行更换。也可运用磨料进行阀芯与阀座配磨方法进行修复。

4.2.3 提高液压缸寿命的途径

提高液压缸寿命的途径有：

（1）在使用方面，应增加防止污染物侵入的措施。应采取有效措施控制污染物的侵入，如在油箱呼吸孔增装高效能的空气滤清器、新油必须过滤等外，还必须提高液压缸自身的抗污染能力。污染严重的环境下更要注意，如井下用液压缸应采用氟橡胶（FRM）和丁腈橡胶（NBR）防尘圈；地面机械液压缸应采用

丁腈橡胶防尘圈；自卸车、工程机械、工作平台及其他设备的液压缸进油口处增加过滤装置，为了减少进油阻力，应尽量提高（增大）其过流面积，这样可有效地减少来自系统的颗粒污染。

（2）设计方面，改进密封。采用组合式密封和混合密封相结合的密封形式（结构），如在 EQ3092 自卸车液压缸中，活塞的密封形式改为图 4-7 所示的形式，液压缸的寿命将显著延长。

耐磨环和滑环的材质一般为聚四氟乙烯 + 石墨。因纯聚四氟乙烯容易产生塑性蠕变，仅适用于低压、低耐磨性的工况。如果所用的密封圈为加石墨填充剂后形成的复合材料，性能可得到有效的改善，抵御塑性蠕变的能力提高 2 ~ 3 倍，由负荷作用引起的初始变形降低 30% ~ 60%，刚性提高 2 ~ 3 倍，受热尺寸稳定性增加 2 倍，硬度增大 10% ~ 15%。图 4-7 中 O 形圈的弹性力使密封滑环紧贴密封表面，产生密封压力实现密封。当内部液压压力增大时，会使 O 形圈进一步变形挤压滑环，从而增大密封压力，提高密封性能。该结构具有摩擦系数低、耐磨性好，并有自动补偿磨损和能吸收油缸内的硬质颗粒的特点，而且能够完全密封。如果活塞杆的密封采用 O 形圈 + Yx 形密封圈混合，如图 4-8 所示。

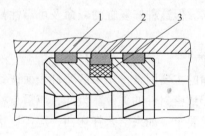 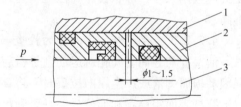

图 4-7 活塞的密封形式
1—耐磨环（导向环）；2—滑环式
密封圈；3—O 形圈

图 4-8 O 形圈 + Yx 形密封圈混合
1—缸体；2—导向套；3—活塞杆

为了防止在 Yx 形密封和 O 形圈之间造成内压，应在其中间加工 $\phi 1 ~ 1.5$ 的放气孔。使用经验表明，当活塞杆退回时，存在于两密封件间的"漏油"（低压使用的油膜积聚）均被带回缸体内，没有漏液通过小孔流出。采用该结构，不管液压缸处于何工况，活塞杆的油膜都能控制在最小的程度。O 形圈的压缩量（动密封）一般控制在其截面尺寸的 10% 左右。

（3）配件的选择方面。密封件的材质、形状、压缩量对液压缸的使用寿命、工作效率影响很大，除要求有可靠的密封外，还应有较长的使用寿命和少的摩擦损失。目前全国密封件生产厂家很多，选择质量可靠稳定的优质密封件也是至关重要的。

（4）制造加工方面。活塞杆表面镀铬后，应将镀后抛光改为镀后磨光的方法。这虽然需要增加磨前的镀层厚度（一般直径方向增加 0.02mm 左右），但能很好地清除镀铬缺陷，而且考验了镀层的结合力。另外，由于磨削表面的微观不平，波谷可储存润滑油，既提高耐磨性，又可延长使用寿命。如套筒缸产品，采用镀后抛光和镀后磨光的使用寿命就有很大的差距，特别是大批量生产更明显。严格清理机械构件的飞边、毛刺，特别是密封沟槽处的棱边、微小金属毛刺，严格组装前清洗。缸体内孔的光整加工采用滚压，能显著地提高缸体的表面疲劳强度和抗应力腐蚀性能。摩擦副的表面粗糙度一般控制在 0.4～0.8 之间。

4.2.4 液压缸气蚀的预防

对液压缸进行维修时，可以看到液压缸内壁、活塞或活塞杆表面有一些蜂窝状的孔穴，这都是气蚀所致。对液压缸的气蚀进行针对性的预防是十分必要的。

4.2.4.1 产生气蚀的主要原因

（1）气蚀的实质。随着压力的逐渐升高，油液中的气体会变成气泡，当压力升高到某一极限值时，这些气泡在高压的作用下就会发生破裂，从而将高温、高压的气体迅速作用到零件表面，导致液压缸产生气蚀，造成零件的腐蚀性损坏。

（2）液压油质量不合格导致气蚀。保证液压油的质量，是防止产生气蚀的一个重要措施。如果油液的抗泡沫性差，就很容易产生泡沫，从而导致气蚀的发生。其次，油液压力的变化频率过快、过高，也将直接造成气泡的形成，加速气泡的破裂速度。试验证明，压力变化频率高的部位出现气蚀的速度就会加快。如液压缸进、回油口处等，由于压力变化的频率相对较高，气蚀的程度也相对高于其他部位。除此之外，油液过热也会增加气蚀发生的几率。

（3）制造及维修不当导致气蚀。由于在装配或维修时未注意使液压系统充分排气，从而导致系统中存在气体，在高温、高压的作用下即可产生气蚀。

（4）冷却液质量有问题导致气蚀。当冷却液中含有腐蚀介质，如各种酸根离子、氧化剂等，则易发生化学、电化学腐蚀等，在它们的联合作用下，也会加快气蚀的速度。若冷却系统维护得好，可预防气蚀的发生。如冷却系统散热器的压力盖，如果维护得好，就可以使散热器的冷却液压力始终高于蒸气压力，从而防止气蚀的产生。

4.2.4.2 预防气蚀的措施

（1）严把液压油选用关。严格按照用油标准选用液压油。选用质量好的液压油，可以有效地防止液压系统在工作过程中出现气泡。在选用油液时，应根据不同地区的最低气温进行选择，并按油尺标准加注液压油，同时还应保持液压系统的清洁（加注液压油时，应防止将水分和其他杂质带入），经常检查液压油的油质、油位和油色。如果发现液压油中出现水泡、泡沫或油液变成乳白色时，应认真地查找油液中空气的来源，并及时加以消除。

（2）防止油温过高，减少液压冲击。合理设计散热系统、防止油温过高是保持液压油油温正常的关键。应使系统的温度保持在合适的范围内，以降低气泡破裂时释放的能量。在不影响冷却液正常循环的同时，可以适当地添加一定量的防腐添加剂来抑制锈蚀。在操纵液压系统时，要力求平稳，不宜过快、过猛，尽量减轻液压油对液压元件的冲击。

（3）保持各液压元件结合面的正常间隙。在制造或修理液压缸的主要零件（如缸体、活塞杆等）时，应按照装配尺寸的公差下限值进行装配，这样可以很好地减少气蚀现象的发生。如果液压元件已经出现气蚀现象，则只能采用金相砂纸抛光技术除去气蚀的麻点和表面积炭。

特别提醒： 切不可用一般的砂纸进行打磨处理。

（4）维修时要注意排气。液压缸在维修后，应使液压系统平稳地运转一定的时间，以使液压系统中的液压油得到充分循环。必要时，可将液压缸进油管（或回油管）拆开，使液压油溢出，以达到单只液压缸排气的效果。

4.3　液压缸常见故障分析与排除

在造成液压缸运行故障的众多原因中，安装、使用和维护不当重要原因。

4.3.1　液压缸不能动作

（1）执行运动部件的阻力太大。排除方法：排除执行机构中存在的卡死、楔紧等问题；改善运动部件导与润滑状态。

（2）进油口油液压力太低，达不到规定值。排除方法：检查有关油路系统的泄漏情况并排除泄漏；检查活塞与活塞杆处密封圈有无损坏、老化、松脱等现象；检查液压泵、压力阀是否有故障。

（3）油液未进入液压缸。排除方法：检查油管、油路，特别是软管接头是否已被堵塞，应依次检查从缸到泵的有关油路并排除堵塞；检查溢流阀的锥阀与阀座间的密封是否良好；检查电磁阀弹簧是否损坏或电磁铁线圈是否烧坏；油路是否切换不灵敏。

（4）液压缸本身滑动部件的配合过紧，密封摩擦力过大。排除方法：活塞杆与导向套之间应选用 H8/f8 配合；检查密封圈的尺寸是否严格按标准加工；如采用的是 V 形密封圈，应将密封摩擦力调整到适中程度。

（5）由于设计和制造不当，当活塞行至终点后回程时，压力油作用在活塞的有效工作面积过小。排除方法：改进设计、重新制造。

（6）活塞杆承受的横向载荷过大，特别别劲或拉缸、咬死。排除方法：安装液压缸时，应保证缸的轴线位置与运动方向一致；使液压缸承受的负载尽量通过缸轴线，避免产生偏心现象；长液压缸水平旋转时，活塞杆因自重产生挠度，使导向套、活塞产生偏载，导致缸盖密封损坏、漏油，活塞卡死在缸筒内。对此可采取如下措施：加大活塞，活塞外圆加工成鼓凸形，使活塞能自位，改善受力状况，以减少和避免拉缸；活塞与活塞杆的连接采用球形接头。

（7）液压缸的背压太大。排除方法：减少背压。其中，液压缸不能动作的重要原因是进油口油液压力太低，即工作压力不足。造成液压系统工作压力不足的原因主要是：液压泵、驱动电机和调压阀有故障；滤油器堵塞、油路通径过小、油液黏度过高或过低；油液中进入过量空气；污染严重；管路接错；压力表损坏等。

4.3.2 动作不灵敏

液压缸动作不灵敏（有阻滞现象）不同于液压缸的爬行现象。此现象是指液压缸动作的指令发出后不能立即动作，需短暂的时间后才能动作，或时而能动时而又停止不动，表现出运行很不规则。此故障的原因及排除方法主要有：

（1）液压缸内有空气。排除方法：通过排气阀排气；检查活塞杆往复运动部位的密封圈处有无吸入空气，如有，则更换密封圈。

（2）液压泵运转有不规则现象，泵转动有阻滞或有轻度咬死现象。排除方法：根据液压泵的类型，按其故障形成的原因分别加以解决。具体方法，请参看有关资料。

（3）带缓冲装置的液压缸反向启动时，常出现活塞暂时停止或逆退现象。故障原因：单向阀的孔口太小，使进入缓冲腔的油量太少，甚至出现真空，因此在缓冲柱塞离开端盖的瞬间会出现上述故障现象。排除方法：应加大单向阀的孔口。

（4）活塞运动速度高时，单向阀的钢球跟随油流流动，以致堵塞阀孔，致使液压缸动作不规则。排除方法：将钢球换成带导向肩的锥阀或阀芯。

（5）橡胶软管内层剥离，使油路时通时断，造成液压缸动作不规则。排除方法：更换橡胶软管。

（6）液压缸承受一定的横向载荷。排除方法：与"液压缸不能动作"原因的排除方法相同。

4.3.3 运动有爬行现象

运动有爬行现象的原因及排除方法主要有：

（1）液压缸之外的原因及排除方法。

1）运动机构刚度太小，形成弹性系统。排除方法：适当提高有关组件的刚度，以减小弹性变形。

2）液压缸安装位置精度差。排除方法：提高液压缸的装配质量。

3）相对运动件间的静摩擦系数与动摩擦系数差别太大，即摩擦力变化太大。

4）导轨的制造与装配质量差，使摩擦力增加，受力情况不好。排除方法：提高制造与装配质量。

（2）液压缸自身原因及排除方法。

1）液压缸内有空气，使工作介质形成弹性体。排除方法：充分排除空气，检查液压泵吸油管直径是否太小，吸油管接头密封是否完好，以防止泵吸入空气。

2）密封摩擦力过大。排除方法：活塞杆与导向大的配合采用 H8/f8 的配合，密封圈的尺寸应严格按标准加工；采用 V 形密封圈时，应将密封摩擦力调整到适中程度。

3）液压缸滑动部位有严重磨损、拉伤和咬着现象。

4.3.4 液压缸气爆故障及排除

液压缸气爆故障的发生会直接导致液压缸失效，进而导致液压系统、主机无法正常工作。

4.3.4.1 故障描述

若液压缸中有空气未完全排出，加上油液中也含有气体，在液压缸活塞杆快速运动过程中，空气受急剧压缩会产生瞬间高温、高压，超过液压缸密封材料的耐热极限，引发密封烧焦或挤出等气爆故障，也称为焦烧故障。

A 故障分类

液压缸气爆故障易发生在两种情况下：一是发生在主机调试过程中，整机各项参数变化较大，液压缸所面对的工况复杂。二是发生在主机运行过程中，液压缸突然启动时。按标准，启动前应该排净空气，突然启动会导致油液中部分空气因负压而分离出来，在 Y 形密封圈唇口沟槽内引发气爆。上述两种气爆的原因都是因为气体的存在和液压缸的快速运动。

B 故障现象

主机调试时发生的液压缸气爆故障现象：液压缸发生气爆后，活塞密封被烧毁或炭化，活塞与导向套的接触部分炭化，导向套的 O 形密封圈烧焦，导向套挡圈挤出，严重时甚至会出现缸筒局部变形而形成"鼓肚"。主机调试时发生的气爆会导致液压缸的内泄和外漏。

液压缸启动时发生的气爆故障现象：发生在 Y 形密封圈唇口沟槽内，密封圈唇口沟槽出现部分炭化，密封失效。

4.3.4.2 故障分析

下面以装载机液压缸气爆故障为例，对液压缸气爆故障产生的过程及原因进行分析。

（1）主机调试时，液压缸气爆故障发生原因为：

1）操作装载机铲斗急速下降（自重落下），此时，举升液压缸急速收缩；

2）若主机液压回路设计不良，会导致举升液压缸（有杆腔）油液供给不足；

3）液压缸内部产生负压（真空状态）；

4）液压缸内部产生空气（油液中溶入的空气分离出来）；

5）操作主机，快速加压（操纵液压缸动作），导致空气和油液形成薄雾状态；

6）产生异常高温；

7）引发爆燃；

8）活塞密封烧损，液压缸内泄。

液压缸气爆发生过程、原因分析及对策如图4-9所示。

（2）液压缸启动时，密封沟槽会发生气爆故障的原因为：由于液压缸安装

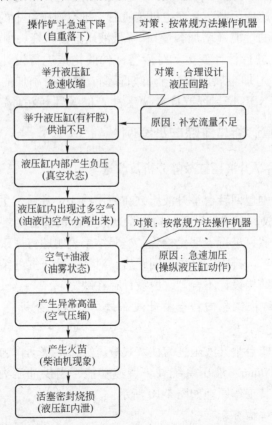

图4-9　液压缸气爆发生过程、原因及对策分析

时，Y形密封圈唇口沟槽内残存部分空气，在液压缸快速运动过程中，残存空气经绝热压缩可在瞬间产生高温高压，远远超过密封材料的耐热极限，从而使密封圈唇口沟槽发生部分炭化现象，导致密封失效。

4.3.4.3　气爆故障的预防与消除措施

A　气爆故障的预防

根据对液压缸气爆故障原因的分析，预防时需要做到：

（1）调试主机过程中，操纵手柄时应做到规范操作，以把液压缸内空气尽量排尽；

（2）在启动液压缸之前，尽量排尽液压缸内空气；

（3）液压缸启动时，不要立即进入高速状态；

（4）在Y形密封圈唇口沟槽内加入润滑脂，以防止空气存留、积聚。

B　气爆故障的消除

气爆故障的消除措施：

（1）对主机液压系统进行改进设计变更，以避免负压的发生。重新审视液压缸急速操作时的速度限制，并在主机装机后，排空液压缸中的气体；改善主机液压系统中补充阀的性能（增加容量）；降低液压缸活塞杆一侧配管的过流阻力。

（2）对液压缸进行设计变更。对活塞零件的构造进行设计变更：在活塞烧损隔壁（有杆侧）追加金属制或有金属如青铜、铸铁等添加的密封环或抗污环（如韩国 SJ 生产的 KDR 密封环或日本 NOK 生产的 KZT 抗污环）。

4.4　液压缸故障诊断与排除典型案例

4.4.1　钢包回转台举升液压缸故障分析及改进

某钢厂连铸机钢包回转台举升液压缸在使用约 3 个月后发生故障，造成停机76h 的设备重大事故。事故发生后，检查发现液压缸的前法兰端盖变形、螺钉断裂。首先对断裂的螺钉进行了理化检验，检验结果表明螺钉属于高应力断裂，但其质量符合标准要求。排除螺钉质量问题后，对举升液压缸的结构进行了分析和计算，发现液压缸结构设计不合理，原设计存在缺陷。

4.4.1.1　连铸机钢包回转台举升液压缸工作状况分析

A　液压缸工作原理

连铸机钢包回转台举升液压缸为柱塞式液压缸，柱塞动作为直线举升，靠负载下降，行程为 600mm。液压系统具备调速功能，当供油压力高于 22MPa 时，通过溢流阀溢流，其工作原理如图 4-10 所示。

B　液压缸的结构分析

图 4-11 所示为钢包回转台举升液压缸的结构。柱塞向上移动（图中为向左

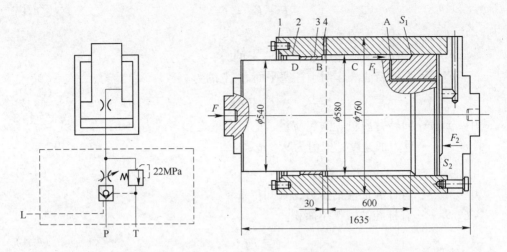

图 4-10　液压缸工作原理　　　图 4-11　钢包回转台举升液压缸结构
1—螺钉；2—V 形油封；3—导向套；4—螺塞

移动）为上升动作，向下移动（图中为向右移动）为下降动作。在上升过程中，有杆腔 C 中的油液经油口 A 流回无杆腔。在油口 A 经过 B 点之前，C 腔中的油压与工作油压相等；当油口 A 经过 B 点后，有杆腔中的油液将通过导向套 3 与柱塞杆之间的微小间隙进入油口 A 回流，由于柱塞上升速度即有杆腔内油液被压缩的速度高于油液回流速度，有杆腔内油液的压力将不断升高，其压力向下作用使柱塞运动减速，起到阻尼缓冲作用。但在液压缸实际工作过程中，由于间隙极小，油液回流速度远低于油液被压缩的速度，油口 A 基本丧失了回油作用，使有杆腔变为近似封闭状态，导致有杆腔内油液压力异常升高，其向上的作用力导致前法兰螺钉断裂，端盖 1 被顶开。其力的作用可分为两个阶段：

第一阶段：油液经导向套 3 作用于 V 形油封 2 上。其作用力向上压缩 V 形油封，使油封下面产生间隙并充满高压油。

第二阶段：高压油液作用于 V 形油封下平面 D 上，其作用力推动油封向上作用于法兰。

C　计算分析

a　计算有杆腔内油液的压力

当油口 A 向上经过 B 点后，可以将有杆腔看作全封闭状态。此时，由于有杆腔内油液无法回流，油液压力增高，为保证柱塞上升速度，液压缸的工作压力也要相应增高。由图 4-10 可知，由于进油管路上溢流阀的存在，其工作压力最高可达到 22MPa。当工作压力达到 22MPa 后，受有杆腔内油液压力作用，柱塞作减速运动。取油口 A 经过 B 点后且液压缸工作压力为 22MPa 时作为研究工况，进行柱塞受力分析，此时柱塞达到受力平衡。由图 4-11 可知：

$$F + F_1 = F_2 \tag{4-1}$$

式中　F——负载产生的重力；

　　　F_1——有杆腔油液作用于平面 S_1 上的力；

　　　F_2——无杆腔油液作用于柱塞平面 S_2 上的力。

$$F = mg \tag{4-2}$$

式中　m——回转臂质量、满包质量、空包质量之和，约为150t；

　　　g——重力加速度，取值为 9.8m/s。

$$F_1 = p_1 S_1 \tag{4-3}$$

式中　p_1——有杆腔油液的压力，未知待求；

　　　S_1——有杆腔油液作用面积。

$$F_2 = p_2 \times S_2 \tag{4-4}$$

式中　p_2——液压缸工作压力，取值为 22MPa；

　　　S_2——柱塞面积。

将式(4-2)~式(4-4)代入式 (4-1) 中得：

$$mg + p_1 S_1 = p_2 S_2$$

即　　　　　　　$$p_1 = (p_2 S_2 - mg)/S_1 \tag{4-5}$$

已知：柱塞直径为 0.58m，柱塞杆直径为 0.54m，则：$S_1 = 0.14 \mathrm{m}^2$；$S_2 = 1.056 \mathrm{m}^2$；$mg = 1.47 \times 10^3 \mathrm{kN}$。

将各项代入式 (4-5) 得：

$$p_1 = 155.443 \mathrm{MPa}$$

$$F_1 = p_1 S_1 = 21.762 \times 10^6 \mathrm{N}$$

b　计算油液在两个阶段中产生的力

油液在第一阶段产生的力 F_1。油封直径为 0.5425m，则：

$$F_1 = p_1 \times \pi \times (0.5425^2 - 0.54^2) = 1.38 \times 10^6 \mathrm{N}$$

油液在第二阶段产生的力 F_2。由图 4-11 可知，间隙内的油液压力与有杆腔内油液压力是相等的，并且平面 D 的面积与平面 S_1 的面积相等。显然，有

$$F_1 = p_1 S_1 = 21.762 \times 10^6 \mathrm{N}$$

$$F_2 = F_1 = p_1 S_1 = 21.762 \times 10^6 \mathrm{N}$$

c　前法兰端盖螺钉强度校核

液压缸前法兰端盖共有 12 条 M30×80、10.9 级的紧固螺钉，由《机械设计手册》查得每条螺钉的保证载荷 $f_s = 0.466 \times 10^6 \mathrm{N}$。

每条螺钉所受的最大载荷 $f_{\max} = F_2/12 = 1.8135 \times 10^6 \mathrm{N} \gg f_s$

当有杆腔内油液产生的压力在第二阶段向上作用于油封并推动油封向上作用于法兰时，每条螺钉所受的最大载荷远远大于其保证载荷。因此，必将导致螺钉断裂、法兰变形。

4.4.1.2 改进措施

有杆腔内油液无法回流而使油压异常增大是导致法兰损坏的原因，必须降低其油压才能保证液压缸的正常工作。将螺塞4去掉，并在同一位置连接了一条管路回油箱，在管路上加装了一个溢流阀，如图4-12所示。溢流阀的设定压力为31.5MPa，当油口A经过B点后，油液压力异常增高时可进行卸压；对前法兰端盖起到保护作用。

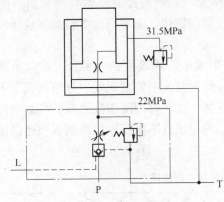

图4-12 改进后的液压缸原理

溢流阀的设定压力 $p_溢$ 的选定：有杆腔中的油液产生的力必须小于12条紧固螺钉保证载荷的总和，即

$$p_溢 < 12f_s/S_1 = 39.94\text{MPa}$$

将溢流阀的压力设定为31.5MPa，既保证了液压缸的阻尼缓冲作用，又保证了紧固螺钉的安全使用。

4.4.2 工程机械液压缸不保压故障与修理

工程机械液压缸的锁紧回路系统如图4-13所示。它由液压泵1、换向阀2、液控单向阀3、液压缸4及溢流阀5等组成。机械作业中常遇到液压缸不能保压故障，即发生活塞杆自然移动（俗称跑缸）现象，究其原因主要由以下几种因素造成，并各有其独特的故障征兆（见表4-1）。

（1）液压缸内存在较多空气时，可让液压缸在空载或轻载状态下，进行大行程往复运动，直至空气排净；若液压缸上部设有排气装置，可松开排气阀螺钉排出油液中的气体。此外，应将导致空气混入的损坏元件进行修复。

（2）当液控单向阀存在反向泄漏时。应检查阀芯有无偏磨或划痕，若损坏程度较轻，可用0.001mm的氧化铝磨粒加入机油调配研磨，修复后用煤油渗透法检验。如果是因控制油压K无法

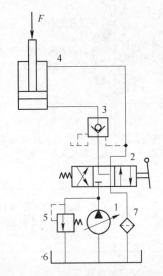

图4-13 工程机械液压缸锁紧回路
1—液压泵；2—换向阀；3—液控
单向阀；4—液压缸；5—溢流阀；
6—油箱；7—回油过滤器

释放造成单向阀关闭不严,则应检查液压回油路的背压是否过高、回油过滤器是否阻塞或检查所更换的换向阀中位机能与原配是否相符。

(3)液压缸外泄漏现象比较直观,若活塞杆端密封圈或缸盖处接合面 O 形圈老化、损伤,应予更换;若是活塞杆出现轴向拉伤,则可采用镀铬修复或换新活塞杆。

(4)液压缸内泄漏是液压缸不保压诸因素中影响最大的一种,且故障分析不像其他因素那样直观。由于阀件、液压泵的泄漏或系统溢流阀、分流阀调节不当,都可能产生类似液压缸内泄漏的故障征兆,故在修理液压缸之前,应查询液压缸工作压力、活塞全行程时间等资料,了解液压缸不保压现象属偶发型还是渐变型等,并与历史记录或标准值做比较。

表 4-1 活塞杆自然移动主要原因

因　素	故　障　现　象	原　因　分　析
液压缸内有空气	液压缸活塞杆出现爬行、颤抖,液压油管脉动大	(1)液压缸内部形成负压,空气被吸入缸内。 (2)油箱中油面过低,液压泵吸入空气。 (3)系统各管接头、阀等密封不良。 (4)油箱的进出油之间距离过短。 (5)液压缸在制造和修配时,形状偏差、尺寸公差和配合间隙不符合要求。 (6)滤清器容量不够或附着其上的脏物较多
液控单向阀反向泄漏	在阀芯关闭状态,拆开液控单向阀外泄管路,有大量油液流出,用一字旋具贴近阀腔侧听时,有液流声	(1)液控单向阀密封不严或卡滞。 (2)因换向阀中位机能选用不当(一般为 H、Y)或其他原因使控制油压 K 无法释放,使换向阀中位时,单向阀关闭不严
液压缸外泄漏	活塞杆端、缸盖接合面、管接头等处漏油	(1)活塞杆密封圈破损老化,活塞杆拉伤。 (2)缸盖接合面、管接头、胶圈破损。 (3)液压油黏度过低。 (4)液压缸进油口阻力太大或周围环境温度太高等引起液压油温度过高
液压缸内泄漏	液压缸推力不足,速度慢,或液压缸工作时建立不起最高额定压力	(1)活塞上密封圈老化、龟裂或安装时扭转。 (2)缸筒内壁有较深的纵向拉伤

一旦确诊液压缸产生了内泄漏,应将液压缸解体,并更换活塞上的各种密封圈,具体工艺过程如下:

(1)拆卸、检查。先清理修理场地,将液压缸外部清洗干净,准备好防尘用品。然后利用工作油压将活塞杆移到缸筒的任意一方末端;松开溢流阀,使回路卸压；排出液压缸两腔的油液；各油口接头处、活塞杆端螺纹用生料带或尼龙布包扎好。

特别提醒： 拉出活塞时应保持活塞与缸筒的同轴度偏差在0.05mm内，活塞端面与缸筒中心线的垂直度偏差在0.05mm内。

最后，检查缸筒内有无纵向拉痕。

（2）组装。用煤油或其他清洗液将缸筒内壁、活塞和活塞杆清洗干净，去掉毛刺，修复好轻度拉痕处，并涂抹一层液压油膜。再检查新换密封圈有无龟裂老化现象，并在装入液压缸前涂上一层高熔点的润滑脂。活塞推入液压缸过程中，应严格控制上述同轴度和垂直度偏差，以免装配时活塞上的密封圈唇口受损。

（3）调试。液压缸组装好后，应进行整个液压系统的试运转，先复校各连接处的紧固情况，调整系统溢流阀压力至规定值，启动液压泵供油并检查有无漏油情况，排除液压缸及系统中的空气。最后，让液压缸进行重载试运转，并记录其工作压力、活塞杆运动速度等技术参数。

4.4.3 登高平台消防车伸缩臂液压缸回缩故障分析及解决

CDZ53登高平台消防车举升高度约53m，平台载重为400kg，水泵及水炮额定流量为50L/s。水炮额定射程不小于60m，最高车速不小于85km/h。

4.4.3.1 工作原理

该车的四节伸缩臂的同步伸缩由行程为8.6m的伸缩液压缸加链条来实现，平衡阀为插装式流量控制阀。利用节流调速的原理进行流量控制，其节流口的开启由平衡阀中活塞的运动决定。活塞的运动又由控制压力的大小决定。当伸缩臂在回缩过程中，液压缸活塞杆加速回缩时，平衡阀的控制压力降低，使平衡阀的开口度减小，允许通过的流量减小，运动速度减慢。当运动速度小于电液比例阀流量要求的速度时，平衡阀的控制压力再升高，使平衡阀的开口度增大，允许通过的流量增大，执行机构的运动速度加快，平衡阀的开口度是在不断增大和减小的动态变化过程中进行不断调整，使得伸缩缸活塞杆的回缩速度保持匀速，从而使伸缩臂回缩的速度保持平稳。

伸缩臂在缩回过程中，因载荷和自重的作用，有超速下降的趋势，并且伸缩机构在工作时承载大。因此在回路中要设置限速装置，而且要选用有锁紧作用的锥阀式平衡阀，否则会因阀的泄漏造成伸缩臂无控制的自动缩回。为了确保伸缩机构的安全，防止工作中软管破裂、伸缩臂突然缩回，造成重大事故，该平衡阀要直接安装在伸缩缸上。另外，由于伸缩缸的行程很长，考虑提高稳定性，活塞杆的直径设计得较大，但为了减少伸缩缸的外形尺寸，其两腔面积差异较大，对同样的供油量，伸缩速度相差很大，即无杆腔的回油量很大，因此也要限制缩回速度。

图4-14所示为伸缩臂液压系统原理。当A通压力油时，压力油经单向阀2进入伸缩缸4右腔，其左腔的油液经B流回油箱，缸体向右伸出。当B通液压油时，压力油一路作用于平衡阀3的阀芯下腔，另一路进入伸缩缸4的左腔，右腔的油液经平衡阀3的节流工位从A流回油箱，缸体向左缩回。二位二通电磁换向球阀1的作用是紧急回缩，当电磁换向球阀电磁铁通电时，在伸缩缸4左腔压力油的作用下，右腔油液经阀1流回油箱，实现快速回缩。

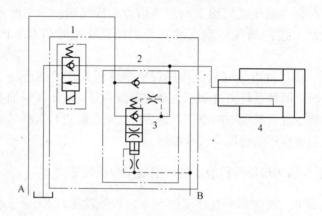

图4-14 伸缩臂液压原理
1—换向阀；2—单向阀；3—平衡阀；4—伸缩缸

4.4.3.2 故障分析与改进

某CDZ53型登高平台消防车在使用中发现，伸缩臂偶尔出现"咚咚"的噪声，有时会持续两三个小时，揭开伸缩臂末端检修盖，响声更加明显。用一根钢管抵住伸缩液压缸缸壁，测量液压缸回缩量，在15min内竟回缩了21mm。该车有四节伸缩臂同步伸缩，反应到工作台就是84mm，远远高于GB 9465.2—1988《高空作业车技术条件》中规定的"在空中停留15min，测定平台下沉量不得大于30mm"的技术要求。

曾判断是平衡阀闭锁性能不好、内泄严重，更换同类型平衡阀阀芯或总成后，故障依旧。化验油质没有任何问题，排空气后也不起作用。该车配有应急电磁阀，其作用是当发动机或其他动力装置出现故障时，使伸缩液压缸在伸缩臂重力的作用下自动收回。正常工作时应急阀无电，紧急降落时有电，经检查该车电磁阀工作正常。在检查中发现，该响声只是出现在平台高度PAT显示臂长21m附近。由于该伸缩液压缸长度近9m，在加工过程中精度要求非常高。因此怀疑液压缸壁存在加工误差，液压缸活塞停在此处时，大小腔内漏，使得小腔内油压升高，打开平衡阀，引起伸缩臂下沉。由此看出，更换油塞密封件只能短时间解决问题，时间长了该故障还会出现，彻底解决只有更换价值 8 万余元的伸缩液压缸。

经拆装，将伸缩臂整体拆下，换上新的伸缩液压缸。装配完成后继续测试，原以为能解决问题，但噪声依旧。不过出现位置由原来的21m 改到了18m，下沉量由原来的21mm/15min 变为 10mm/15min。问题仍未解决。经过多次整车对比测试，发现这一现象在 CDZ 系列登高车中较为普通。问题的根源在于长达 9m 的伸缩液压缸加工精度很难保证，再次更换不仅投入资金较大，而且还不一定能解决问题。

伸缩臂的下沉是由于伸缩液压缸某处缸壁加工精度差，造成该处密闭不严，大腔的液压油向小腔泄漏，使得小腔内油压上升导致平衡阀打开所造成的。只有在小腔回油管道上进行旁通泄压，才能解决此问题。考虑到操作的平顺性，减少运动时的冲击，经过多次试验，采用 2mm 的阻尼孔能够有效避免因流速过大带来的冲击。为了防止在高空停放时间较长造成小腔内油液释放太多，造成重新动作时的延缓，将单向阀的背压增加 0. 2MPa(2kgf/cm²)(见图 4-15 中的 5)。经改进后，反复试验，伸缩臂不再回缩，操作平稳、快捷，噪声彻底解决。

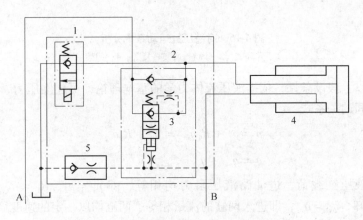

图 4-15　改进的伸缩臂液压回路
1—换向阀；2，5—单向阀；3—平衡阀；4—伸缩缸

4.4.4 叉车液压缸运动错乱的成因和对策

叉车的升降缸和倾斜缸一般相互并联。有时，司机为了提高工作效率，将分配阀的升降手柄和倾斜手柄同时提起，使载荷的上升和前倾形成复合运动。但司机在操作中发现，这种复合运动有时会出现错乱，产生升降缸不升反降、倾斜缸超速前倾的现象。

4.4.4.1 运动错乱的成因

如图 4-16 所示，叉车升降缸、倾斜缸分别垂直、倾斜布置，升降缸为单作用柱塞式液压缸，倾斜缸为双作用活塞式液压缸，两缸共用一个液压泵，并联连接。为了便于分析，假设液压泵至连接点 A 的流量为 q，A 点压力为 p；由货物、货叉、门架所决定的两液压缸下腔油液压力分别为 p_1 和 p_2，倾斜缸右腔回油压力为零；进入两液压缸的流量分别为 q_{v1}、q_{v2}；两条分支油路由元件（图 4-16 中未画出）、管路引起的液压阻力分别为 R_1 和 R_2。

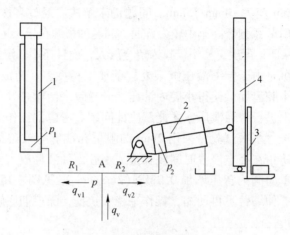

图 4-16   对液压缸运动系统分析
1—升降缸；2—倾斜缸；3—货叉；4—门架

根据以上假设条件，依据液压流体力学的基本理论，可建立压力、流量、液压阻力之间的关系式：

$$p = p_1 + R_1 q_{v1}^2 = p_2 + R_2 q_{v2}^2 \tag{4-6}$$

$$q = q_{v1} + q_{v2} \tag{4-7}$$

当两液压缸载荷、进油路液压阻力均相等，即 $p_1 = p_2$、$R_1 = R_2$ 时，由式（4-6）可知，$q_{v1} = q_{v2}$，即进入两缸的流量相等，两缸均以一定的速度稳定运动。

当升降缸载荷加大，或倾斜缸运动阻力减小，致使 $p_1 > p_2$ 时，$q_{v1} < q_{v2}$，进入升降缸的流量减小、速度减慢，进入倾斜缸的流量增大、速度加快。此时，两液压缸分别处于重载低速、轻载高速的运动工况。

当两液压缸载荷差进一步加大，致使 $p_1 = p_2 + R_2 q_{v2}^2$ 时，$q_1 = 0$，$q_{v2} = q$，即 $p_1 = p_2 + R_2 q_{v2}^2$，液压泵的输出流量全部进入倾斜缸，升降缸停止上行，倾斜缸快速前倾。

当两液压缸载荷悬殊过大，致使 $p_1 > p_2 + R_2 q_{v2}^2$ 时，从式（4-6）中不难看出，此时 $R_1 < 0$，说明升降缸油路油液倒流，升降缸不升反降，且倒流出的油液与液压泵的输出流量一起流进倾斜缸，$q_{v2} > q$，倾斜缸超速前倾，叉车液压缸发生严重的运动错乱。

造成叉车液压缸运动错乱的主要原因是：升降缸压力过大，倾斜缸压力相对较小，两缸压力悬殊过大；油路存在便利的通道，能使升降缸的油液方便地倒流入倾斜缸。

4.4.4.2　结构布置诱发运动错乱

在叉车实际布置中，倾斜缸虽有倾斜，但考虑能耗因素，一般倾角很小，故推动门架倾斜所需的驱动力不大，倾斜缸因运动阻力而产生的压力 p_2 也就不会太大。另外，当门架处于垂直略向前倾的状态时，门架、载荷的重力实际上是在把倾斜缸往前拖，前倾所需驱动力会进一步减小，使 p_2 进一步减小，两缸的压力差自然就会加大，也就容易出现运动错乱现象。同时，门架、载荷的重力还使前倾运动略有加速，使倾斜缸所需流量 q_{v2} 提高，也为升降缸流量 q_{v1} 的减小提供了可能。

升降缸的运动效果则与倾斜缸相反。由于升降缸垂直布置，货物的重力垂直施加在升降缸的柱塞上，升降缸时刻都有下降的要求。司机在提起升降手柄欲使升降缸上升时，液压油的推力与货物重力是一对方向相反的作用力，一个朝上、另一个朝下，当货物重力较大时就有可能使欲上升的货物不升反降。另外，由于升降缸为单作用式液压缸，无法在管路中安装如平衡阀、液控单向阀等限速、锁紧元件，加之缸体尺寸较大，所接油管较粗，故油液的回流管路较为通畅，也为升降缸不升反降创造了条件。

4.4.4.3　采取的对策

A　液流方向控制

在升降缸分支油路中串接一单向阀是避免液压缸发生运动错乱最为简便有效的方法，如图 4-17 所示。当升降缸在上升中压力过大时，单向阀依靠其限制油液流动的特性能有效地阻止油液的倒流，使升降缸在上升运动中只会减速、停止，不会下降。当然，单向阀只有安装在升降换向阀前的进油路上才可达到理想的效果。若单向阀安装在与升降缸直接相接的油路中，升降缸正常的下降运动就无法实现。

在油路中串接单向阀附带的好处是，在升降缸正常上升时如遇发动机突然熄

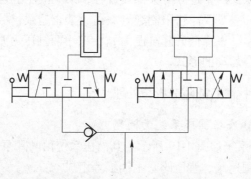

图 4-17　液流方向控制系统示意图

火或液压泵突然发生故障，单向阀可避免升降缸因失去液压泵油源而在载荷重力作用下发生的下降现象。

　　B　压力信号控制

　　将压力升高的压力信号转换成电信号，再将电信号转换成油路通断信号，是避免升降缸不升反降现象的另一种较为理想的方法，如图4-18所示。在升降缸油路中串接了一个二位二通常开式电磁阀及一个压力继电器，使两元件电路以适当的方式相连。在升降缸上升时，若压力升至某一值，压力继电器就会发出电信号，使电磁阀通电，通往升降缸的油路就被迅速切断，使升降缸运动停止，但不会下降。

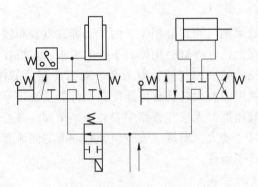

图4-18　压力信号控制系统示意图

　　如何确定压力继电器的动作压力值是实现压力信号控制的关键，叉车的额定起重量、升降缸的额定压力、升降缸与倾斜缸的最大速度比等参数均是要考虑的因素。理论上，动作压力值应低于$p_2 + R_2 q_{v2}^2$。叉车出厂时，厂方技术人员就应根据液压缸不升反降试验的压力临界值调定好压力继电器，使其动作压力略低于试验时的压力临界值。

　　C　规范操作

　　司机在操作时只要严格遵守有关操作规程，叉车液压缸运动错乱的现象是可以减少甚至避免的：一是要严格限制起升载荷，禁止超载，尽量减少起重量接近额定载荷的操作频率，以降低升降缸压力p_1，缩小两缸压力差；二是要尽量避免采用上升、倾斜复合运动的形式。

4.4.5　液压刨床滑枕爬行故障分析与处理

4.4.5.1　B690液压刨床系统的问题

　　B690液压刨床系统如图4-19所示。其液压系统由叶片泵、溢流阀、换向阀、进给阀、制动阀、调速阀、背压阀、主油缸等组成。

　　某B690液压刨床在机械零件加工中滑枕经常出现走走停停的问题，在加工

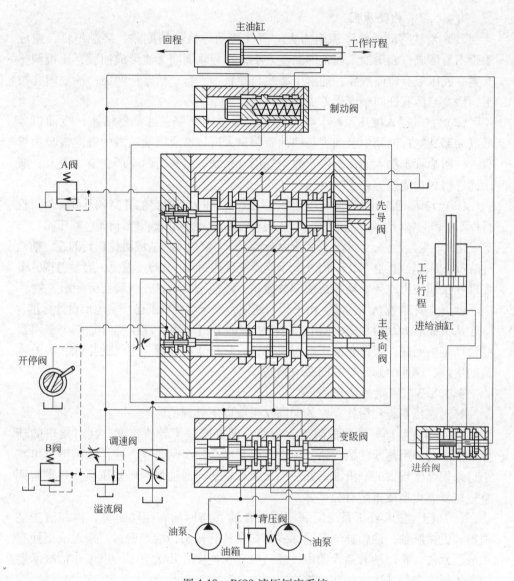

图 4-19　B690 液压刨床系统

零件吃刀量越大时，走得越慢，情况严重时还会出现闷车，使生产不能顺利进行。

当液压系统出现故障时，滑枕可能产生不均匀的停顿和跳跃现象，称为液压爬行，在低速状态下尤为显著，严重时在较高的运动速度下，也能观察到这种现象。机床滑枕爬行严重影响零件加工精度和表面光洁度，并缩短刀具的使用寿命，尤其是出现闷车现象时，将使生产无法进行。影响爬行的因素很多，也较复杂。

4.4.5.2　相关原因

（1）滑枕移动导轨摩擦阻力大。滑枕移动导轨的精度差、接触不良，造成油膜不易形成；润滑油太稀，即黏度太小，在导轨面间无法形成油膜；压板调整太紧，或压板有弯曲现象；油缸中心线与导轨不平行；活塞杆弯曲；油缸内孔拉毛；活塞与活塞杆同轴度误差大等。

（2）空气侵入液压系统。油面过低，吸油不流畅；滤油器堵塞，吸油口处形成局部真空；油箱中吸油管与回油管距离太近，造成回油飞溅的气泡被吸油管吸入；回油管未浸入油面，停车时空气侵入系统；接头密封不严，空气侵入；液压元件密封性能差等。

（3）与调压部分有关的压力控制阀有故障。压力有时突然升高和下降，使滑枕行程不平稳有爬行现象。溢流阀、背压阀有故障；无级调速阀（节流阀、减压阀）节流变化大、稳定性差；A 阀、B 阀压力调整不当，都能间接造成滑枕爬行问题。前两种故障原因比较常见。第三种压力调节阀及流量控制阀的故障不常见，容易忽视，多表现在长期使用或频繁动作造成钢球撞伤，不能密封阀口，弹簧疲劳变形失效。

（4）刨床滑枕精度问题。由于长期使用，刨床滑枕精度已严重超出设计标准。

从上面对 B690 液压刨床滑枕爬行机理的分析表明：液压爬行是一个多因素综合产生的问题；要消除液压爬行故障，应从导轨的润滑、空气的排除、失效弹簧的更换、阀座的修复等方面采取措施。

4.4.5.3　问题的处理

针对液压系统和滑枕存在的问题，采取以下处理措施。

（1）滑枕移动导轨摩擦阻力大问题。彻底修复了导轨精度。在对接口的新导轨上涂上一层薄薄的氧化铬，用手对研几次，减少刮研点，这样摩擦阻力可减小；采用黏度较大的润滑油，并适当加大滑枕的润滑油量；修复压板，并重新调整；修复、更换或重装有关零件。

（2）空气侵入液压系统问题。增大吸油管与回油管相隔距离；拆卸清洗滤油器；更换脏油，油箱补油至油标线；拧紧各管接头，检查密封，修理或更换有关液压元件，将回油管插入油中，然后以较快速度开几次空车，以工作油缸活塞的最大行程进行几次空运转，排出空气。

（3）调压阀的故障。重新调整 A 阀、B 阀及背压阀压力；更换 B 阀钢球和变形失效的弹簧；修复阀座。

4.5　液压缸的修理

4.5.1　缸筒、活塞和活塞杆磨损或拉沟的修理

4.5.1.1　对其内、外径及圆度进行精确测量

修理时，要对其内、外径及圆度进行精确测量。若缸筒内孔磨损较严重，可

用研磨芯轴研磨或在镗床上珩磨修理；如果活塞外圆磨损，可用电镀修复，磨损严重的应更换。若活塞杆磨损，可先进行刷镀，后进行磨削，最后调整活塞杆与导向套的配合精度，此时可对导向套适当扩孔或重新车制导向套。当进行上述修理时，切记要及时更换各种橡胶密封件。

4.5.1.2 采用刷镀或焊补修复

活塞杆出现拉沟或产生其他硬伤时，可采用刷镀或焊补修复。补焊时，要先将活塞杆放稳，用酸水洗净油污，再将一块紫铜板（厚2mm）弯成图4-20所示形状，其焊接开口的大小、形状要根据实际需要剪切，最后用螺钉将其夹紧在活塞杆上，且邻近的地方还要用绝缘材料挡好，才能开始补焊。焊后须修磨。

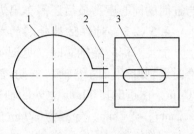

图 4-20 焊补保护罩
1—紫铜罩；2—紧固螺钉；3—焊接开口

4.5.1.3 电刷镀修复工艺

（1）电净。选用 TGY-1 号电净液，活塞杆接电源负极（正接），通电，电压 10~14V，时间 10~30s。电净的目的是去除表面油膜。电净后，用自来水冲去活塞杆表面的残液。

（2）活化。选用 THY-5 号活化液，活塞杆接电源正极（反接），通电，电压 12~15V，时间 10~30s；活塞杆接电源负极（正接），通电，电压 10~12V，时间 10~20s，此时活塞杆表面呈银灰色。活化目的是去除活塞杆表面的氧化膜。

（3）刷镀底层。镀特镍（TDY101），无电擦拭 3~5s。活塞杆接电源负极（正接），通电，电压 15~18V。阴阳极相对运动速度 10~15m/min。镀层厚度 $\delta = 2\mu m$。

（4）刷镀工作层。选用快速镍（TDY102），无电擦拭 3~5s。活塞杆接电源正极（反接），通电，电压 15V。阴阳极相对运动速度 12~15m/min，以消除应力、提高强度。当损伤处填满后，用金相砂纸、油石打磨表面，并用样板进行检测。

（5）刷镀最终工作层。活塞杆接电源正极（反接），通电，电压 15V。阴阳极相对运动速度 12~15m/min。镀铬金，镀层厚度 $\delta = 2~5\mu m$。

（6）抛光。用抛光轮对刷镀处进行抛光，使其表面粗糙度达到 $R_a = 0.4\mu m$，尺寸精度符合要求。

4.5.2 缸筒的对焊及焊后处理

设备发生折臂后，液压缸往往变形很大，不能再用，对焊两段直径相同的缸筒时解决不了焊口处焊后直径缩小的问题。现介绍一种对焊缸筒的修理工艺。

4.5.2.1　缸筒焊接前的机加工

将两段直的缸筒进行对接前（见图 4-21），应先将对接的两个端面在车床上加工平齐后，在对接部位分别加工出凹进和凸起的对接止口（定心轴径），止口轴向长度为 5~8mm，轴、孔的配合公差为 0~20μm；同时，应确保内、外止口与缸筒的同心度；最后还需车出焊接坡口。

4.5.2.2　对焊防缩轴芯的加工

加工对焊防缩轴芯时（见图 4-22），先要精确测量所接缸筒的内径，以防研磨时遇到麻烦。防缩轴芯的防缩轴径与缸筒对接处的内孔配合公差应为 0~20μm，在超出其 60mm 之外的轴径配合公差应为 20~50μm。轴径外圆上要车出深 1mm、宽 2mm、导程为 12mm 的螺纹槽，螺纹槽的边缘要修磨出光滑的圆角，以免刮伤缸筒。同时，在轴芯的中心加工出 M24 或以上的螺纹通孔，且将螺纹通孔两端加工成较大的锥形孔，以利于拧入螺杆时找正。轴芯两端应倒角，以方便焊后取出。对焊前，在轴芯左、右各 1/2 处的表面上先后涂满黄油；然后分别套上缸筒 1 和缸筒 2（见图 4-21），并使其对接止口接好且要对准轴芯的中点，待缸筒 1 和缸筒 2 的端面接触严密后，沿焊口四周把油脂擦净；最后将缸筒架在四段 V 形铁上焊接即可。

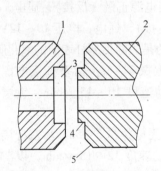

图 4-21　缸筒焊接前机加工示意图

1—缸筒 1；2—缸筒 2；3—内止口；

4—外止口；5—焊接坡口

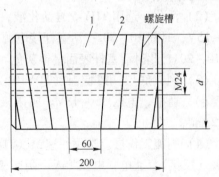

图 4-22　缸筒对焊防缩轴芯

1—防缩轴径；2—定心轴径

4.5.2.3　将轴芯从缸筒中取出

焊接完毕，待完全冷却后，将长螺杆拧入防缩轴芯螺孔即可将轴芯从缸筒中取出来（见图 4-23）。还有一种用液压油取出防缩轴芯的办法，即将图 4-23 中长螺杆 4 变成空心管，左端用螺塞封死，右端用螺纹与手动泵出油口连接；然后用手压泵向螺杆中打

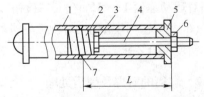

图 4-23　取出对焊防缩轴芯及手工研磨示意图

1—缸筒；2—防缩轴芯（或研磨芯轴）；3—锁紧螺母；

4—长螺杆；5—护套（取出支撑垫）；6—螺母；

7—焊口；L—焊口到缸头外端距离

油，当油压上升到一定程度后，防缩轴芯便会从缸筒中退出来。但因油易污染环境，此法不宜常用。

4.5.2.4　焊后研磨

焊后要对缸孔进行研磨，有条件的可用镗床磨削或专用设备珩磨。手工研磨的方法是：先制作精磨用研磨芯轴（见图4-23中的2），其直径比缸筒内径小40~60μm；芯轴表面车出深2mm、宽2mm、导程12mm的螺旋槽，槽的边缘须修整光滑，中心加工出M20螺孔（拧长螺杆用，见图4-23中的4）。研磨时，先按照图4-23中的L尺寸在长螺杆上刻一记号，同时，在距离该记号两边都等于研磨芯轴长度1/2处再分别做一个记号，以此两边的记号为限来回推、拉芯轴，进行研磨。研磨用的金刚砂或其他研磨剂都应细一些，且要用油调匀。研磨时，缸筒最好是竖放，但这需要有很深的坑，所以常将缸筒斜放，并应在研磨过程中不断按照90°、180°、270°的角度顺序转动缸筒，以使研磨均匀。

4.5.2.5　护套（取出支撑垫）

护套安装在缸筒头部，研磨时能防止长螺杆运动时碰撞缸筒端口，在用长螺杆取出防缩轴芯时能当支撑板使用，承受拉动轴芯的力量，因此法兰盘要有一定厚度（见图4-24）。

4.5.2.6　缸筒焊口部位的加强

缸筒对焊后有时需要对焊口部位进行加强，加强板或加强圈的大小、长短、材质等均视具体情况而定。图4-25（a）是用一个圆环加强，图4-25（b）是用三块弧形板加强，前者较好。应用圆环加强法，一般不将加强环的两端做成坡口状，以便将焊口位置在缸筒轴向上错开，分散焊接应力。另外加工加强环比较困难，因此都用一段两端面平行的圆环来加强。这种加强方法，不仅用在汽车起重机液压缸上，在其他设备缸筒上也用得较多。

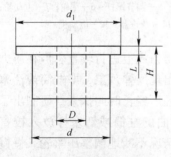

图4-24　护套取出支撑垫

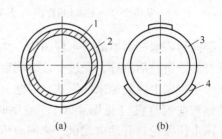

图4-25　两种加强方式

（a）一个圆环加强；（b）三块弧形板加强

1—缸筒；2—加强环；3—缸筒；4—加强板

4.5.3 缸筒和活塞杆的校直

4.5.3.1 长圆柱体弯曲校直机校直

长圆柱体弯曲校直机如图 4-26 所示。

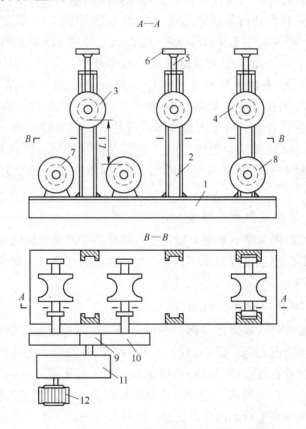

图 4-26 长圆柱体弯曲校直机

1—底座；2—门架（内有导轨）；3—压紧调直轮；4—压紧轮；5—调节螺杆；6—手轮；7—主动轮；
8—从动轮；9—主动小齿轮；10—从动大齿轮；11—减速器；12—电动机

缸筒和活塞杆因事故产生弯曲后，一般要在压力机上进行较直。但在压力机上校直的缸筒或活塞杆，经过一段时间后往往会出现反弹现象，即缸筒或活塞杆会在一定程度上恢复原来的形状。因此，有的修理厂经长时间探索，研制出了长圆柱体弯曲校直机（见图 4-26）。使用时，将弯曲的缸筒或活塞杆放入校直机中，压上压紧轮，开动电动机，来回滚压，根据情况不断地调整压紧轮，慢慢地即可将弯曲的缸筒或活塞杆校直。与在压力机上的校直不同，在校直机上进行校直，不但能够将弯曲的部位校直，而且缸筒或活塞杆因弯曲而产生的内应力能在上、下滚轮的反复作用下得到释放，保障其在校直后不反弹。缸筒或活塞杆在进入校直机前，应先进行一定的预校直工作，将其上机前的弯曲度控制在一定范围内（见图4-27）。图4-27中有两段弯曲的长圆柱体，这在校直机上进行校直是经常遇到的，设备允许其最大的弯曲度 H 就是图4-26中上、下滚轮间的最大距离。

图4-27 上机前圆柱体所允许的最大弯曲度

1—理论中心线；2—实际弯曲度

H—设备允许的最大弯曲度

4.5.3.2 其他校直方法

对于长径比（指活塞杆长度 L 与活塞杆直径 d 之比）大的液压缸（$L/d > 15$，如起重机吊臂伸缩缸、支腿水平缸等），由于其行程较大、两端铰接、液压缸自重和负荷偏心等因素，使活塞杆易失稳弯曲，应按活塞杆外径的大小，采用不同的方法进行校直。

外径较小的活塞杆（$d \leqslant 55$，如支腿水平缸活塞杆）弯曲后，可用千斤顶校直（见图4-28）。先将一个倒 L 形钢架 3 焊在钢板 1 上（必要时焊加强筋），活塞杆两端用方木垫平，将千斤顶放在钢架 3 与活塞杆之间（注意：在活塞杆与千斤顶之间须用一定厚度的棉纱隔开）。然后，使千斤顶顶杆慢慢伸出并顶压弯曲的活塞杆，目测其平直后，将千斤顶顶杆压紧不动，保持 15min 左右，再进行第二次顶压。第二次顶压应使活塞杆轴线向原弯曲的反方向略有弯曲，保持 20min 后，打开千斤顶单向阀以解除其压力，如目测活塞杆轴线已平直，再进行直线度检测，满足要求（1000∶0.06）即可。

外径较大（$d > 55mm$）的活塞杆弯曲后，可用压力机校直。由于外径较大的活塞杆校直时需要较大的力，故校直过程须在压力机上进行，具体方法如图4-29

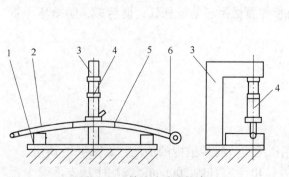

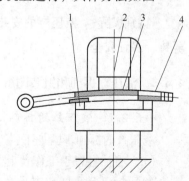

图4-28 利用千斤顶校直

1—钢板；2—方木；3—倒 L 形钢架；

4—千斤顶；5—棉纱；6—活塞杆

图4-29 压力机校直

1—V 形铁；2—压力机；

3—棉纱；4—活塞杆

所示。在校直过程中，活塞杆与金属之间要用一定厚度的棉纱隔开。同时，须将活塞杆两端固定，以免滑脱出去。

4.6 液压缸的安装拆卸

4.6.1 液压缸安装拆卸基本要求

在将液压缸安装到系统之前，应将液压缸标牌上的参数与订货时的参数进行比较，以免弄错。

液压缸的基座必须有足够的刚度，否则加压时缸筒成弓形向上翘，使活塞杆弯曲。

缸的轴向两端不能固定死。由于缸内受液压力和热膨胀等因素的作用，有轴向伸缩。若缸两端固定死，将导致缸各部分变形。拆装液压缸时，严禁用锤敲打缸筒和活塞表面，如缸孔和活塞表面有损伤，不允许用砂纸打磨，要用细油石精心研磨。导向套与活塞杆间隙要符合要求。

液压缸及周围环境应清洁。油箱要保证密封，防止污染。管路和油箱应清理，防止有脱落的氧化铁皮及其他杂物。清洗要用无绒布或专用纸。不能使用麻线和黏结剂做密封材料。液压油按设计要求，注意油温和油压的变化。空载时，拧开排气螺栓进行排气。

拆装液压缸时，严防损伤活塞杆顶端的螺纹、缸口螺纹和活塞杆表面。更应注意，不能硬性将活塞从缸筒中打出。

在拆卸液压缸前，先松开溢流阀，将系统压力降为零，再切断电源，系统停止工作。

若要从设备上卸下液压缸，就松开进、出油口配管和活塞顶端的连接头、安装螺栓等。

特别提醒： 液压缸的安装与拆卸要做到三防一保证：防污染、防损坏、防弄错，保证安全。

4.6.2 液压缸拆卸和组装图解

4.6.2.1 液压缸的拆卸

液压缸的拆卸步骤如下：

(1) 将油缸置于工作台上，用压缩空气排掉缸内的油液，如图 4-30 所示。

(2) 拆下活塞杆和支承套，并拉出活塞杆约 200mm，按顺序从支承套上拆下固定螺栓（为防止损伤活塞杆，用布盖住活塞杆），如图 4-31 所示。

(3) 在支承套上装上两个固定螺栓，顺时针旋入，使支承套和缸体间出现

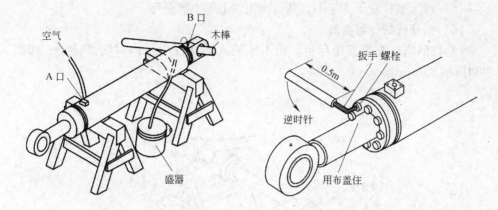

图 4-30 用空气排掉缸内的油液   图 4-31 拆卸固定螺栓

间隙，用塑料手锤敲击支承套边，用绳索吊住活塞杆，拉出活塞杆，如图 4-32 所示。

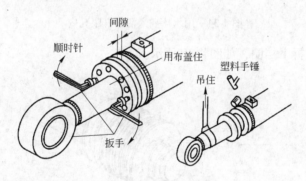

图 4-32 拆卸活塞杆

（4）当活塞杆拉出 2/3 时，将起吊点移动活塞杆的重心处，吊出活塞杆，如图 4-33 所示。

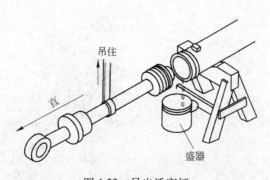

图 4-33 吊出活塞杆

（5）将活塞杆置于支架上，从活塞组件上拆下磨损环。

（6）活塞杆的分解拆卸。

1）将活塞杆置于工作台上，用木棒插入活塞杆眼孔内以防其滚动，如图4-34所示。

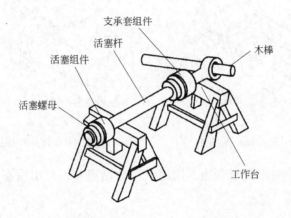

图 4-34 用木棒插入活塞杆眼孔内

2）用旋凿拆下挡圈，如图 4-35 所示。

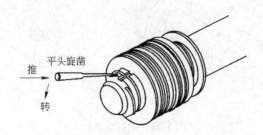

图 4-35 拆卸挡圈

3）用扳手拆下活塞螺母，如图 4-36 所示。如活塞螺母较紧，可在扳手柄上

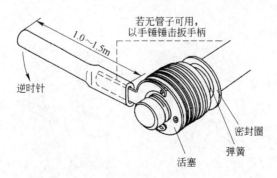

图 4-36 拆卸活塞螺母

套上管子，若无管子，可以手锤击扳手柄进行拆卸。

4）利用同侧的 4 个孔拆下活塞。拆下弹簧和密封圈，小心损坏 O 形圈。

5）用塑料手锤将支承套从活塞杆上拆下，小心损坏衬套和密封件，如图 4-37 所示。

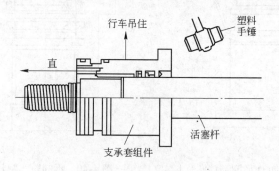

图 4-37　拆卸支承套

6）拆下 O 形圈和挡圈。

（7）活塞组件分解拆卸。

1）拆下磨损环（每个两件）。

2）用旋凿和锤子切断来拆下滑动密封和 O 形圈，小心损坏 O 形圈槽，如图 4-38 所示。

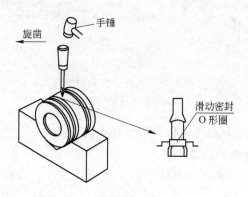

图 4-38　拆卸滑动密封和 O 形圈

（8）支承套组件分解拆卸。

1）拆下 O 形圈和挡圈，如图 4-39 所示。

2）用刀拆下阶式密封件、O 形圈、U 形密封圈和挡圈，如图 4-40 所示。

3）拆下卡环和防尘圈，如图 4-41 所示。拆卸时，夹住卡环不让其转动，然后用旋凿撬拆下卡环。拆卸防尘圈时，可借助手锤的敲击力冲出防尘圈。

4）拆下卡环和活塞杆衬套。

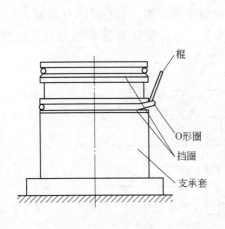

图4-39 拆卸O形圈和挡圈

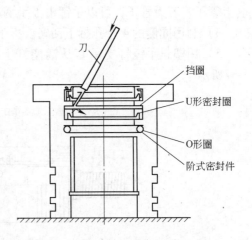

图4-40 拆卸阶式密封件、O形圈、
U形密封圈和挡圈

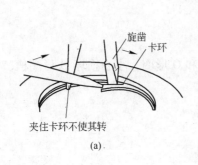

(a)

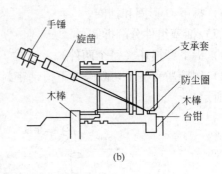

(b)

图4-41 拆卸卡环和防尘圈
（a）拆卸卡环；（b）拆卸防尘圈

5）用夹具将轴套从缸体组件和活塞杆上拆下。

4.6.2.2 液压缸的组装

液压缸的组装顺序如下：缸体组件、活塞杆组件、活塞组件、支承套组件、液压油缸组件。

（1）缸体组件的组装：将轴套压入缸体组件内，然后装配活塞杆。

（2）活塞杆组件的组装：将活塞杆衬套和防尘圈压入支承套内。装上内外两个卡环。给O形圈、阶式密封件、挡圈、U形密封圈涂上油脂并依次安装上。最后装上O形圈和挡圈。

（3）活塞组件的组装：给O形圈涂上油脂后装上，将滑动密封放到温度为150~180℃的油中加热5min。用工具将O形圈装到活塞上，并用一收缩夹夹住2~3min让其冷却。取下收缩夹具后，用塑料袋包住滑动密封件以防受外来物质如灰尘的污损。

（4）支承套组件的组装：将活塞杆置于工作台上，装上O形圈和挡圈。用工具和活塞螺母将支承套组件装到活塞杆上。装上帘板和弹簧，将活塞组件装到活塞杆上。拧紧活塞螺母，然后装上挡圈。最后将磨损环装到活塞组件上。

（5）组装液压油缸组件：将活塞杆组件装入缸体，将缸体置于工作台上，用吊车吊住活塞杆将杆组件装入缸体，安装并拧紧固定螺栓。

5 液压马达安装调试与故障维修

本章通过图解与实例，系统介绍液压马达的安装调试与故障维修方法。

5.1 液压马达概述与典型结构图示

5.1.1 液压马达概述

液压马达是将液体压力能转换为机械能的装置。液压马达输出转矩和转速，是液压系统的执行元件。马达与泵在原理上有可逆性，但因用途不同结构上有些差别：马达要求正反转，其结构具有对称性；而泵为了保证其自吸性能，结构上采取了某些措施。液压马达的使用维护及修理方法，在诸多方面与液压泵是相同的。

5.1.1.1 液压马达的分类

按转速分：（1）$n > 500 \text{r/min}$，为高速液压马达，包括齿轮马达、叶片马达、轴向柱塞马达。（2）$n < 500 \text{r/min}$，为低速液压马达，包括径向柱塞马达（单作用连杆型径向柱塞马达、多作用内曲线径向柱塞马达）。

按是否变向与变量分为单向定量液压马达、单向变量液压马达、双向定量液压马达、双向变量液压马达等，如图 5-1 所示。

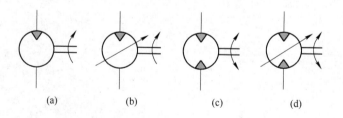

(a)　　　　　　(b)　　　　　　(c)　　　　　　(d)

图 5-1　液压马达分类
（a）单向定量液压马达；（b）单向变量液压马达；
（c）双向定量液压马达；（d）双向变量液压马达

5.1.1.2 液压马达的特性参数

A　工作压力与额定压力

工作压力 p 大小取决于马达负载，马达进出口压力的差值称为马达的压差 Δp。

额定压力 p_s 是能使马达连续正常运转的最高压力。

B 流量与容积效率

输入马达的实际流量

$$q_M = q_{Mt} + \Delta q$$

式中 q_{Mt}——理论流量，马达在没有泄漏时，达到要求转速所需进口流量。

容积效率

$$\eta_{Mv} = q_{Mt}/q_M = 1 - \Delta q/q_M$$

C 排量与转速

排量 V 为 η_{MV} 等于 1 时输出轴旋转一周所需油液体积。

转速 $$n = q_{Mt}/V = q_M \eta_{MV}/V$$

D 转矩与机械效率

实际输出转矩 $$T = T_t - \Delta T$$

理论输出转矩 $$T_t = \Delta p V \eta_{Mm}/2\pi$$

机械效率 $$\eta_{Mm} = T_M/T_{Mt}$$

E 功率与总效率

$$\eta_M = P_{Mo}/P_{Mi} = T2\pi n/\Delta p q_M = \eta_{Mv}\eta_M$$

式中 P_{Mo}——马达输出功率；

P_{Mi}——马达输入功率。

5.1.2 液压马达结构原理图示

摆线式液压马达外形与结构分别如图 5-2 和图 5-3 所示。

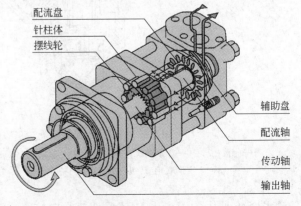

配流盘
针柱体
摆线轮
辅助盘
配流轴
传动轴
输出轴

图 5-2 摆线式液压马达外形　　　　图 5-3 摆线式液压马达结构

轴向柱塞式液压马达结构如图5-4所示。

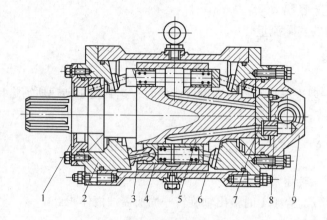

图 5-4　轴向柱塞式液压马达结构
1—压盖；2—斜盘；3—连杆；4—柱塞；5—转子；6—外壳；
7—配流盘；8—芯管；9—供油盖

径向柱塞式低速大扭矩液压马达的结构如图5-5所示。

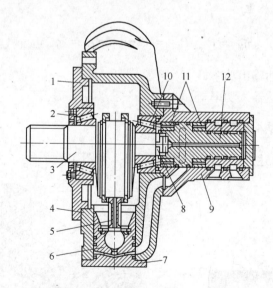

图 5-5　径向柱塞式低速大扭矩液压马达结构
1—前盖；2，10—滚动轴承；3—曲轴；4—壳体（缸体）；5—连杆；6—柱塞；7—缸盖；
8—十字形联轴节；9—集流器；11—滚针轴承；12—配流轴（配流转阀）

图5-6所示为力士乐MRT型双排径向柱塞式液压马达结构。

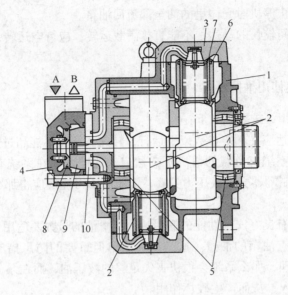

图 5-6　力士乐 MRT 型双排径向柱塞式液压马达结构

1—壳体；2—偏心轴；3—盖；4—端盖；5—轴承；6—缸套；7—柱塞；8～10—控制件

5.2　液压马达安装与维护

5.2.1　液压马达安装注意事项

马达的传动轴与其他机械连接时要保证同心，或采用挠性连接。

马达的轴承受径向力的能力，对于不能承受径向力的马达，不得将皮带轮等传动件直接装在主轴上。某 YE-160 型皮带输送车皮带驱动马达的故障是由这类问题造成的。如图 5-7 所示，主动链轮由液压马达驱动，被动链轮带动输送皮带辊。据使用者反映，该马达经常出现漏油现象，密封圈更换不足 3 个月就开始漏油。由于该车是在飞机场使用，对漏油的限制要求特别高，所有靠近飞机的车辆严禁漏油，因此维护人员只有不停地更换油封，造成人力、财力和时间上的极大浪费。是什么原因造成漏油呢？该液压马达通过链传动来驱动皮带轮，由于链传动也会产生径向力，油封承受径向力后变形，导致漏油。

马达泄漏油管要畅通，一般不接背压，当泄漏油管太长或因某种需要而接背压时，其大小不得超过低压密封所允许的数值。

外接的泄漏油应能保证马达的壳

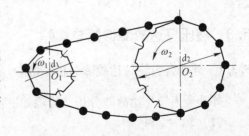

图 5-7　液压马达链传动

体内充满油，防止停机时壳体里的油全部流回油箱。

对于停机时间较长的马达，不能直接满载运转，应待空运转一段时间后再正常使用。

5.2.2　液压马达使用维护要点

液压马达使用维护要点如下：

（1）液压马达应在额定参数以下运行，转速和压力不能超过规定值。

（2）避免在系统有负载的情况下突然启动或停止。在系统有负载的情况下突然启动或停止制动器会造成压力尖峰，泄压阀不可能反应得那么快保护马达免受损害。

（3）使用具有良好安全性能的润滑油，润滑油的号数要适用于特定的系统。

（4）经常检查油箱的油量。这是一种简单但重要的防患措施。如果漏点没被发现或没被修理，那么系统会很快丧失足够的液压油，而在泵的入口处产生涡旋，使空气能被吸入，从而产生破坏作用。

（5）尽可能使液压油保持清洁。大多数液压马达故障的背后都潜藏着液压油质量的下降。故障多半是固体颗粒（微粒）、污染物和过热造成的，但水和空气是重要因素。

（6）捕捉故障信号，及时采取措施。声音、振动和热度的微小变化都会意味着马达存在问题。发出"咔哒"声意味着存在空隙，坏的轴承或套管可能会发出一种不寻常的嗡嗡声，同时有振动。当马达摸起来很热时，这种显著的热度上升就预示着存在故障。马达性能变差的一个可靠迹象能在机器上看出来。如果机器早晨能运行良好，但在这一天里逐渐丧失动力，这就说明马达的性能在变差，马达已被用旧，存在着内部泄漏，而且泄漏会随温度的升高而增加。由于内部泄漏能使密封垫和衬圈变形，因此也可能发生外部泄漏。

特别提醒： 对低速马达的回油口应有足够的背压，对内曲线马达更应如此；否则，滚轮有可能脱离曲面而产生撞击，轻则产生噪声、降低寿命，重则击碎滚轮，使整个马达损坏。一般背压值为 0.3～1.0MPa，转速越高，背压应越高。

5.3　液压马达故障诊断与排除

5.3.1　外啮合齿轮马达故障分析与排除

外啮合齿轮马达故障分析与排除如下：

（1）轴封漏油。

1）泄油管的背压太大，泄油管不畅通。

2）泄油管通路因污物堵塞，或设计时管径过小、弯曲太多等。

3）马达轴封质量不好，选择错误，或者油封破损而漏油。

（2）转速下降，输出扭矩降低。

1）齿轮两侧和侧板（或马达前后盖）接触面磨损拉伤，造成高低压腔之间的内泄漏量大，甚至串腔。

2）齿轮油马达径向间隙超差。

3）油泵因磨损使径向间隙和轴向间隙增大。

4）因液压系统调压阀（如溢流阀）调压失灵致使压力上不去、各控制阀内泄漏量大等原因，造成进入油马达的流量和压力不够。

5）油液温升、油液黏度过小，致使液压系统各部位内泄漏量大。

6）工作负载过大，转速降低。

（3）噪声过大，并伴有振动和发热。

1）系统中进了空气。

2）齿轮马达的齿轮齿形精度不好、马达滚针轴承破裂、个别零件损坏、齿轮内孔与端面不垂直、前后盖轴承孔不平行等原因，造成旋转不均衡，机械摩擦严重，导致噪声和振动大的现象。

（4）低速下速度不稳定，有爬行现象。

1）系统混入空气。

2）回油背压太小。

3）齿轮马达与负载连接不好，存在着较大的同轴度误差，从而造成马达内部配油部分高低压腔的密封间隙增大，内部泄漏加剧，流量脉动加大。同时，同轴度误差也会造成各相对运动面间摩擦力不均，产生爬行现象。

4）齿轮的精度差。

5）油温高和油液黏度变小。

5.3.2 内啮合摆线齿轮液压马达故障分析与排除

内啮合摆线齿轮液压马达故障分析与排除如下：

（1）低转速下速度不稳定，有爬行现象。

1）摆线转子的齿面拉毛，拉毛的位置摩擦力大，未拉毛的位置摩擦力小，这样就会出现转速和扭矩的脉动。

2）定子的圆柱针轮在工作中转动不灵活。

（2）转速降低，输出扭矩降低。

1）同外啮合齿轮泵。

2）转子和定子接触线因齿形精度不好、装配质量差或者接触线处拉伤时，内泄漏便较大，造成容积效率下降、转速下降以及输出扭矩降低。

3）配流轴和机体的配流位置不对两者的对应关系失配，即配流精度不高，将引起很大的扭转速和输出扭矩的降低。

4）配流轴磨损，内泄漏大，影响了配油精度；或者因配流套与油马达体壳孔之间配合间隙过大，或因磨损产生间隙过大，影响了配油精度，使容积效率低，而影响了油马达的转速和输出扭矩。

（3）启动性能不好，难以启动。国产 BMP 型摆线马达是靠弹簧顶住配流盘而保证初始启动性的，如果此弹簧疲劳折断，则启动性能不好。

5.3.3　叶片马达故障分析与排除

叶片马达故障分析与排除如下：

（1）输出转速不够（欠速），输出扭矩也低。

1）转子与定子厚度尺寸差值太大（超过 0.04mm），使转子与配油盘滑动配合面之间的配合间隙过大；

2）配油盘拉毛或拉有沟槽；

3）推压推压配油盘的支承弹簧疲劳或折断；

4）控制压力油未作用在配油盘背面，补偿间隙作用失效；

5）定子内曲线表面磨损拉伤；

6）叶片因污物或毛刺卡死在转子槽内不能伸出；

7）油温过高或油液黏度选用不当；

8）油泵供给油马达的流量与压力不足；

9）油马达出口背压过大。

（2）负载增大时，转速下降很多。

1）同上述原因；

2）油马达出口背压过大；

3）进油压力低。

（3）噪声大、振动严重（马达轴）。

1）与负载连接的联轴器及皮带轮同轴度超差过大，或者外来振动；

2）油马达内部零件磨损及损坏，如滚动轴承保持架断裂、轴承磨损严重、定子内曲线而拉毛等；

3）叶片底部的扭力弹簧过软或断裂；

4）定子内表面拉毛或刮伤；

5）叶片两侧面及顶部磨损及拉毛；

6）油液黏度过高，油泵吸油阻力增大，油液不干净，污物进入油马达内；

7）空气进入油马达，采取防止空气进入的措施；

8）油马达安装螺钉或支座松动引起噪声和振动；

9）油泵工作压力调整过高，使油马达超载运转。

（4）低速时，转速颤动，产生爬行。

1）油马达内进了空气，必须予以排除；

2）油马达回油背压太低；

3）内泄漏量较大。

（5）低速时启动困难。

1）对高速小扭矩叶片马达，多为燕式弹簧折断；

2）对于低速大扭矩叶片马达，则是顶压叶片的弹簧折断或漏装，使进回油串腔，不能建立起启动扭矩；

3）波形弹簧疲劳。

5.3.4 轴向马达故障分析与排除

轴向马达故障分析与排除如下：

（1）油马达的转速提不高，输出扭矩小。油马达的输出功率 $N = pQ\eta$（p 为输入油马达的液压油的压力；Q 为输入油马达的流量；η 为油马达的总效率）。输出转矩 $T = pQn/2\pi$（n 为液压马达的转速）。因此，产生这一故障的主要原因是：1）输油马达的压力 p 太低；2）输入油马达的流量 Q 不够；3）油马达的机械损失和容积损失。具体原因有：

1）油泵供油压力不够，供油流量太少，可参阅油泵的"故障排除"款中有关"流量不够和压力不去"的有关内容。

2）从油泵到油马达之间的压力损失太大，流量损失太大，应减少油泵到油马达之间管路及控制阀的压力、流量损失，如管道是否太长、管接头弯道是否太多、管路密封是否失效等，根据情况逐一排除。

3）压力调节阀、流量调节阀及换向阀失灵。可根据压力阀、流量阀及换向阀有关故障排除的方法的内容予以排除。

4）油马达本身的故障。油马达各接合面产生严重泄漏，如缸体与右端盖之间、柱塞与缸体孔之间的配合间隙过大或因磨损导致内泄漏增大，以及拉毛导致相配件的摩擦别劲、容积效率与机械效率降低等。可根据情况予以排除。

5）如因油温过高与油液黏度使用不当等原因，则要控制油温和选择合适的油液黏度。

（2）油马达噪声大。

1）油马达输出轴的联轴器、齿轮等安装不同心与别劲等，可校正各联结件的同心度。

2）油管各连接处松动（特别是进油通道），有空气进入油马达或油液污染。

3）柱塞与缸体孔因严重磨损而间隙增大，可刷镀重配间隙。

4）推杆头部（球面）磨损严重，输出轴两端轴承处的轴颈磨损严重。可用电镀或刷镀轴颈位置修复。

5）外界振动的影响，甚至产生共振，或者油马达未安装牢固等。找出振动原因便可排除，如消除外界振源的影响。

（3）内外泄漏。产生外泄漏的主要原因是：1）输出轴的骨架油封损坏；2）油马达各管接头未拧紧或因振动而松动；3）油塞未拧紧或密封失效等。产生内泄漏大的原因是：1）柱塞与缸体孔磨损，配合间隙大；2）弹簧疲劳，缸体与配油盘的配油贴合面磨损，引起内泄漏增大等。

可根据上述情况，找出故障产生原因，进行排除。

5.3.5　径向马达故障分析与排除

径向马达故障分析与排除如下：

（1）转速下降，转速不够。

1）配油轴磨损，或者配合间隙过大。如 JMD 型、CLJM 型、YM-3.2 型等以轴配油的液压马达，当配油轴磨损时，使得配油轴与相配的孔（如阀套或配油体壳孔）间隙增大，造成内泄漏增大，压力油漏往排油腔，使进入柱塞腔的流量大为减小，使转速下降。此时，可刷镀配油轴外圆柱面或镀硬铬修复，情况严重者需重新加工更换。

2）配油盘端面磨损，拉有沟槽。如 JMDG 型、NHM 型等采用配油盘的油马达，当配油盘端面磨损，特别是拉有较深沟槽时，内泄漏增大，使转速不够；另外，压力补偿间隙机构失灵也造成这一现象，此时应平磨或研磨配油盘端面。

3）柱塞上的密封圈破损。柱塞密封破损后，造成柱塞与缸体孔间密封失效，内泄漏增加。此时，需更换密封圈。

4）缸体孔因污物等原因拉有较深沟槽应予以修复。

5）连杆球铰副磨损。

6）系统方面的原因。如油泵供油不足、油温太高、油液黏度过低、油马达背压过大等，均会造成油马达转速不够的现象。可查明原因，采取对策。

（2）输出扭矩不够。

1）同上 1）~6）。

2）连杆球铰副烧死，别劲。

3）连杆轴瓦烧坏，造成机械摩擦阻力大。

4）轴承损坏，造成回转别劲。

可针对上述原因采取对策措施。

（3）油马达不转圈，不工作。

1）无压力油进入油马达，或者进入油马达的压力油压力太低，可检查系统压力上不来的原因。

2）输出轴与配油轮之间的十字连接轴折断或漏装，应更换或补装。

3）有柱塞卡死在缸体孔内，压力油推不动，应拆修使之运动灵活。

4）输出轴上的轴承烧死，可更换轴承。

（4）速度不稳定。

1）运动件之间存在别劲现象。

2）输入的流量不稳定，如泵的流量变化太大，应检查。

3）运动摩擦面的润滑油膜被破坏，造成干摩擦，特别是在低速时产生抖动（爬行）现象。此时，要注意检查连杆中心节流小孔的阻塞情况，应予以清洗和换油。

4）油马达出口无背压调节装置或无背压，此时受负载变化的影响，速度变化大。应设置可调背压。

5）负载变化大或供油压力变化大。

（5）马达轴封处漏油（外漏）。

1）油封卡紧、唇部的弹簧脱落，或者油封唇部拉伤。

2）油马达因内部泄漏大，导致壳体内泄漏油的压力升高，大于油封的密封能力。

3）油马达泄油口背压太大。

可针对上述原因做出处理。

5.4 液压马达维修实例

5.4.1 WBY2300 路拌机液压马达的修复

某公司一台 WBY2300 型国产路拌机，该机上搅拌灰土用的工作马达属曲轴连杆式径向柱塞马达，型号为 JM13—FL6H。由于路拌机的工作量大、工况复杂，导致马达曲轴和连接滚筒的端轴严重损坏，轴瓦也严重磨损，5 年间共有 5 台马达、2 个端轴因为上述原因而报废，但购买 1 台马达需要 8500 元，购买 1 个端轴需 3500 元，所需费用较大。为节省开支，原打算自行加工新的曲轴、端轴和轴瓦来加以修复，但加工费用与购买整机相差不大。于是，决定采用改修马达的曲轴和端轴的方法来修复。

通过对报废马达曲轴和端轴分析后发现：

（1）曲轴、端轴连接的矩形花键的加工粗糙、配合精度低，造成曲轴、端轴因滚键而使马达报废。

（2）曲轴、端轴矩形花键的有效啮合长度过短（仅 84mm），致使花键的承载能力过低，导致曲轴、端轴滚键，马达报废。

针对上述两种导致工作马达短时间内报废的原因，对曲轴和端轴做了如下的改进（见图 5-8 和图 5-9）：

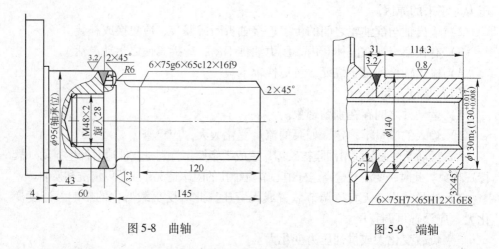

图 5-8   曲轴   图 5-9   端轴

（1）改制后的曲轴、端轴的矩形花键仍为 6—75×65×16，采用外径定心，精度等级改为精密级，即配合为：6×75H7/g6×H12/c12×E8/f9，这样可大大提高矩形花键的配合精度，有效地防止矩形花键滚键。

（2）将曲轴、端轴矩形花键的有效啮合长度由 84mm 改为 120mm，以增强花键的承载能力。

（3）考虑到曲轴、端轴的轴承部位比矩形花键的外径大、承载力也大，故从轴承部位处切断曲轴，并在曲轴的端面钻孔、车成 M48×2 的螺纹，以保证焊接时花键毛坯不易变形；曲轴与端轴焊接处的焊缝尺寸也应经过精确计算，以满足传递扭矩的要求（见图 5-8 和图 5-9）。加工花键时，应以曲轴轴承部位定位，这样可保证矩形花键的那一端与轴承部位同心。

按照上述方法修理了 5 台马达的曲轴、轴瓦和 2 个端轴，仅花费 8000 元，大大地降低了成本，并保证了配件质量，该机使用一直运转良好。

5.4.2   挖掘机行走马达工作无力的修复

液压挖掘机是由液压马达驱动行走的，在正常工况下，挖掘机的左右行走马达应该有相同的驱动力，才能保证挖掘机直线行驶。当挖掘机转弯时行走马达应有足够的驱动力，使挖掘机在各种工况下有良好的机动性。

挖掘机工作一段时间后，有时会发生如行走速度、爬坡能力、直行程度下降、左右转弯能力相差太大等现象。排除发动机无力、液压泵效率降低、操纵阀磨损、调节阀调节压力降低以及环境的影响和履带张紧程度左右不等各因素后，它基本上是由于行走马达驱动能力降低（即行走马达无力）所造成的。

工况下行走马达无力的故障多由于马达的缸体与配流盘之间的磨损过度所致。缸体与配流盘的接触表面属平面密封形式，其间有一定的接触压力和适当厚度的油膜，这样才能具有良好的密封性，减少磨损，延长使用寿命。

缸体相对于配流盘是转动的，进入缸体和由缸体排出的液压油是通过配流盘的腰形窗孔实现的。当液压油被污染时，就会在缸体与配流盘之间，特别是腰形窗孔与缸体接触的环形范围，极易造成磨损并日趋严重。液压油在接触平面之间的泄漏，特别是进、出油窗口之间过渡区域的泄漏，都将造成进出油口压力差的减小。根据液压马达的平均扭矩公式：

$$M = \frac{\Delta p q}{2\pi}$$

式中　Δp——马达进出油口的压力差；

　　　q——马达的理论排量。

由于 Δp 的减小，将导致马达平均扭矩降低，工作无力。只要恢复缸体与配流盘之间的密封，尽量达到设计所要求的进出油口的压力差，即可排除故障。在实践中只能解决平面接触的磨损，对于曲面接触的磨损，还无修复的先例。修复平面接触的磨损方法如下：

首先将待修复的缸体与配流盘清洗干净，然后将配流盘有磨痕的一面，用平磨磨光，恢复接触平面的密封能力。由于配流盘的修复是靠磁力吸附在平磨的工作台上进行磨削的，加工前必须清理工作台台面与配流盘背面的杂物及毛刺，否则加工后配流盘上、下平面的平行度将难以保证。在加工缸体有磨痕的平面时，由于磨损面多是铜质镀层，虽可用平磨加工，但铜屑极易粘嵌到砂轮的工作面上。每加工一个都要检查砂轮的工作面有否粘嵌的铜屑，并及时清理，必要时可用金刚石刀具对砂轮的工作面进行修整。

另外，在磨削前装夹时，由于缸体与磨床工作台接触面大都有凸缘，单靠磁力无法固定牢固，必须借助夹具加以固定。同时，应检查被加工面与工作台平面的平行度和柱塞孔与工作台面的垂直度，经调整无误后方可加工。

缸体与配流盘的磨损面经磨光后，还应以配流盘为基准对缸体磨光后的铜质平面进行刮研，以求更好的贴合程度。但绝对禁止用类似凡尔砂的磨料在其间进行研磨，以防磨料嵌入铜质镀层中，加剧平面之间的磨损。

缸体与配流盘平面之间的密封需要有适当厚度的油膜。这种油膜的形成是依靠两平面之间存在一定的接触比压，这个比压是通过压缩弹簧来实现的。然而，当缸体和配流盘因磨损并经磨削之后尺寸减小，靠原先的压缩弹簧所产生的缸体与配流盘之间的接触比压相对减小，因此仍会造成接触平面之间液压油的泄漏，马达进出油口压力差减小，平均扭矩不能恢复。要解决此问题，可给弹簧加一垫圈，或按所加垫圈的厚度将原垫加厚。

所加垫圈的厚度应由缸体和配流盘经磨削后几何尺寸的减小而定。考虑到弹簧经长期使用后张力的下降，这一垫圈以稍厚一些为宜，一般为减小尺寸的 2~5 倍。

5.4.3　柱塞式低速大扭矩液压马达的修复

5.4.3.1　问题及诊断

某进口柱塞式低速大扭矩液压马达工作压力为 0 ~ 25MPa、转速为 0 ~ 30r/min，可方便地实现正反转及无级调速。经多年使用后，液压马达出现了输出轴油封漏油、转速不稳、压力波动等故障。经分析认为，高压油在缸体柱塞孔和活塞之间窜漏是最大的故障成因。

拆检液压马达，发现轴承滚子磨损严重，导致转轴偏摆变大，引起油封泄漏；轴承磨屑随油进入油缸，造成活塞和油缸配合面磨损严重并有拉伤，导致窜漏。

5.4.3.2　修复的方法

（1）更换轴承和油封。

（2）翻新油缸和活塞，油缸内径尺寸为 ϕ123.8mm，如镗缸，需再配制活塞，加工难度大。据经验，决定采用成品国产柴油机标准 ϕ120mm 缸筒改制成缸套镶嵌在原机座上，即可不加工缸的内孔。具体做法是：1）在原机座油缸孔的基准上找正后将原 ϕ123.8mm 孔镗至 ϕ135mm。2）将 ϕ120mm 柴油机标准缸套加工为衬套（内孔不加工）。为保证内孔不变形，制作芯轴将缸套紧固后再加工，使外径同座孔有 0 ~ 0.02mm 的过盈。

（3）将原活塞表面精磨后再抛光，同缸的配合间隙为 0.04 ~ 0.07mm，再加工宽度为 3.2mm 标准活塞环槽。

（4）加工后用工装将缸套压入缸座，活塞环采用标准环。

采取上述维修方法后，缸径比修复前小 2.5%，工作压力提高至原来的 1.06 倍左右，原工作压力为 20MPa，现为 21MPa 左右，可以满足使用要求。

5.4.4　液压马达柱塞压盘的自制

某公司一台液压碎石机的行走马达柱塞压盘损坏，各柱塞脱出，无法工作。

原压盘为钢制整体式，其压板与球面压圈为整体冲压成型，加工工艺复杂，进行单一件加工费用极高，故将其改造为分体式。一部分为钢板制成的压板部分，其形状与原件基本相同，只将原来的压圈部分去掉，其上配钻孔，每孔径均按所对应的柱塞直径加大 0.15mm（因原压盘已损坏，只能按柱塞尺寸配制压盘）。考虑到强度因素，又将压板厚度增加 1mm（增加的具体尺寸要由现场实测的结果而定，既要使各柱塞摆动灵活，又要使压盘的强度够用）。另一部分是球面压圈，用尼龙车制成型，其球面尺寸为柱塞尾部球体尺寸、厚度尺寸为原压圈加大 0.15mm。安装时，用压板将尼龙压圈压实，拧紧加强螺丝，根据柱塞的灵活度，修配压圈，如过紧就将压圈的厚度锉薄后再装，直至柱塞灵活为止。压盘改进前后的结构如图 5-10 和图 5-11 所示。

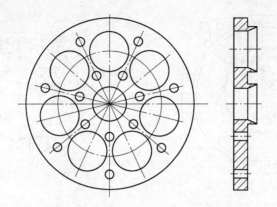

图 5-10　改造前钢制联体压盘结构

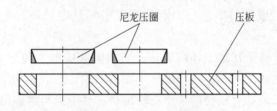

图 5-11　改造后压盘结构

5.4.5　摆线液压马达端面划伤的修复

某公司生产的摆线马达，配流结构为平面配流，排量 $q = 245\text{mL/r}$，压力 $p = 15.5\text{MPa}$。该马达在工作中出现了输出无力现象。经拆检发现，与马达定子、转子端面相接触的前端盖面上和固定配流盘端面上分别有 3 道七边形波纹状的明显划伤痕迹。

5.4.5.1　划伤情况及其对系统的影响

前端盖面上的划伤情况较轻，划伤深度较浅，形状呈七边形波纹状（见图 5-12）。固定配流盘端面划伤较重，划伤深度 $0.1 \sim 0.2\text{mm}$、宽度 $0.1 \sim 0.3\text{mm}$，形状也呈七边形波纹状（见图 5-13）。由于与定子、转子端面相接触的前端盖面及配流盘划伤后，将使马达七个封闭油腔相互串通，造成马达内泄严重，从而严重影响马达输出力矩，在工作中表现为马达工作无力。

5.4.5.2　划伤原因

该机作业对象是水泥砂石，工作条件十分恶劣，又缺乏必要的防尘措施，使得液压油严重污染，造成马达端面运动副磨损划伤，这是主要原因。

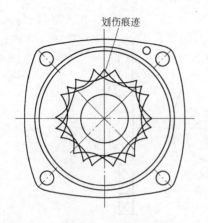

图 5-12　前端盖划伤面情况

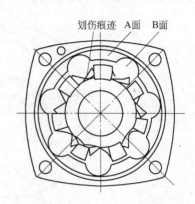

图 5-13　固定配流盘端盖划伤面情况

该摆线马达是组合式结构，由前端盖、定子环（转子在定子环中）、固定配流盘和后端盖等组成。前端盖与固定配流盘中间是定子环，它们之间的间隙非常小。

马达工作时，转子在定子环内旋转，与两侧的接触表面形成一层润滑油膜，当杂质进入两接触面之间时，一是破坏了润滑油膜，造成运动副直接摩擦并产生许多微小磨屑；二是如有较硬的杂质颗粒被挤在转子齿与两侧端面之间并随同转子一起运动时，就会造成如图 5-12 和图 5-13 所示的有规则的磨损划伤情况。

5.4.5.3　修复方法

图 5-12 所示的前端盖端面划伤比较轻微，可采取研磨法修复，即在研磨平台上涂上红丹粉，用 600 号研磨砂作磨料，反复研磨，最终磨去该表面上的划痕，并保证表面有最低的粗糙度和最高的精度。

图 5-13 所示的配流盘表面划痕较深，而且该表面上的 A 面比 B 面低，同时还存在密封沟槽、配油通道，因此研磨时必须注意它们之间的尺寸要求。做法如下：

（1）以 B 面为基准，分别测出 A、B 两面的高度差 h_{AB} 和密封沟槽的深度 h_c。

（2）再以配流盘另一面为基准，测出配流盘的厚度 h_p。

（3）如上所述，在研磨平台上研磨 B 面，直至磨去划痕。

（4）再次以配流盘另一面为基准测量盘的厚度 h_{p1}，h_p 与 h_{p1} 的差值即为已研磨掉的尺寸 h，即 $h = h_p - h_{p1}$。

（5）以 B 面为基准在电火花加工机床上定位，用工具电极对六个 A 面沉去尺寸 h，以保证 A、B 两面的高度差为 h_m。

（6）为保证密封，对密封沟槽也用同样的方法沉去尺寸 h_{AB}，以保证沟槽深度为 h_c。

最后，经过清洗、装配和试机，证明性能良好，达到了修复的预期目的。

5.4.5.4 控制磨损划伤的措施

更换液压系统的油，清除系统内残存的杂质颗粒及污染物；重新设置高精度滤油器；给油箱安装防尘装置，防止杂质进入油箱；加强防护措施，定期检查并换油。

5.4.6 起货机液压马达故障的排除

5.4.6.1 故障现象

某船液压起货机不能正常吊货。空钩起升时，吊钩尚可上升；但停止时，吊钩不能停住，缓慢下滑。经试车发现：吊重起升时，吊钩不动，系统油压很低。

5.4.6.2 故障原因分析

该起货机的液压系统原理如图 5-14 所示。根据图 5-14 分析，这是一个典型的内部漏泄问题，可能发生漏泄的液压元件有：换向阀内漏；阀组（包含平衡阀、两个安全阀、迫降阀）内漏；油马达内漏。

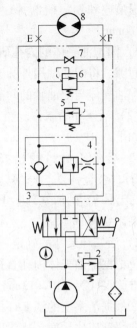

图 5-14 起升系统液压原理
1—油泵；2—溢流阀；3—换向阀；
4—平衡阀；5，6—安全阀；
7—迫降阀；8—油马达

检查换向阀和阀组比检查油马达容易，故先检查换向阀和阀组。

5.4.6.3 换向阀和阀组的检查

制作两块盲板，将油马达进、出口的管路（图 5-14 中 E、F 两点）盲死，启动起货机，操作换向阀，无论起升或下降，系统油压均能达到要求，这就证实了换向阀和阀组无内漏，同时也证实了油泵机组无问题。故障是由油马达内漏引起的。

小技巧：封堵部分油路，可将故障排查范围缩小，这有利于找到故障点。

5.4.6.4 液压马达的检查及修理

该油马达为活塞连杆式径向马达，解体液压马达，打开配油壳体，取出配油轴，发现配油轴的活塞环断裂一个，且配油壳体内孔磨损严重，被断裂的活塞环划伤，故须修复配油壳体。方法如下：

（1）马达配油壳体的修复。

1）按照配油壳体的内孔尺寸，制作一个研磨轴。用研磨砂将配油壳体内孔的磨损痕迹和划痕研磨掉，配油壳体内孔的圆度不大于 0.04mm、圆柱度不大于 0.04mm。

2）因配油壳体的内孔研磨后尺寸增大，使得其与配油轴的间隙增大，须补偿该间隙。将配油轴用外圆磨床磨圆后，表面镀一层硬铬，再用外圆磨床将其磨圆，配油壳体与配油轴的间隙为 0.08~0.10mm。

（2）活塞环的制作。船上没有活塞环备件，市场也买不到，只好自己制作，方法如下：

1）活塞环材料的选择。活塞环常用材料为高强度灰铸铁（HT250 及 HT300）、合金铸铁、球墨铸铁（QT50-1.5 及 QT60-2）、钢材（合金钢或 65Mn 钢）。因油马达的活塞环不承受高温且润滑良好，因而可根据材料的易得程度选择，采用 65Mn 钢。

2）活塞环尺寸的确定。

①根据配油壳体内孔直径确定所加工圆环的外径 D。用内径百分表测量出气缸的准确尺寸为 $\phi 102.13$mm，将圆环的外径 D 定为 $\phi 102.13$mm。

②根据活塞上的活塞环槽深度确定活塞环的径向厚度 t。对低压缸，活塞环的径向厚度应比活塞环槽深度小 1.0mm；对高压缸，活塞环的径向厚度应比活塞环槽深度小 0.5mm。

③根据活塞上的活塞环槽高度确定活塞环的轴向高度。对 $\phi 100$mm 的缸体，其活塞环的天地间隙安装值为 0.02~0.06mm。

④根据活塞环的搭口间隙为 0.3~0.5mm，将圆环切开。

⑤确定活塞环自由状态的开口间隙 S。活塞环自由开口宽度 $S = 0.1937(D - t)$，或 $S = (10\% \sim 20\%)D$。

根据数量需求，加工若干个圆环，按搭口间隙将圆环切开，在开口处用金属填块将其撑开，使其成为椭圆形，然后用夹具将其轴向夹紧，放入盐浴炉或电炉中加热至 550~620℃，保温 30~60min，然后在空气中冷却。由于被加热后活塞环产生了塑性变形，撤掉金属填块后，即成为椭圆形。

热定型时金属填块的宽度 B 与活塞环自由开口宽度 S 的关系为：$B = S + (0.2 \sim 0.25)S$。

环经热定型后，拆下金属填块，其开口将有所回弹，此回弹的工艺补偿量为 $(0.2 \sim 0.25)S$。

将活塞环换新，装复油马达，起货机工作正常。

5.4.7　搬运机起升机构马达故障分析与排除

某 MDEL900 轮胎式搬运机主要用于高速铁路或客运专线 32m、24m、20m 双线整孔预制混凝土箱梁的吊运，以及预制场内 YL900 运梁车装梁等。液压系统由行走驱动、转向、悬挂、起升等几大回路与液压辅助系统组成,其中液压卷扬起升回路通过开式系统的高压变量泵供油给变量马达,由微电系统控制比例换向阀驱动卷筒,可实现无级调速。

5.4.7.1 故障现象

该机出现卷扬起升机构失速(即"溜钩")时,表现为重载吊梁下落或起升刚启动时,梁片不受控制自由下落,卷扬机在梁片自重负载作用下向落钩方向转动。

"溜钩"对轮胎式搬运机来讲是一种很危险的故障现象,出现"溜钩"时现场操作人员必须立即按下急停开关,防止梁片继续下落。但紧急制动易对搬运机造成较大冲击而损坏液压元件和机械结构件。

5.4.7.2 故障分析

出现上述故障,除了卷扬钢丝绳绳头脱开和钢丝绳断裂等严重的机械故障之外,主要原因是卷扬机起升马达或马达平衡阀的失效造成的。液压马达和平衡阀如图 5-15 所示。

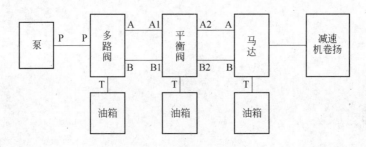

图 5-15 液压马达和平衡阀

对液压系统来讲,马达平衡阀是为卷扬机马达的起升和下落提供背压的重要液压元件,可以保证卷扬机在梁片的负载下不会自由下落。若是系统油液不洁,导致平衡阀阀芯卡死,打开后无法关闭,便无法为卷扬机马达提供背压而造成梁片的自由下落。

此外,卷扬机起升马达如果由于长期使用磨损,甚至"绞碎"等,也会造成马达起升或下落时无法在马达回油腔形成背压,造成卷扬机"溜钩"。

5.4.7.3 故障检测

由于空载时负载很小,不易出现"溜钩"现象,搬运机出现卷扬起升机构失速一般是在重载吊梁的情况下。此时,由于面临梁片下落的风险,只能进行简易的检测。

在卷扬的钳盘制动器制动的情况下,由专业的液压维护人员将卷扬机马达的泄油口打开收集流出的液压油,若油液里有大量的金属杂质、粉末,则说明马达磨损严重或已经"绞碎",此时不能再进行卷扬动作,以免杂质进入液压系统。

若没有，则操作卷扬多路阀，观察马达能否建立压力。若不能建立压力，在确定卷扬多路阀无故障时，可以认为马达严重磨损；若能，则可以认为是平衡阀失效。

5.4.7.4 故障排除

由于预制梁场的生产安排非常紧凑，同时，搬运机上使用的液压马达和平衡阀等液压元件均采用进口元件，不易得到替换零件，因此一般首先将元件拆卸后进行清洗；若清洗不能消除故障，则采用完全替换的方法，对液压马达或平衡阀进行同型号完全替代。

在卷扬的制动器制动的情况下进行元件清洗或替换，必须由专业液压维护人员先操作卷扬起升多路阀对马达进行充油后，方能打开制动器进行卷扬机的起升和下落试动作。

6 液压辅件安装调试与故障维修

液压辅件是系统的一个重要组成部分，它包括蓄能器、过滤器、冷却器、密封件等。液压辅件的合理使用与妥善维修在很大程度上影响液压系统的效率、噪声、磨损、温升、泄漏、工作可靠性等重要技术性能。

6.1 蓄能器安装调试与故障维修

6.1.1 蓄能器概述

蓄能器是一种把液压能储存在耐压容器里，待需要时又将其释放出来的能量储存装置。蓄能器是液压系统中的重要辅件，对保证系统正常运行、改善其动态品质、保持工作稳定性、延长工作寿命、降低噪声等起着重要的作用。蓄能器给系统带来的经济、节能、安全、可靠、环保等效果是明显的，在现代大型液压系统，特别是具有间歇性工况要求的系统中尤其值得推广使用。

6.1.1.1 蓄能器的类型

气体蓄能器的工作原理以波义耳定律（$pV^n = K$, K 为常数）为基础，通过压缩气体完成能量转化。使用时，首先向蓄能器充入预定压力的气体。当系统压力超过蓄能器内部压力时，油液缩气体，将油液中的压力转化为气体内能；当系统压力低于蓄能器内部压力时，蓄能器中的油在高压气体的作用下流向外部系统，释放能量。选择适当的充气压力是气体蓄能器的关键。气体蓄能器按结构可分为管路消震器、气液直接接触式、活塞式、隔膜式等。

皮囊式蓄能器如图 6-1 所示，它由铸造或锻造而成的压力罐、皮囊、气体入口阀和油入口阀组成。

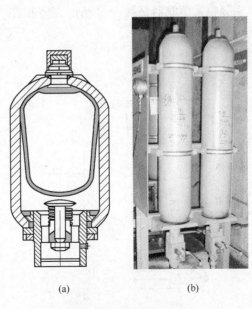

(a)   (b)

图 6-1　皮囊式蓄能器
（a）结构；（b）外形

皮囊材质按标准通常采用丁腈橡胶（R）、丁基橡胶（IR）、氟化橡胶（FKM）、环氧乙烷—环氧化氯丙烷橡胶（CO）等材料。

囊式蓄能器由耐压壳体、弹性气囊、充气阀、提升阀、油口等组成。这种蓄能器可做成各种规格，适用于各种大小型液压系统；胶囊惯性小，反应灵敏，适合用作消除脉动；不易漏气，没有油气混杂的可能；维护容易、附属设备少、安装容易、充气方便，是目前使用最多的蓄能器。

管路消震器是直接安装在高压系统管路上的短管状蓄能器，其结构如图 6-2 所示。这种蓄能器响应性能良好，能很好地消除高压、高频系统中的高频震荡，多应用在高压消震系统中。

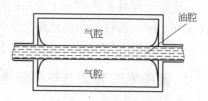

图 6-2 管路消震器结构

气液直接接触式蓄能器充入惰性气体。它的优点是容量大、反应灵敏、运动部分惯性小、没有机械磨损；但是因为气液直接接触，所以这种蓄能器气体消耗量较大、元件易气蚀、容积利用率低、附属设备多、投资大。

活塞式蓄能器利用活塞将气体和液体隔开，活塞和筒状蓄能器内壁之间有密封，所以油不易氧化。这种蓄能器寿命长、质量轻、安装容易、结构简单、维护方便；但是反应灵敏性差，不适于低压吸收脉动。图 6-3 所示为活塞式蓄能器结构与符号。图 6-4 所示为活塞式蓄能器应用于液压设备的情形。

隔膜式蓄能器是两个半球形壳体扣在一起，两个半球之间夹着一张橡胶薄

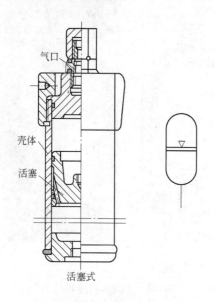

图 6-3 活塞式蓄能器结构与符号

图 6-4 活塞式蓄能器应用于液压设备的情形

膜,将油和气分开。其质量和容积比最小,反应灵敏,低压消除脉动效果显著。隔膜式蓄能器橡胶薄膜面积较小,气体膨胀受到限制,所以充气压力有限、容量小。

图 6-5 所示为隔膜式蓄能器实物。图 6-6 所示为隔膜式蓄能器结构与符号。

(a)   (b)

图 6-5 隔膜式蓄能器实物
(a) 国内隔膜式蓄能器产品;(b) HYDAC 隔膜式蓄能器产品

6.1.1.2 蓄能器的功用

蓄能器的功用主要分为存储能量、吸收液压冲击、消除脉动和回收能量四大类。

(1) 存储能量。这一类功用在实际使用中又可细分为:1) 作辅助动力源,减小装机容量;2) 补偿泄漏;3) 作热膨胀补偿;4) 作紧急动力源;5) 构成恒压油源。

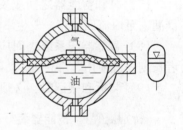

图 6-6 隔膜式蓄能器
结构与符号

(2) 吸收液压冲击。换向阀突然换向、执行元件运动的突然停止都会在液压系统产生压力冲击,使系统压力在短时间内快速升高,造成仪表、元件和密封装置的损坏,并产生振动和噪声。

(3) 消除脉动、降低噪声。对于采用柱塞泵且其柱塞数较少的液压系统,泵流量周期变化使系统产生振动。装设蓄能器,可以大量吸收脉动压力和流量中的能量。

(4) 回收能量。能量回收可以提高能量利用率,是节能的一个重要途径。

6.1.2 蓄能器的安装

6.1.2.1 蓄能器安装前的检查

蓄能器安装前的检查不可忽略。安装前应对蓄能器进行如下检查:产品是否与选择规格相同；充气阀是否紧固；有无运输造成影响使用的损伤；进油阀进油口是否堵好。

6.1.2.2 蓄能器安装的基本要求

蓄能器安装的基本要求是：

（1）蓄能器的工作介质的黏度和使用温度均应与液压系统工作介质的要求相同。

（2）蓄能器应安装在检查、维修方便之处。

（3）用于吸收冲击、脉动时，蓄能器要紧靠振源，应装在易发生冲击处。

（4）安装位置应远离热源，以防止因气体受热膨胀造成系统压力升高。

（5）固定要牢固，但不允许焊接在主机上，应牢固地支持在托架上或壁面上。径长比过大时，还应设置抱箍加固。

（6）囊式蓄能器原则上应该油口向下垂直安装，倾斜或卧式安装时，皮囊因受浮力与壳体单边接触，有妨碍正常伸缩运行、加快皮囊损坏、降低蓄能器机能的危险。因此一般不采用倾斜或卧式安装的方法。对于隔膜式蓄能器无特殊安装要求，可油口向下垂直安装、倾斜或卧式安装。

（7）泵和蓄能器之间应安装单向阀，以免泵停止工作时，蓄能器中的油液倒灌入泵内流回油箱，发生事故。

（8）蓄能器与系统之间应装设截止阀，此阀供充气、调整、检查、维修或者长期停机使用。

（9）装拆和搬运时，必须放出气体。

特别提醒： 蓄能器装好后应充填惰性气体（如 N_2），严禁充氧气、氢气、压缩空气或其他易燃性气体。

6.1.2.3 气囊的装配

气囊结构如图6-7所示。当气囊充气时，气囊首先在其直径最大、壁厚最薄的上部膨胀，然后下部逐渐膨胀，把气囊向外推到壳体侧壁，同时气囊充满整个容器。气囊外壁与干燥的壳体内壁之间摩擦力很大，充气时会使气囊变形不均匀，局部拉伸过大而破裂。因此在装配前应往壳体内倒入少量液压油，并将油液在壳体内壁涂抹均匀，使壳体内壁与气囊外壁之间形成一层油垫，在气囊变形时，在气囊与壳体间起到润滑作用。

充气阀座

图6-7　气囊结构

同时，气囊装配前，同样要在气囊外壁涂抹液压油，并将气囊内气体排净、折叠。这时，可将辅助工具拉杆（见图6-8）旋入气囊的充气阀座，再一起经壳体下端大开口装入壳体，在壳体上端拉出拉杆，然后卸下拉杆，装上圆螺母，使气囊固定在壳体上。

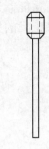

图6-8 拉杆

6.1.3 蓄能器的维护检查

蓄能器在使用过程中，须定期对气囊进行气密性检查。对于新使用的蓄能器，第一周检查一次，第一个月内还要检查一次，然后半年检查一次。对于作应急动力源的蓄能器，为了确保安全，更应经常检查与维护。

在有高温辐射热源环境中使用的蓄能器，可在蓄能器的旁边装设两层铁板和一层石棉组成的隔热板，起隔热作用。

安装蓄能器后，系统的刚度降低，因此对系统有刚度要求的装置中，必须充分考虑这一因素的影响程度。

在长期停止使用后，应关闭蓄能器与系统管路间的截止阀，保持蓄能器油压在充气压力以上，使皮囊不靠底。

蓄能器在液压系统中属于危险部件，所以在操作当中要特别注意。

特别提醒： **当出现故障时，切记一定要先卸掉蓄能器的压力，然后用充气工具排尽胶囊中的气体，使系统处于无压力状态方才能拆卸蓄能器及各零件，以免发生意外事故。**

6.1.4 蓄能器的充气

6.1.4.1 常用充气方法

一般可按蓄能器使用说明书以及设备使用说明书上所介绍的方法进行充气。常使用充气工具（见图6-9）向蓄能器充入氮气。

充气之前，使蓄能器进油口稍微向上，灌入占壳体容积约1/10的液压油，以便润滑，将图6-9所示充气工具的一端连在蓄能器充气阀上，另一端与氮气瓶相接通。

打开氮气瓶上的截止阀，调节其出口压力到0.05～0.1MPa，旋转充气工具上的手柄，徐徐打开充

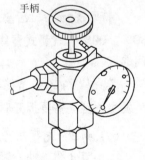

图6-9 充气工具

气阀阀芯，缓慢充入氮气，就会慢慢打开装配时被折叠的气囊，使气囊逐渐胀大，直到菌形阀关闭。此时，充气速度方可加快，并达到所需充气压力。

小提示： **切勿一下子把气体充入气囊，以避免充气过程中因气囊膨胀不均匀而破裂。**

若蓄能器充气压力高时，充气系统应装有增压器，如图 6-10 所示。此时，将充气工具的另一端与增压器相连。

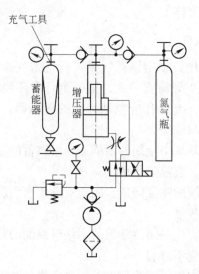

图 6-10　带增压器的蓄能器充气系统

充气过程中温度会下降，充气完成并达到所需压力后，应停 20min 左右，等温度稳定后，再次测量充气压力，进行必要的修正。然后关闭充气阀，卸下充气工具。

蓄能器在充气 24h 后需检测，在以后的正常工作中也需定期检测，查看蓄能器是否漏气。

特别提醒 1： 活塞式蓄能器的充气压力一般为液压系统最低工作压力的 80% ~90%，气囊式蓄能器的充气压力可在系统最低工作压力的 70% ~90% 之间选取。

特别提醒 2： 蓄能器充气后，各部分绝对不允许再拆开，也不能松动，以免发生危险。需要拆开时，应先放尽气体，确认无气体后，再拆卸。

6.1.4.2　充气压力高于氮气瓶的压力的充气方法

本小节介绍一种蓄能器的充气压力高于氮气瓶的压力的充气方法。

例如，充气压力要求 14MPa，而氮气瓶的压力只能充至 10MPa 时，满足不了使用要求，并且氮气瓶的氮气利用率很低，造成浪费。在没有蓄能器专用充气车的情况下，可采用蓄能器对充的方法（图 6-11），具体操作方法如下：

（1）首先用充气工具向蓄能器充入氮气，在充气时放掉蓄能器中的油液。

（2）将充气工具 A 和 B 分别装在蓄能器 C 和 D 上，将 A 中的进气单向阀拆除，用高压软管 A、B 连通，顶开皮囊进气单向阀的阀芯，打开球阀 1、4，关闭 2、3 两阀。开启高压泵并缓缓升压，可将 C 内的氮气充入 D 内。当 C 的气压不随油压的升高而明显地升高时，即其内的氮气已基本充完，将油压降下来。

（3）再用氮气瓶向 C 内充气。然后重复上述步骤，直至 D 内的气压符合要求为止。

6.1.4.3 蓄能器充气压力的检查

检查蓄能器充气压力的方法有：

（1）检测时，按图 6-12 所示的蓄能器压力检测回路连接，在蓄能器进油口和油箱间设置截止阀，并在截止阀前装上压力表，慢慢打开截止阀，使压力油流回油箱，观察压力表，压力表指针先慢慢下降，达到某一压力值后速降到零。指针移动速度发生变化时的读数（即压力表值速降到零时的某一压力值），就是充气压力。

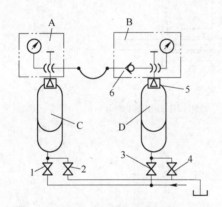

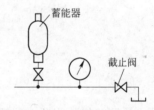

图 6-11 蓄能器对充   图 6-12 压力检测回路

1~4—球阀；5—皮囊进气阀；6—进气单向阀

（2）利用充气工具直接检查充气压力，但每检查一次都要放掉一些气体，所以这种方法不宜用于容量较小的蓄能器。有人将压力表接在蓄能器的充气口来检查充气压力，系统工作时频繁的剧烈压力上升、下降和压力波动会使压力表指针剧烈摆动，这是不恰当的。

小技巧：利用方法（1）中的截止阀和压力表。先打开截止阀，让系统压力先降低到零。关闭截止阀，启动泵，系统压力会突然上升到某一值后缓慢上升，这个位置压力表的读数就是蓄能器的充气压力。

（3）在有些机组上，在较重要蓄能器的充气阀上装有压力传感器，以对蓄能器的充气压力进行实时监测。

6.1.4.4 一种蓄能器充气装置

本小节介绍一种能检测蓄能器状态的充氮装置。装置主要由阀体、调气阀杆、螺母、半环卡等构成，如图6-13所示。主阀体材料为青铜，阀杆为不锈钢。阀体各孔同心度误差不得大于0.01mm，各阀门口要用研磨剂研磨，保证良好的接触面。

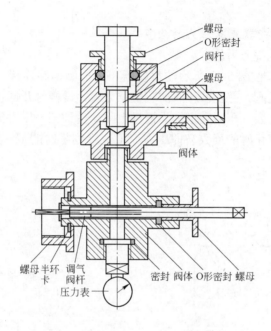

图6-13 蓄能器充氮装置结构示意图

压力检测时将蓄能器上部螺母拧开，把充气装置密封垫封在蓄能器接口上，拧紧后慢慢沿顺时针旋转调气阀杆，此时压力表也慢慢显示出压力，当压力稳定不动时显示出的压力就是蓄能器内压力值。

蓄能器需充氮时，将蓄能器上部螺母拧开，把充氮装置密封在蓄能器上，旋紧螺母，将接头通过高压软管接入氮气瓶上；将氮气瓶旋钮打开，先松开阀杆，再旋入调气阀杆，观察压力表值；达到压力值时，立即旋出调气阀杆；关上氮气瓶的截止阀，装上蓄能器螺母，充气完毕。

系统充氮压力的选择按下式计算：

$$p_0 V_0 = p_1 V_1 = p_2 V_2$$

式中 p_0——蓄能器内密封气体的基准压力；

V_0——气体在基准压力 p_0 时体积（称为蓄能器的气体容积）；

p_1——气体最低工作压力（与油的最低工作压力大致相等）；

V_1——气体最低工作压力 p_1 时的体积；

p_2——气体最高工作压力（与油的最高工作压力大致相等）；

V_2——气体最高工作压力 p_2 时体积。

皮囊式蓄能器一般取 p_0/p_1 等于 $0.80 \sim 0.85$，系统蓄能器充氮压力应为 p_0 等于 $(0.80 \sim 0.85)p_1$。

当零件按要求加工、装配完毕后，整个装置要进行耐压试验。要求整个装置打压到 18MPa，并持续 15min。

该装置使用时注意：系统在检测、充氮前要将充氮装置用酒精洗干净，检查各阀口是否有碰伤、划痕，各密封装置是否有损坏，一旦发现及时更换和修复；充氮时先打开氮气瓶阀门，后慢慢拧入阀杆，从而打开蓄能器的单向阀，但不要用力过猛；充氮完毕要先关闭蓄能器单向阀，再关闭氮气瓶。

该装置操作方便，结构简单，便于维修，显示数据准确、可靠，为设备故障诊断、维修提供了便利。

6.1.5 蓄能器常见故障的排除

以 NXQ 型皮囊式蓄能器为例说明蓄能器的故障现象及排除方法，其他类型的蓄能器可参考进行。

（1）皮囊式蓄能器压力下降严重，经常需要补气。皮囊式蓄能器皮囊的充气阀为单向阀的形式，靠密封锥面密封（见图 6-14）。当蓄能器在工作过程中受到振动时，有可能使阀芯松动，使密封锥面 1 不密合，导致漏气。或者阀芯锥面上拉有沟槽，或者锥面上粘有污物，均可能导致漏气。此时，可在充气阀的密封盖 4 内垫入厚 3mm 左右的硬橡胶垫 5，以及采取修磨密封锥面使之密合等措施解决。

另外，如果出现阀芯上端螺母 3 松脱，或者弹簧 2 折断或漏装的情况，有可能使皮囊内氮气顷刻泄完。

（2）皮囊使用寿命短。其影响因素有皮囊质量、使用的工作介质与皮囊材质的相容性；或者有污物混入；选用的蓄能器公称容量不合适（油口流速不能超过 7m/s）；油温太高或过低；作储能用时，往复频率是否超过 1 次/10s，超过则寿命开始下降，若超过 1 次/3s，则寿命急剧下降；安装是否良好，配管设计是否合理等。

另外，为了保证蓄能器在最小工作压力 p_1 时

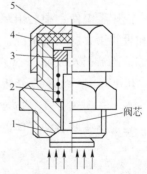

图 6-14 蓄能器皮囊气阀

1—密封锥面；2—弹簧；3—螺母；
4—密封盖；5—硬橡胶垫

阀芯

能可靠工作，并避免皮囊在工作过程中常与蓄能器的菌形阀相碰撞，延长皮囊的使用寿命，p_0 一般应在 0.75 ~ 0.91 的范围内选取；为避免工作过程中皮囊的收缩和膨胀的幅度过大而影响使用寿命，要让 $p_0 > 25\% p_2$，即要求 $p_1 > 33\% p_2$。

（3）蓄能器不起作用。产生原因主要是气阀漏气严重，皮囊内根本无氮气，以及皮囊破损进油。另外，当 $p_0 > p_2$，即最大工作压力过低时，蓄能器完全丧失蓄能功能。

（4）吸收压力脉动的效果差。为了更好地发挥蓄能器对脉动压力的吸收作用，蓄能器与主管路分支点的连接管道要短，通径要适当大些，并要安装在靠近脉动源的位置。否则，它消除压力脉动的效果就差，有时甚至会加剧压力脉动。

（5）蓄能器释放出的流量稳定性差。蓄能器充放液的瞬时流量是一个变量，特别是在大容量且 $\Delta p = p_2 - p_1$ 范围又较大的系统中，若得较恒定的和较大的瞬时流量时，可采用下述措施：1）在蓄能器与执行元件之间加入流量控制；2）用几个容量较小的蓄能器并联，取代一个大容量蓄能器，并且几个容量较小的蓄能器采用不同挡充气压力；3）尽量减少工作压力范围 Δp，也可以采用适当增大蓄能器结构容积（公称容积）；4）在一个工作循环中安排好有足够的充液时间，减少充液期间系统其他部位的内泄漏，确保充液时蓄能器的压力能迅速升到 p_2，再释放能量。

表 6-1 为国产 NXQ-L 型皮囊式蓄能器的允许充放流量表。

表 6-1　国产 NXQ-L 型蓄能器允许充放流量表

蓄能器公称容积/L	NXQ-L0. 5	NXQ-L1. 6 ~ NXQ-L6. 3	NXQ-L10 ~ NXQ-L40
允许充放流量/L·s^{-1}	1	3. 2	6

6.1.6　蓄能器引发液压系统故障的诊断与排除

液压系统使用中会出现不能保压、夹紧、加速、快压射、增压、缓和液压冲击和吸收压力脉动的情况。这些故障大多是由蓄能器吞吐压力油的能力引起的，故称蓄能器引发故障。

6.1.6.1　故障的分析

A　充气压力 p_0 的影响

蓄能器中所容纳气体的状态方程为：

$$p_0 V_0^K = p_1 V_1^K = p_2 V_2^K = 常数 \tag{6-1}$$

由式（6-1）可推出蓄能器提供压力油的体积公式：

$$\Delta V = V_0 p_0^{\frac{1}{K}} \left[\left(\frac{1}{p_1} \right)^{\frac{1}{K}} - \left(\frac{1}{p_2} \right)^{\frac{1}{K}} \right] \tag{6-2}$$

式中 V_0——充液前的充气体积（即蓄能器容积）；

p_0——充液前的充气压力；

p_2——系统允许的最高工作压力（蓄能器最高工作压力）；

p_1——系统允许的最低工作压力（蓄能器最低工作压力）；

ΔV——系统允许的最高和最低工作压力对应的蓄能器内气体体积 V_2 与 V_1 差（蓄能器提供压力油的体积）；

K——指数（在蓄能器补油保压时其内气体可视为等温变化，$K=1$；在蓄能器补油加速时其内气体可视为绝热变化，$K=1.4$）。

当蓄能器作辅助动力源用于补油时，充气压力 $p_0 = (0.6 \sim 0.65)p_1$（或 $p_0 = (0.8 \sim 0.85)p_1$），一般比最低工作压力 p_1 低。

若 p_0 太低，由式（6-2）知供油体积 ΔV 太小，保压压力由 p_2 降到 p_1 的过程快、保压时间短，会导致液压泵频繁地给蓄能器充油。在夹紧时夹紧压力也下降快。当压力下降到最低工作压力 p_1 时，液压泵又开始向蓄能器供油充液，但到充液压力实际回升要延迟一段时间，在这段时间内夹紧压力一直会下降到临界工作压力以下导致夹紧失效。相反，若 p_0 压力高，保压和夹紧时间长，液压泵就不会频繁地启动给蓄能器充压，夹紧也不易失效。

当蓄能器用于补油加速、快压射、增压等用途时，若充气压力在蓄能器最低工作压力 p_1 之上且比较高时，由式（6-1）可知 $\dfrac{p_2}{p_0} = \left[\dfrac{V_2}{V_0}\right]^K$ 的比值比较小，V_0 与 V_2 的差小，蓄能器从 p_2 到 p_0 的供油体积就很小。由于蓄能器提供的压力油少，因此无法进行补油以实现加速、快压射和增压动作。相反，充气压力比较低时，蓄能器从 p_0 充压到 p_2 储存的压力油多，就能完成加速、快压射和增压动作。

当蓄能器用于缓和液压冲击和吸收压力脉动时，充气压力 p_0 分别为系统工作压力的 90% 和液压泵出口压力的 60% 合适。若充气压力太低，蓄能器几乎无储能作用，对缓和液压冲击和吸收压力脉动没有作用。

B 蓄能器最高工作压力 p_2 的影响

当蓄能器最高工作压力 p_2 较低时，由式（6-2）可知，蓄能器的供油体积 ΔV 比较小。这种情况下若用蓄能器补油保压和夹紧必然出现压力下降快、保压时间短、夹紧失效之类的故障；若用蓄能器加速、快压射和增压时也因供油体积太小不能补油，必然导致不能加速、快压射和增压。特别是 p_0 也同时增大时问题更严重。相反，蓄能器最高工作压力比较高（但满足要求）时不会产生以上故障。蓄能器最高工作压力过高时，不但不能满足工作要求而且会损坏液压泵，浪费功率。

C 蓄能器接邻液压元件泄漏的影响

在液压传动中和蓄能器相连接的液压元件有单向阀、电磁换向阀和液压缸等。这些液压元件常出现密封不严、卡死不能闭合、因磨损间隙过大和密封件失效造成蓄能器在储油和供油时压力油大量泄漏。在这种情况下，若蓄能器是用来补油保压和夹紧的会因为补油不足而不能保压、保压时间短或夹紧失效。若蓄能器是用来补油加速、快压射和增压的也会因补油不足而使这些动作无法完成。

D   控制元件失灵而致蓄能器旁流的影响

有些换向阀动作失灵常可导致与蓄能器相连接的液压元件呈开启状态。这样蓄能器在充油和供油时会形成旁路分流导致以上故障发生。

6.1.6.2   故障的排除

当发生保压时间短和夹紧失效故障时，原因有充气压力低、蓄能器的接邻元件泄漏、蓄能器最高工作压力低。前两个原因是主要的。当发生不能补油加速、快压射和增压故障时，其原因一般是充气压力高、蓄能器最高工作压力低、蓄能器的接邻元件有泄漏。实际上，前两个原因同时出现导致的故障不少。

当发生蓄能器不能缓和液压冲击和吸收压力脉动故障时，其原因主要是充气压力太低。

通过分析，确定故障原因是充气压力不合适时，首先应排出蓄能器内压力油，测定蓄能器内气压，给以确诊。其次，要找出具体故障源，以便排除。当测知充气压力低时，可能是设定值过低，也可能是充气不足，还可能是蓄能器充气嘴泄漏、皮囊破裂、活塞密封不好等，应通过检测确定。当测知充气压力高时，可能是设定值过高、充气过量、或者环境条件如温度升高所致（若工作中环境条件无法改变，可将蓄能器放气到适当压力）。

当确定原因是蓄能器最高工作压力不合适时，首先设法测定蓄能器最高工作压力以证实。若蓄能器最高工作压力过低（也有过高的），可能是液压泵故障或液压泵吸空，可能是调压不当，还可能是压力阀及调压装置有故障，或者可能是有关液压元件泄漏，造成系统压力及蓄能器最高工作压力过低或过高，也可直接造成蓄能器最高工作压力过低或过高。

当确定故障原因是液压元件泄漏时，首先应确定和蓄能器邻接的液压元件。在这些液压元件中，单向阀、液控单向阀、各类换向阀和液压缸泄漏故障是较常见的。泄漏的原因大概有阀芯和阀座密封不严、阀芯卡死不能闭合、磨损造成相对运动面间隙大、密封元件失效。对所有可疑元件应按检测的难易程度和发生故障的概率大小排序（易检测的、故障概率大的排在前面），再按顺序检测，确定泄漏的故障元件。最后，拆开故障元件检查、维修。充气压力和蓄能器最高工作压力不合适引起的故障，也应按以上原则对可疑故障源排序。

6.1.7   制动系统活塞式蓄能器的故障分析及排除

本小节对某 WA470-3 型装载机制动系统蓄能器的故障进行分析。

6.1.7.1 故障的现象及故障的确定

A 故障现象

在工作过程中手制动器（手闸）突然抱死，手制动器报警灯随即报警，在反复操作多次手制动器开关后，刹车解除，报警灯熄灭，设备工作恢复正常。

B 故障源的确定

出现此现象后，首先检查电路部分是否有虚接，经过多次检测排查，电路部分完好；其次怀疑手制动器蓄能器上的电磁阀坏掉，将该部位的 2 个电磁阀拆除后检测，电磁阀完好，为了确信不是电磁阀的问题，将其他车上同型号、同规格的电磁阀拆装到该车上试验，其结果是突然抱死现象并没有消除；最后装上原车电磁阀，使恢复到原车状态，将通过蓄能器电磁阀的电路短接（使该蓄能器不起作用），再次试车，突然抱死现象消除。经过多次试验，最后确定故障源为蓄能器。

6.1.7.2 蓄能器的工作原理与故障分析

A 蓄能器的工作原理

WA470-3 型装载机的制动系统采用活塞式蓄能器，其工作原理如图 6-15 所示。

此蓄能器安装在蓄能阀和手制动器的阀之间，它把氮气加注在缸体 3 和自由活塞 4 之间。使用气体的压缩性吸收液压泵产生的脉冲和能量，即使发动机突然熄火停机，蓄能器储存的能量也会及时补给制动系统制动所需的动力，仍可实现制动。其工作原理用下式表示：

$$V_0 = \left[\Delta V (p_1/p_0)^{1/n}\right]/\left[1 - (p_1/p_2)^{1/n}\right]$$

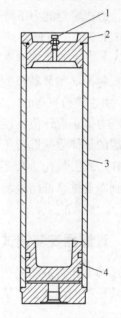

图 6-15 装载机制动系统
活塞式蓄能器工作原理
1—阀；2—顶盖；
3—缸体；4—活塞

式中　V_0——蓄能器的充气容积；

ΔV——蓄能器的工作容积，$\Delta V = V_1 - V_2$；

p_1，V_1——蓄能器的最低工作压力与该压力下的气体容积；

p_2，V_2——蓄能器的最高工作压力与该压力下的气体容积；

p_0——充气压力；

n——绝热指数（等温时 $n = 1$，绝热时 $n = 1.4$）。

按 WA470-3 型装载机的技术参数，$p_0 = 3.4 \pm 0.15 MPa(50℃时)$。蓄能器在工作前，首先按充气压力 p_0 的要求进行充气（一般为氮气），在工作过程中，活塞 4 不断地上下移动，使蓄能器不断地储存和释放油液。因此蓄能器腔内的压力与容积在不断地变化，这种变化是通过活塞 4 的上下移动完成的。如果活塞 4 与缸体 3 的密封不严，出现窜油，就会使蓄能器失效。

B　活塞式蓄能器的常见故障

a　窜油

窜油主要是因为活塞与缸体之间的密封不严，使高压油从活塞下部窜入气腔内，使充气容积 V_0 变小，又因为气腔中混入部分油液 $V_油$，在高压、低压时，$V_油$ 的变化直接影响 V_1、V_2 的变化规律。根据 $\Delta V = V_1 - V_2$，工作容积 ΔV 偏于正常数值，因此蓄能器工作性能下降或失效。

b　漏气

漏气主要发生在两处：一处是充气阀 1；另一处是顶盖 2 的螺纹连接。其主要原因是蓄能器工作一段时间后，由于蓄能器总处于充液与放液交替的变化过程中，加之系统工作机构的压力冲击，不可避免地出现振动，致使螺纹连接处产生松动，造成密封能力下降，出现漏气现象。

6.1.7.3　处理办法

A　测定蓄能器氮气压力与加注量

WA470-3 型装载机制动系统蓄能器的技术参数为 $p_0 = 3.4 \pm 0.15$MPa（50℃时），加注量为 3000mL。如果压力正常、加注量不足，说明漏气；如果加注量正常、压力偏于设计值，说明窜油；也会出现压力与加注量都偏于设计参数。根据测定后的具体数据进行压力调整或者加充氮气。

B　加注氮气后仍不能排除故障

到专业维修部门检测该蓄能器各部件是否完好，最后确定故障，更换损坏的部件。

6.2　过滤器安装调试与故障维修

过滤器作为液压系统中的辅助元件，其在污染控制方面的作用是极其重要的。液压油的注入、系统的运行、油的污染控制等，都离不开过滤器。

6.2.1　过滤器的主要性能参数

6.2.1.1　过滤精度

过滤精度表示过滤器对各种不同尺寸颗粒的滤除能力，由绝对过滤精度、过滤比、过滤效率等参数表示。

（1）绝对过滤精度，指通过滤芯的最大坚硬球状颗粒的尺寸（μm）。用试验方法测定，反映过滤材料的最大孔径尺寸。

（2）过滤比 β，指对于同一尺寸的颗粒，在过滤器上游单位体积油液中的数量与下游单位体积油液中的数量的比值。它能确切地反映过滤器对不同尺寸颗粒的过滤能力，已被国际标准化组织采用为评定过滤器过滤精度的性能指标。

对于某一尺寸为 X 的颗粒，过滤比 β_x 的表达式为：

$$\beta_x = N_u / N_d$$

式中　N_u——上游油液中尺寸为 X 的颗粒的浓度；

　　　　N_d——下游油液中尺寸为 X 的颗粒的浓度。

从中可以看到，β_x 越大，过滤精度越高。

（3）过滤效率 E_c。$E_c = 1/(1 - \beta) \times 100\%$

一般认为 $\beta = 75$ 时的污染颗粒尺寸为滤芯的绝对过滤精度，过滤精度高，滤芯的寿命较短（见表6-2）。精度高的滤芯对于控制较宽的污染颗粒尺寸和数量是有效的，但对于高效使用液压系统是不明智的，必须根据目标清洁度来选择滤芯。

表6-2　几种滤材滤芯的多次通过试验数据

滤　材	绝对过滤精度/μm	滤芯展开面积/cm²	视在纳污容量/g	试验寿命/min
金属纤维（进口）	25	2730	22	22
金属纤维（国产）	15	2730	13.8	13.8
玻璃纤维（进口）	20	2730	25.3	25.4
玻璃纤维（Vickers）	10	2730	27	27
玻璃纤维（国产）	10	2730	13	13

6.2.1.2　纳污量

纳污量是指在试验过程中过滤材料的压力降到规定的数量值时，单位面积的过滤材料所能容纳的颗粒污染的质量。滤芯孔径通道易受颗粒污染物的淤积滞留，使其压差增大。当压差达到规定的最大极限值时，使用寿命终止（见图6-16）。一般而言，过滤材料过滤精度越高，纳污量越低。而相对于过滤精度低的过滤材料而言，小于其孔道尺寸的颗粒污染物易于通过孔道不易被捕捉，孔道不易被污染物淤积堵塞，所形成的污垢层也不是很紧密。因此，低精度的过滤材料所容纳污染物数量要比高精度的过滤材料高。

滤芯寿命终止的最直接的参数反映就是滤芯上下游的压差达到了旁通阀开启的压力，此时滤芯的纳污容量也达到了最大值。如果在设计和制造滤芯时考虑提高滤芯的纳污能力，也就是提高了滤芯的寿命。

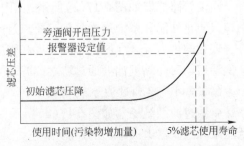

6.2.1.3　压降特性

过滤器有阻力，系统中的油液

图6-16　滤芯压差与使用寿命的关系

流经过滤器必然出现压力降。

滤芯和流量一定，滤芯的过滤精度越高，压力降越大；流量一定，滤芯的过滤面积越大，压力降越小；油液的黏度越大，压力降越大。

滤芯所允许的压力降是滤芯不发生结构性破坏所能够承受的最大压力降。在高压系统中稳定工作时，滤芯承受的也仅仅是油液的压力降，而不是压力。

油液流经过滤器的压力降，大部分通过试验和经验公式确定。

6.2.2 液压系统中过滤器的安装位置

6.2.2.1 油泵吸入管路过滤器

油泵吸入管路过滤器如图6-17（a），用于滤除较大颗粒，保护油泵。要求其压力降不超过0.02MPa，以保证泵吸入充分，不产生气穴现象。油泵吸入管路过滤器过滤精度较低，常使用网式或线隙式过滤器。

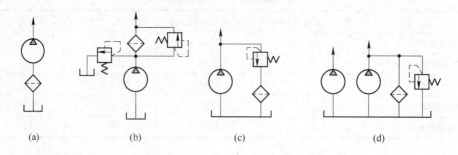

(a)   (b)   (c)   (d)

图6-17 过滤器安装位置

6.2.2.2 油泵出口管路过滤器

油泵出口管路过滤器如图6-17（b）所示，用于保护泵及其安全阀以外的零部件。要求其有足够的强度，以承受高压和压力冲击。一般需设置堵塞指示器和并联一个单向溢流阀（开启压力略大于过滤器的最大允许压力差），以保护滤芯和防止因滤器堵塞引起的泵过载。

6.2.2.3 系统回油管路滤器

回油管路滤器如图6-17（c）所示，用于滤除零部件磨损产生的金属屑和橡胶颗粒，防止油液和系统遭受污染。要求过滤器的流量不小于油泵的全部流量；允许有较大的压力降；允许滤芯的强度和刚度较低；应并联单向旁通阀，以防止油液低温启动时高黏度油液通过滤芯或滤芯堵塞等引起的系统压力升高。

6.2.2.4 单独过滤系统滤器

单独过滤系统滤器如图6-17（d）所示，用于大型或高精度液压系统，常采用低压泵和过滤器组成单独的过滤系统，不间断地滤除油中的颗粒物。除整个液压系统按需要设置过滤器外，还常常在一些重要单元或元件进口设置专用的精过滤器，以保证它们的特殊需要。

特别提醒： 过滤器不能反向安装，否则会损坏。

6.2.3 如何鉴别过滤器滤芯质量优劣

6.2.3.1 滤材

滤材有金属网、金属毡、玻璃纤维、植物纤维、有机化学纤维等多种。

金属网由金属细丝编织而成，分方目和斜纹细目，它流通阻力小，可在很高的温度范围使用；主要用于系统的粗过滤，它属于表面过滤，可反复清洗使用。吸油滤芯一般选用 $60 \sim 300 \mu m$ 的金属网滤材，润滑系统有时使用 $25 \sim 200 \mu m$ 的金属网。现在也有 $5 \sim 20 \mu m$ 的金属网滤材用于特殊场合。

金属毡是由金属纤维制成的毡，具有玻璃纤维的性能，属纵深过滤。它具有迷宫式三维构造，疏松度高、流通阻力小、纳污能力强、使用寿命长，能在很大的温度范围使用。精度范围是 $5 \sim 20 \mu m$。由于它价格昂贵，只有在过滤特殊介质或是要求高温时才使用，可清洗（要用超声波清洗机清洗）、反复使用。

玻璃纤维是现在最常见也是性能最好的滤材之一，它广泛应用在液压系统当中，属于纵深过滤，精度范围是 $1 \sim 30 \mu m$，并受工作环境变化影响较小，流通阻力小，纳污能力强。在超过规定的压差范围里仍有很高的滤除细微颗粒的能力。化学耐受性好，但不适用于水乙二醇混合液。

有机化学纤维也是一种很不错的滤材，它的精度范围是 $3 \sim 30 \mu m$，属纵深过滤，可耐受很高的压差，流通阻力小，纳污量大。化学耐受力强，特别适用于乳化液和合成液压液。耐撕扯，但精度随温度变化略有变化。

植物纤维是最早使用的纤维滤材，由于它孔径分布不均匀，不能用绝对精度来表达，只用名义精度表达过滤精度，过滤效率较低，但由于成本较低，温度使用范围较玻璃纤维宽，因此广泛用于发动机润滑、柴油、汽油的过滤和空气的过滤，一般名义精度范围是 $10 \sim 100 \mu m$。纤维的粗细影响滤材的精度与通油能力。纤维越细，精度越高；孔隙越多，压差 Δp 越小；纤维与纤维之间要靠树脂胶粘。胶粘均匀的滤材具有高的抗破损能力，在压力、流量波动、温度、老化这些因素下不致使纤维破损脱落，导致颗粒通过滤材，造成系统污染。纤维应使用惰性纤维，无化学反应，不产生膨胀，不受储存期的限制。现在世界上使用最多的是复合纤维，它一般为 $3 \sim 5$ 层，中间过滤层为短纤维，内外保护层为长纤维。

6.2.3.2 滤芯结构

滤芯结构如图 6-18 所示。高性能的滤芯结构应当是：高强度、无污染、无毛刺、无化学反应的内骨架；内外支承网应具有足够的强度、无污染、无毛刺、无化学反应；内外衬纸应具有高通过能力、高的抗拉强度，应使用长纤维、无脱落、无化学反应的材料；应由惰性纤维和高强度树脂做成，孔径要均匀，单位面积微孔数量要多，具有合理且最适宜的厚度；先进的纵缝粘接，粘接处无泄漏，使用高强度惰性的黏合剂使上下盖与滤材组件黏合牢固，无泄漏；合理选择密封形式，保证与滤体连接处不泄漏；外加固应使滤材组件紧靠内骨架，增强抗冲击能力。

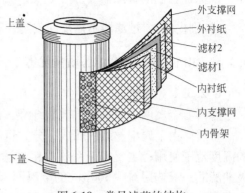

图 6-18 常见滤芯的结构

外支撑网
外衬纸
滤材2
滤材1
内衬纸
内支撑网
内骨架
上盖
下盖

6.2.3.3 生产工艺和设备

生产环境、生产工艺、生产设备是决定能否生产出高质量滤芯的基本条件。

滤芯必须在无尘车间内生产，一般要达到十万级，检测试验要在一千级清洁试验室。

滤芯的滤材一般都要做成波纹状，它一般由 3~5 层折叠而成，必须采用强力滤材成形设备，这样才能使多层复合纤维紧紧靠在支撑网上，如果支撑网与纤维滤材没有靠死，就说明它制作工艺欠佳。值得注意的是：如果滤芯是由外向内流，则波纹应紧靠内骨架；如果滤芯是由内向外流，则波纹应紧靠外骨架。常见滤芯的结构如图 6-18 所示。

在滤芯的生产中纵缝搭接与上下盖粘接是非常重要的一个环节，往往容易忽视。现在世界上比较先进的是用双组分胶均匀混合，用细的输出管均匀加在纵缝连接处，再通过加热软化，使胶渗透到接口处的纤维内部，继续加热使固化，便牢固地把接头接上；也有用铁皮夹连接中缝的，但它不能用于高精度滤芯。现在国内有的厂家就是采用了专用粘接机，把双组分的胶按特定比例通过特制输出管经过几十万次混合，使两种成分非常均匀地混合并无气泡。这是手工搅拌和普通电机搅拌所无法达到的。

关于滤芯的上下盖、骨架、支撑网的材料和表面处理一定要满足现场系统介质的要求。材料有塑料、普通钢、不锈钢、铝等。表面处理有发蓝、镀锌、镀镍、镀铬等。究竟用何种材质和何种表面处理方法，一定要事先做相容性试验。

包装：一般优质滤芯都有内外两层包装，内层是真空塑封，外层是具有一定强度的纸盒。真空塑封是为了保证在运输过程中和现场安装使用时不致使外界污染物污染滤芯表面；而外面的硬纸盒是为了保护滤芯在运输及储存过程中不受压震、撞击等因素影响而使滤材破损。

6.2.3.4 检测标准

现在滤芯都按 ISO 标准进行试验，有关的标准如下：ISO 2942，结构完整性试验；ISO 2943，材料与介质的相溶性试验；ISO 2941，抗破裂试验；ISO 3723，额定轴向载荷试验；ISO 3768，压降流量特性测定；ISO 3724，流动疲劳特性试验；ISO 4572，过滤性能的多次通过试验。

6.2.3.5 外表质量

外表质量是指滤芯做成后给人的外观印象，主要包括：上、下盖加工光洁度和表面处理是否美观；滤材波纹是否均匀，是否与上、下盖垂直；上、下盖和滤材、滤材纵缝的粘胶是否适当、均匀、无气泡且美观；真空塑封是否完好，产品型号是否印制清楚。

6.2.4 过滤器常见故障及其消除方法

过滤器常见故障及其消除方法见表6-3。

表6-3 过滤器常见故障及消除方法

故 障	原 因 分 析	消 除 方 法
过滤精度达不到设计要求	过滤材料（介质）损坏	检查修补或更换
	烧结式滤筒颗粒脱落	更换滤筒
	过滤器件装配不好，进出滤芯密封不严密	检查重装过滤器
	网式过滤器介质选择不当	按铜丝网孔径为 0.12 mm（100 目/in）、0.08 mm（180 目/in）检查、更换滤网
	磁性过滤器流速过快或很脏	调整流速为 0.23～0.69 m/s，清除吸附在磁块上的铁屑
过滤器的通过能力下降、过滤压力损失大	过滤器污脏，孔隙（线隙）堵塞	进出口压差超过规定时（一般少于 0.5 MPa），应清洗或更换滤芯
	油液老化生成的胶质粘在滤孔周壁，减少通过面积	用溶剂洗除胶质，无法洗除者应更换过滤器
	选用的油液黏度过高或气温下降，使油变黏稠	选择适当黏度的油液，寒冷地区（季节）要加热油液
	圆盘板式过滤器堵塞严重	勤转动刮板，清除脏物；如仍不理想，应拆开清洗吹干
	夹持滤网的内外骨架孔没有对齐	重新装配，使之孔眼对齐
	磁过滤器磁块碎裂	检查更换
吸油管粗滤器吸油不畅	装配不良	重新装配，使吸油管口距过滤器网底面保持 2/3 高度为宜

6.2.5 影响液压滤芯寿命的因素

过滤器的使用寿命是实际液压系统的一个重要问题。对于滤芯制造商来讲，除了生产高质量的滤芯来保证使用寿命外，针对滤芯使用者的工况条件来设计滤芯参数也是延长寿命的重要手段。对于滤芯使用者来讲，合理地确定系统目标清洁度，选择和布置相对应的过滤器以实现此目标，不但可延长滤芯寿命，对于降低液压系统的故障发生率也有作用。

6.2.5.1 液压油

A 液压系统目标清洁度等级

目标清洁度等级是指液压系统运行所必需的基本清洁度，在目标清洁度下工作的液压系统能够尽量避免由于系统污染所造成的元件磨损和延长系统寿命。

确定油液净化目标的根据是：在液压系统的预期寿命间，污染不构成元件失效。通过自动颗粒计数器检测液压油样中给定尺寸的污染颗粒数，并确定其清洁度代号。关于液压油或润滑油的清洁度确定见 ISO 4406 标准。

目标清洁度确定后，始终保证液压系统在目标清洁度等级下工作非常重要。通过过滤器性能试验（ISO 16889）确定过滤器（滤芯）过滤效率，结合系统清洁度代号和滤芯的过滤效率就可选择相应的过滤精度的滤芯。液压用户可采用便携式油液分析仪监测液压油液的污染度，一旦出现油液达不到目标清洁度等级，必须更换滤芯。清洁度等级定得太高，选择的滤芯过滤精度就高，而且更换滤芯的次数增加（相当于滤芯的寿命降低），造成使用成本提高；清洁度等级定得太低，选择过滤精度低的滤芯，这样更换滤芯的次数较少（相当于滤芯的寿命延长），但是使液压系统的安全隐患增加。由此看来，液压系统目标清洁度等级间接地决定滤芯的寿命。

B 液压油的污染度

实际液压系统中滤油器（滤芯）失效的主要原因是污染入侵率高。高污染入侵率增加了滤芯的负担，缩短了滤芯使用寿命。液压油的污染程度越大，滤芯的寿命越短。

一旦油液污染得不到有效控制，液压元件磨损产生的系统故障就增加；检查和维修系统又引起大量的污染物侵入液压系统；这时形成了液压系统油液污染度失去控制的恶性循环局面（图6-19）。避免由于液压油污染而减小滤芯的寿命关键在于严格限制将要进入液压系统的环境污染的通路。来自周围环境的污染侵入液压系统，特别是对行走设备（如战车、长途机车）来讲，由于用途、地区甚至天气条件（即大风）的不同，液压系统运作环境不断变化，有时相当苛刻。在此环境下工作时，良好的系统性污染控制要求油箱设计成在运行期间保持密封，而在维修期

图6-19 液压油被污染的恶性循环

间需要拆下的任何孔盖很容易回装。应该尽量保证敞开的油口保持盖住或堵住，而元件的分解和重装要在经过保护、防止过多空气粉尘和污染的场所中进行。

6.2.5.2　滤芯的工艺参数

A　波高、波数及过滤面积

在滤芯外形尺寸已经确定的前提下，改变波高、波数等工艺参数，尽可能地增加滤材有效过滤面积，可以减小单位滤材表面的通量和增加整个滤芯的纳污量，提高滤芯寿命。通过增加滤芯的过滤面积，滤芯的使用寿命往往增加得更快（见图6-20）。如果波数增加太多，拥挤的折叠波会降低波与波之间的液压油流动空间，使得滤芯压差增加，达到滤芯压差报警的时间便短，寿命降低。一般使波间距保持在1.5~2.5mm之间为宜。

B　支撑网的强度

在液压系统运行中，流量脉动、压力脉动、释压冲击、冷起动及其他变量都将使滤芯的性能退化，同时滤芯承受压差逐渐提高。在支撑不良的滤芯中，压降引起滤芯波纹的两侧弯折而根部伸展，折叠波的峰部造成流量降低，产生流量失效区，纳污容量也随滤材面积无流量而丧失（图6-21）。

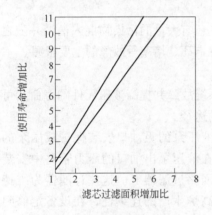

图6-20　滤芯使用寿命与滤芯
　　　　面积的关系

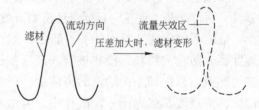

图6-21　支撑不良的滤芯流量变化意图

滤芯结构中内外层的金属丝网有一定的强度是非常重要的。金属丝网保持波褶原形，防止弯折并给滤材以支撑，防止疲劳失效。

6.2.6　高炉液压系统中油液污染的防治

6.2.6.1　高炉液压系统现状

某钢铁厂7号高炉，其有效容积为2000m³。液压系统包括炉前、炉顶、热风炉、矿槽等4个主要系统，油品选用46号抗磨液压油，各系统油液的更换周期一般为10~12个月，滤芯每隔2个月在定修时更换。

炉前液压系统为高炉炉前泥炮、开铁口机、摆动溜槽三大设备提供工作动力，系统最高工作压力为30MPa，由于长期在高温、烟尘、腐蚀环境下工作，油液污染现象尤为严重。经统计，炉前液压系统平均每月发生3~4起元件卡死、堵塞的故障，严重时一周发生2~3起。故障发生时，将导致炉前设备不能正常工作，迫使高炉进行减风、减氧操作，故障严重时将造成高炉休风。而每减风、减氧1h，高炉将损失铁产量100t，这样一来，由于液压故障造成的产量损失每月至少在200t以上。

炉顶、热风炉、矿槽液压系统也存在类似问题，平均每月发生1~2起液压故障，虽然对高炉操作影响较小，但这些因素都制约着高炉的稳产、高产。

6.2.6.2 液压系统故障溯源

每次换液压油时发现，油箱底部都黏附着一层黑色的沉积物，这种沉积物的来源有：

(1) 通过油箱呼吸孔和液压缸活塞杆侵入的烟尘、渣铁喷溅物。

(2) 日常补油和维修过程中带入系统的脏物。

(3) 液压元件磨损产生的磨粒和油液氧化、碳化和分解产生的有害化学杂质。

除了沉积在油箱底部的这些污染物之外，还有大量的污染物混入油液并随之在系统中循环。这些污染物正是造成液压元件卡死、堵塞等故障的主要根源。

6.2.6.3 油液污染的防治

降低油液的污染度，可以大幅减少液压系统故障并提高液压元件的寿命和可靠性，而过滤是实现这一目标最经济而有效的途径。

液压系统中往往都安装有过滤器，如在液压泵的吸油口安装保护液压泵的过滤器，防止大颗粒污染物被吸入液压泵；在液压泵出油口的压力管路中安装主过滤器，以保证系统油液的清洁度；还有回路过滤器等。这些过滤器为维持油液的清洁度都起到了一定的作用，但由于高炉生产的连续性，在设备定修间隔期（2~3个月）内滤芯即便堵塞也无法更换，从而使其在油液巨大的压力冲击下失效。滤芯一旦失去了应有的过滤能力，污染物便会在液压系统内无所不至。

将高过滤精度的精密净油设备安装在7号高炉炉前液压系统上，并采用了系统外过滤的旁路过滤模式，从油箱底部单路油路接入滤油设备（见图6-22），与系统的正常工作互不干涉，经过滤后的清洁油再回到接近系统供油泵的位置，滤芯堵塞后可随时更换，从而解决了滤芯无法及时更换的问题。

另外，这种精密净油设备采用深层次轴向型超精度过滤芯（精度$\beta_3=929$），一次过滤可达NAS6级），并有吸纳水分功能，主要解决油箱内因温差产生结露的自然水（见图6-23）。

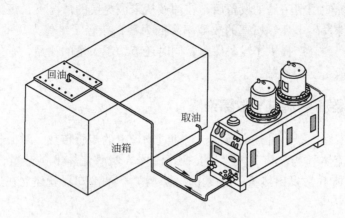

图 6-22 在线过滤示意图

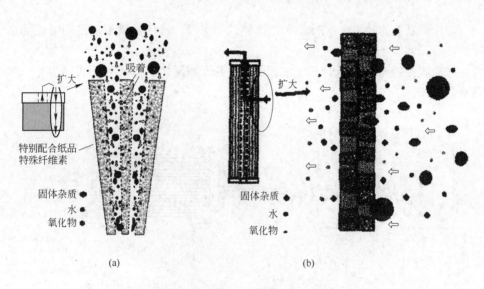

(a)   (b)

图 6-23 精密滤芯与普通滤芯的比较
(a) 精密滤芯；(b) 普通滤芯

普通滤芯由于使用树脂等作为涂层，在滤材强度上，不具备吸收能力。普通过滤器利用滤材表面的孔粘挂住污染物（固体杂质）以达到去除目的，不能吸收水分和去除氧化物。

很多情况下都是为了增大过滤面积而将滤材折叠。精密滤芯具有过滤精度高、污染物捕集量大和去除少量水分的性能，能够滤除一般微米单位的固体夹杂物、水分以及油液氧化碳化物，可长期保持油箱内油液的清洁度在 NAS5 ~ NAS6 级之间，水分含量在 0.1‰以内，从而有效地防止液压泵、阀的磨损，减少液压元件故障，延长液压油的使用周期，大幅度减低维修费用。

液压系统使用精密滤油设备后，在油液从未被更换的情况下，污染度大为降低，液压元件发生卡死、堵塞的故障率降低为零，减轻了维修人员的劳动强度，又为高炉稳产、高产提供了设备保障，同时还节约了大量的油品，有效降低了维护成本、创造了生产效益。

6.3 冷却器安装调试与故障维修

冷却器实际上是一种热交换器，它通过物理上的传感传热、对流传热等热交换方式，使流体 A 与流体 B 发生热交换，流体 A 吸收流体 B 的热量，温度由 T_1 增至 T_2，流体 B 散发出热量，温度由 T_1 降至 T_2，油冷却器就建立在这一基本原理上。

6.3.1 冷却器的分类

油冷却器有水冷式、风冷式和电冰箱式等类型。液压机械上多采用下述的水冷式油冷却器。

水冷式油冷却器有盘管式（蛇形管）、多管圆筒式、翅片列管式等多种，如图 6-24 所示。

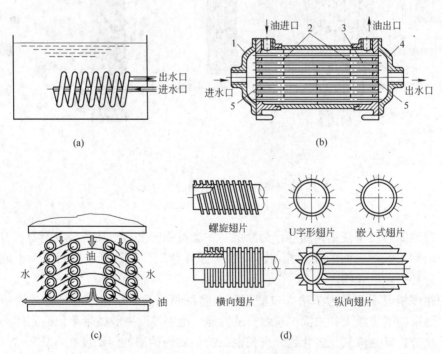

图 6-24 水冷式油冷却器
（a）盘管式；（b）列管式；（c）多层螺旋管式；（d）带散热翅片的冷却水管

盘管式水冷式油冷却器结构简单，只需用铜管盘绕成螺旋状便成，但传热效率低、冷却效果差；列管式和带翅片的列管式结构较复杂，但工作可靠、传热效率高。其中以带翅片的列管式传热效率更高，但都不及国外设备上的类似于电冰箱的油冷却器。

图 6-25 所示为液压泵站常用的板式冷却器，这类冷却器传热效率较高。

图 6-26 与图 6-27 分别为由裸管和带散热翅片管构成的列管式油冷却器的立体分解图。裸管式易清洗，但散热效果略差；翅片管不易清洗，但散热效果好。它们耗水量都大。

图 6-25　板式冷却器

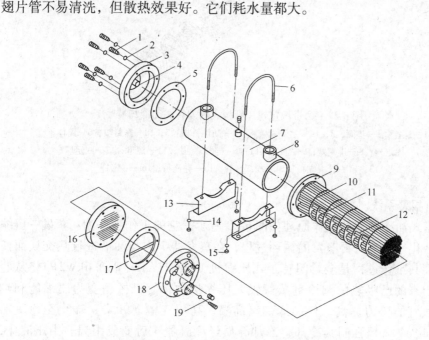

图 6-26　由裸管构成的列管式油冷却器

1—螺柱；2，14—垫圈；3，18—水侧端盖板；4，19—防蚀锌棒；5，17—密封垫；6—U 形固定架；7—筒体；8—油出入口；9，16—管束端板；10—固定杆；11—导流板（折流板）；12—冷却铜管（管内为水）；13—固定座；15—螺母

冰箱式油冷却器冷却效果极佳，不耗水，但成本较高。它的优点是：（1）具有稳定的冷却能力；（2）能对室温和机床机体温度变化做出反应，进行油温控制；（3）冷却可靠；（4）无需冷却水；（5）操作容易；（6）安全装置完

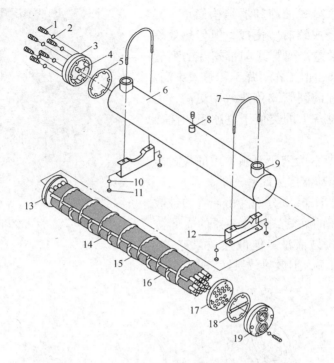

图6-27 由带散热翅片管构成的列管式油冷却器

1—螺栓；2—垫圈；3，19—水侧端盖板；4—防蚀锌棒；5，18—密封垫；6—筒体；
7—固定架；8—排气塞；9—油出入口；10—防震垫片；11—螺母；12—固定座；
13，17—管束端板；14—冷却水管；15—导流板；16—固定杆

备，具有报警系统。

　　冰箱式油冷却器的工作原理如图6-28所示。它的工作程序为：蒸发—压缩—冷凝液化—节流—再蒸发的循环过程，在蒸发器7内与油液进行热交换而使油冷却。其工作过程是全封闭转子式压缩机1（RC27ATN型，0.6kW2P）将从蒸发器中出来的已吸热的制冷剂蒸气吸入压缩机构，使机械功变为压缩能和热量，使蒸气的压力提高，使制冷剂呈高温、高压气体（90℃）输出至冷凝器4，小风扇17吹风强制其冷却，冷却介质经冷凝器4后变成中温、中压液体，进入干燥过滤器5，滤除污垢和吸收制冷剂（此时为液体）中的水分，然后流入毛细管节流器6（螺旋盘绕孔径为0.6mm的紫铜管），产生压力降，控制了流入蒸发器7内制冷剂的压力，也就决定了蒸发温度，得到相应的冷却功能。从毛细管来的常温常压液体进入蒸发器7，在其内与热的液压油进行热交换，使油冷却，此时冷却介质变为气态，吸收热量，蒸发器为多管圆筒式，冷却介质从管内穿过，液压油从管外经折流板折流后流出，冷却介质此时变为气态，进入储能器9，储能器起安全保护作用。油泵13是抽取热油送往蒸发器而设置

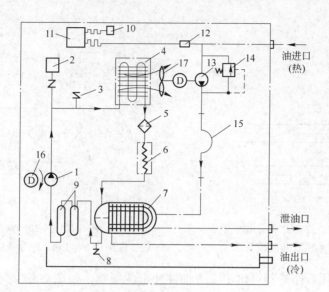

图 6-28 冰箱式油冷却器原理

1—压缩机；2—高压压力继电器；3—高压表接头；4—冷凝器；5—干燥过滤器；6—毛细管
节流器；7—蒸发器；8—低压表接头；9—储能器；10—室温热敏电阻；11—温差调节器；
12—油温热敏电阻；13—油泵；14—溢流阀；15—软管；16—电机；17—风扇

的，溢流阀起安全溢流作用，油温热敏电阻 12 与室温热敏电阻 10 及温差调节器 11 共同实现对油温的自动控制，高压压力继电器在压缩机过压时切断电机 16 中的电流，起保护作用。面板上还装有报警显示灯。加工中心上使用的这种冷却装置，用来冷却主轴箱内油液以及液压换刀机械手刀库液压系统的油液。

6.3.2 油冷却器的使用

油冷却器的使用要点概括如下：

（1）为了提高传热效率，冷却介质（水或空气）应与被冷却油逆方向流动，且水在管内流动，油在管外流动，如图 6-29 所示。

（2）为了得到良好的冷却效果，油冷却器应设置在液压系统的总回油管或溢流阀的回油管路中。特别是后者，发热量最大。为了防止当冷却器阻塞时，保护冷却器，采用了图 6-30 所示的冷却回路。背压阀 2（顺序阀、溢流阀均可）在冷却器堵塞时打开，从系统来的回油及溢流阀来的回油均可从背压阀流回油池，从而保护了冷却器。

（3）注意冷却器的工作压力和工作温度不应超过制造厂的规定，并应尽量避免长时间在冲击载荷下使用，以利于延长油冷却器的使用寿命。

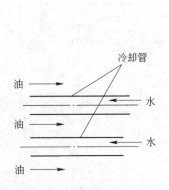

图 6-29 冷却介质与被冷却
油逆方向流动

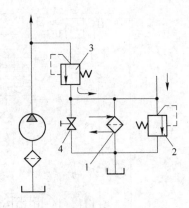

图 6-30 冷却回路
1—油冷却器；2—背压阀；3—溢流阀；4—截止阀

（4）采用旁路冷却可以不受主油路冲击的影响，如图 6-31 所示。而图 6-31（a）所示为冷却器装在闭式回路的补油系统中，这类冷却回路需单独的冷却泵抽油冷却（见图 6-32）。

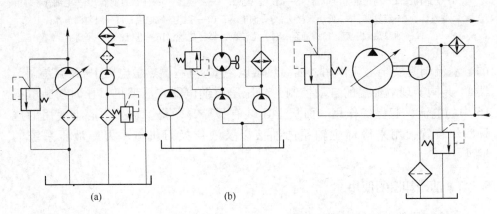

（a）　　　　　　　　（b）

图 6-31 旁路冷却 　　　图 6-32 单独的冷却泵抽油冷却

（5）当回路中有冲击压力影响到冷却器时，一般要求冷却器能承受更高的压力（峰值为常值的 3~4 倍）；否则，冷却器易损坏。

（6）采用组合冷却的方式（见图 6-33）。当系统有冲击载荷时，由单独的冷却泵工作，进行循环冷却；当系统无冲击载荷时，可停止冷却泵，实行主油路冷却。这样可延长油冷却器的使用寿命，提高冷却效果。

（7）为了自动控制油温，可采用图 6-34 所示的油温自动调节回路。如果将测温头（温度控制仪表）和温度调节水阀（比例式电磁水阀）配合使用，可自动调节进入油冷却器的水流量，达到自动控制油温的作用。

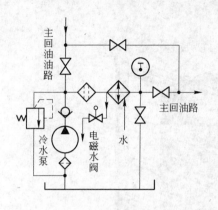

图 6-33 组合冷却的方式

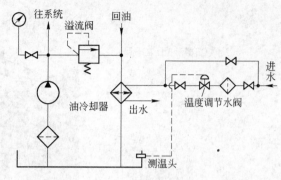

图 6-34 油温自动调节回路

（8）进水管路上要设置截止阀，以便断水时冷却器不承受水源压力（见图 6-35）。

（9）如果油冷却器的安装位置低于油箱油面（见图 6-36）。为防止检修冷却器时油箱内油液因虹吸现象而外流，可在图 6-36 中油路的 a 处安设一截止阀，检修时在未拆下油冷却器前先将截止阀关闭。

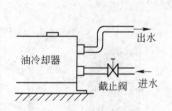

图 6-35 进水管路设置截止阀

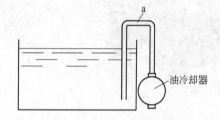

图 6-36 油路设一截止阀

（10）冷却水一般可用自来水，但不得用海水或含有腐蚀成分的液体。

（11）寒冷季节在非工作时必须放掉冷却器内的剩水和剩油，避免冷却器冻裂。

（12）冷却器停止使用后（停一段时间），应先关闭进油阀和进水阀，后关闭排油阀和排水阀，再拧下放油、放水的螺塞，排除积油、积水。

（13）根据水质情况，一般每 5～10 个月进行一次内部的检查和清洗污垢。

6.3.3 板式换热器安装调试

6.3.3.1 板式换热器结构

板式换热器结构如图 6-37 所示。

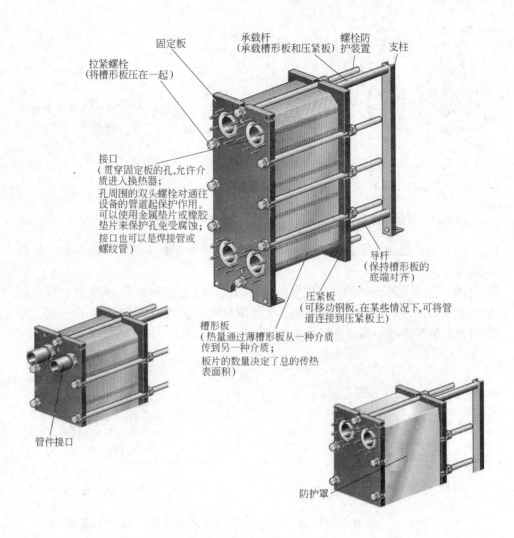

固定板

承载杆
（承载槽形板和压紧板）

螺栓防
护装置

支柱

拉紧螺栓
（将槽形板压在一起）

接口
（贯穿固定板的孔,允许介
质进入换热器;
孔周围的双头螺栓对通往
设备的管道起保护作用。
可以使用金属垫片或橡胶
垫片来保护孔免受腐蚀;
接口也可以是焊接管或
螺纹管）

导杆
（保持槽形板的
底端对齐）

压紧板
（可移动钢板。在某些情况下,可将管
道连接到压紧板上）

槽形板
（热量通过薄槽形板从一种介质
传到另一种介质;
板片的数量决定了总的传热
表面积）

管件接口

防护罩

图 6-37   板式热交换器结构

6.3.3.2   冷却器安装

（1）操作管路时，请确保已封闭管件接口（见图 6-38）。接口转动将毁坏末端板片上的密封垫，从而引起泄漏。

（2）连接管道前，应将板片组压紧在恰当的位置（根据图纸检查），如图6-39所示。这一点非常重要。

（3）为使拆卸板式换热器更加方便，应在压紧板上的接口处用法兰连接一个弯管，使弯管向上或弯向侧面，而另一个法兰则恰好位于换热器轮廓线的外面，如图 6-39 所示。

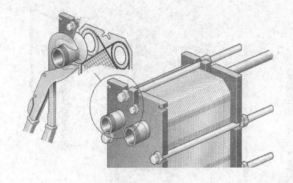

图 6-38 接头密封处

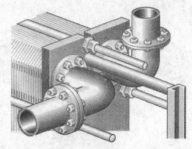

图 6-39 将板片组压紧在恰当的位置

（4）如图 6-40 所示，放入与取出板片所需的最小可用空间为 600mm；为了能够打开换热器，所有接口都应配有截止阀，安装在可充分支撑框架的水平底座上。

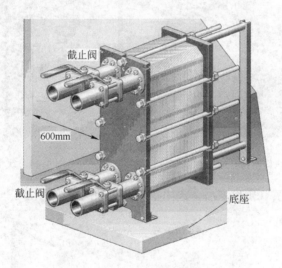

图 6-40 安装要求

6.3.3.3 板式热交换器的调试

（1）检查并确保尺寸 A 正确。有关尺寸 A 的信息，请参阅随附的图纸，如图 6-41 所示。

（2）检查并确保进油阀门已经关闭；如果出口处有阀门，请确保该阀门完全打开，如图 6-42 所示。

（3）打开排气孔，然后启动泵，如图 6-43 所示。

（4）缓慢打开阀门，如图 6-44 所示。

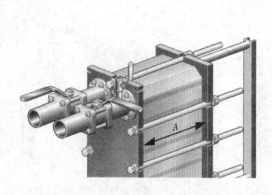

图 6-41 检查并确保尺寸 A 正确

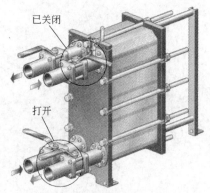

图 6-42 关闭进油阀门并开启出口阀门

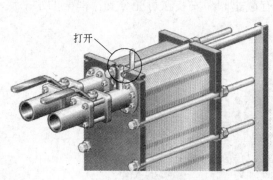

图 6-43 打开排气孔

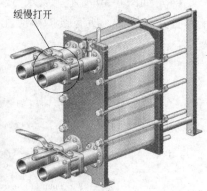

图 6-44 缓慢打开阀门

（5）在所有空气排出之后，关闭排气孔，如图 6-45 所示。

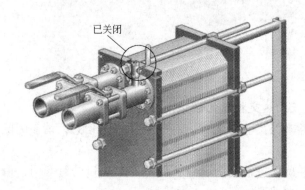

图 6-45 关闭排气孔

（6）对冷却水系统，重复步骤(1)~(5)。

6.3.4 油冷却器故障的分析与排除

油冷却器故障的分析与排除如下：

（1）油冷却器被腐蚀。产生腐蚀的主要原因是材料、环境（水质、气体）以及电化学反应三大要素。

选用耐腐蚀性的材料是防止腐蚀的重要措施，而目前列管式油冷却器多用散热性好的铜管制作，其离子化倾向较强，会因与不同种金属接触产生接触性腐蚀（电位差不同），如在定孔盘、动孔盘及冷却铜管管口往往产生严重腐蚀的现象。解决办法，一是提高冷却水质，二是选用铝合金制的冷却管。

另外，冷却器的环境包含溶解的氧、冷却水的水质（pH 值）、温度、流速及异物等。水中溶解的氧越多，腐蚀反应越激烈。在酸性范围内，pH 值降低，腐蚀反应越活泼，腐蚀越严重；在碱性范围内，对铝等两性金属，随 pH 值的增加，腐蚀的可能性增加。流速的增大，一方面增加了金属表面的供氧量；另一方面流速过大，产生紊流、涡流，会产生气蚀性腐蚀。另外，水中的砂石、微小贝类细菌附着在冷却管上，也往往产生局部侵蚀。

还有，氯离子的存在增加了使用液体的导电性，使得电化学反应引起的腐蚀增大。特别是氯离子吸附在不锈钢、铝合金上也会局部破坏保护膜，引起孔蚀和应力腐蚀。一般温度增高，腐蚀增加。

为防止腐蚀，在冷却器选材和水质处理等方面应引起重视。前者往往难以改变，后者用户可想办法。安装在水冷式油冷却器中用来防止电蚀作用的锌棒要及时检查和更换。

（2）冷却性能下降。原因主要是堵塞及沉积物滞留在冷却管壁上，结成硬块与管垢，使散热换热功能降低。另外，冷却水量不足、冷却器水油腔积气也均会造成散热冷却性能下降。解决办法是：首先从设计上就应采用难以堵塞和易于清洗的结构；在选用冷却器的冷却能力时，应尽量以实践为依据，并留有较大的余地（增加 10% ~ 25% 容量）；不得已时采用机械的方法（如刷子、压力、水、蒸汽等擦洗与冲洗）或化学的方法（如用 $NaCO_3$ 溶液及清洗剂等）进行清扫；增加进水量或用温度较低的水进行冷却；拧下螺塞排气；清洗内外表面积垢。

（3）破损。由于两流体的温度差，油冷却器材料受热膨胀的影响，产生热应力，或流入油液压力太高，可能招致有关部件破损。另外，在寒冷地区或冬季，晚间停机时，管内结冰膨胀将冷却水管炸裂。所以，要尽量选用难受热膨胀影响的材料，并采用浮动头之类的变形补偿结构；在寒冷季节每晚都要放干冷却器中的水。

（4）漏油、漏水。漏水、漏油多发生在油冷却器的端盖与筒体结合面，或因焊接不良、冷却水管破裂等处。此时可根据情况，采取更换密封、补焊等措施予以解决。更换密封时，要洗净结合面，涂敷一层"303"或其他黏结剂。

小技巧： 出现流出的油发白、排出的水有油花的现象，说明冷却器损坏，引起漏油、漏水。

（5）过冷却。一些冷却回路溢流阀的溢流量是随系统的负载流量变化而变化的，因而发热量也将发生变化，有时产生过冷却，造成浪费。为保证系统有合适的油温，可采用可自动调节冷却水量的温控系统。若低于正常油温，停止冷却器的工作，甚至可接通加热器。

（6）冷却水质不好（硬水），冷却铜管内结垢，造成冷却效率降低。此时可清洗油冷却器，方法如下：1）用软管引洁净水高速冲洗回水盖、后盖内壁和冷却管内表面，同时用清洗通条进行洗刷，最后用压缩空气吹干。2）用三氯乙烯溶液进行冲洗，使清洁液在冷却器内循环流动，清洗压力为0.5MPa左右，清洗时间视溶液情况而定。最后将清水引入管内，直至流出清水为止；3）用四氯化碳的溶液灌入冷却器，经15~20min后视溶液颜色而定，若浑浊不清，则更换新溶液重新浸泡，直至流出溶液与洁净液差不多为止，然后用清水冲洗干净。此操作要在通风环境中进行，以免中毒。清洗后进行水压试验，合格方可使用。

小技巧： 液压系统温度过高，是热量的产生大于发散所致。热量的产生主要是由机械摩擦、压力损失、流量损失所引起的；热量的发散涉及冷却装置、系统结构、环境等。温度过高造成的故障分析，可视情况对上述因素逐项考察。

6.4 密封件安装调试与故障维修

密封件是机械产品的基础元件，几乎每个产品都要用到它，利用密封件防止液体泄漏、防止空气和污染物进入系统和元件内部造成油液污染，提高产品效率与性能。

6.4.1 密封件的选用

在液压设计时，虽然设计者对密封件的选型有较大的自主权，但市面上各种品牌及材料、密封件断面形状等已超过200种，如果没有正确的选用原则作指导，很多设计者还会被这种自主权弄得无所适从，出现泄漏后无法找到原因，使生产的设备不能达到预期的质量要求。

6.4.1.1 密封件设计选用的相关因素

密封材料要与所选用的工作液体有很好的"相容性"；弹性好，永久变形小；有适当的机械强度，耐热耐磨性很好，摩擦因数小；与金属接触不互相黏着和腐蚀，容易制造，成本低。

选用密封件时，应防止以下几种情况的出现：

（1）挤出。当密封件承受过大压力时被挤出到金属间隙内，损坏密封件，产生泄漏。这种情况涉及密封件本身的硬度及金属间隙是否过大。如果在设计选型、加工或安装上处理不当，都会出现这种情况。

（2）磨损。密封件的磨损涉及配合零件的表面粗糙度、运动速度及工作介质，不同的密封材料适应不同的运动速度。

（3）硬化（老化）。密封件的一个泄漏原因是因为本身材料在高温的作用下产生硬化。当硬度过高时，密封件不能填充它与配合零件之间的间隙，产生泄漏。

（4）腐蚀。这种情况的表现是密封件软化甚至溶解。原因是工作介质与密封件发生了化学反应。

6.4.1.2 最大允许间隙

为避免密封件在使用过程中发生挤出现象，设计和使用活塞密封及活塞杆密封时，运动表面之间必须存在一定的间隙。间隙的大小直接影响到密封件的使用寿命和加工成本。如何正确选取最大允许间隙是设计人员必须考虑的一个重要问题。

最大允许间隙的大小与动态边直径、选用的密封件材料及断面厚度、系统压力、环境温度有直接的关系（动态边直径是指有滑动边的直径。对于活塞密封是指活塞缸直径，对于活塞杆密封是指活塞杆直径）。

某密封件公司设计出一套选用最大允许间隙的简易方法，如图 6-46 和图 6-47 所示。通过图 6-46 和图 6-47，可以找到相应工况条件下，所选密封件的最大允许间隙。

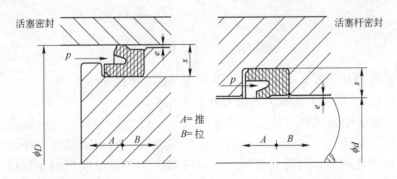

图 6-46 密封件截面

例如：动态边直径 $d/D = 90\text{mm}$，断面 s：7.5mm，压力 $p = 31.5\text{MPa}$，温度 $t = 80℃$。

连接图 6-47 中 d/D—s 对应点与 1 相交，p—t 对应点与 2 相交，用直接连接两交点，读出在 e 尺上相交点的值，即为最大允许间隙 $e = 0.16\text{mm}$。

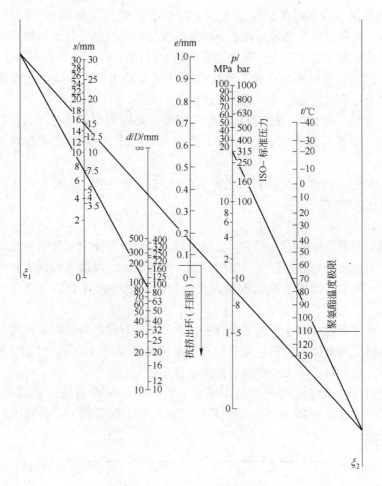

图 6-47 密封件间隙计算图

图 6-47 适用于邵氏硬度 A 大于 85 的聚氨酯和增强型密封件。

6.4.1.3 维修中正确选用密封件的方法

维修时选用密封件应从以下几方面入手：首先判明密封件所在位置的运动方向是往复运动、旋转运动，还是螺旋或固定；判明活动点是在内径的活塞杆密封还是在外径的活塞密封；从原机械说明书查明或根据实际情况评估工作温度，从而决定所需密封件材料；从原机械说明书查明或通过观察原密封件的软硬度和结构推断机械的工作压力等级；确定密封件的形状尺寸，多数用户都会按使用过的旧样品选购，但密封件在使用过一些时间以后会受温度、压力及磨损等因素的影响而改变原来的尺寸，因此按样选择尺寸作为一个参考依据，最好的办法是度量密封件所在位置的金属沟槽尺寸，准确性会大大提高。

6.4.2 O 形密封圈的压缩率

O 形密封圈是常用密封元件的一种。其密封作用是通过安装时的预压力使密封圈变形来实现的。在设计及使用中应注意 O 形密封圈安装后的压缩率，压缩率太小易造成液压油泄漏。

某 160t 液压机安装使用不久，液压缸即发生泄漏。该液压缸直径 320mm、压力 20MPa，采用 O 形密封圈密封。经观察，其压缩率只有 7.3%。复运动的密封件压缩率应为 10%～20% 才能达到满意的密封效果。该液压缸泄漏主要因 O 形密封圈压缩率太小所致。

提高压缩率可通过缩小缸筒和柱塞之间的间隙来实现，也可通过修补沟槽的尺寸来实现。此处用后一种方法解决。经计算，沟槽尺寸可确定为：深度 $H = 5.9 + 0.1$ mm，宽度 $B = 8.1 + 0.1$ mm。其他尺寸按 GB 1235 规定。据此，O 形密封圈最大压缩率为 19.0%，小于有关资料推荐的最大压缩率 20%。为防止 O 形密封圈拉伸过大引起应力松弛，影响使用寿命，拉伸率应小于 2%。经计算，此处 O 形密封圈的拉伸率为 0.9%。具体实施办法是：先对柱塞进行堆焊，填补沟槽，再按确定的沟槽尺寸加工。安装密封圈后，液压缸泄漏问题得到解决。

正确使用 O 形密封圈应注意：密封圈要有足够的压缩率。一般来讲，固定密封、往复运动密封和回转运动密封的压缩率应分别达到 15%～25%、10%～20% 和 5%～10%，才能取得满意的密封效果；孔和轴的配合间隙不应过大，否则会降低压缩率，密封圈也易被油压挤入间隙而损坏；当孔、轴的间隙过大时，应在其两侧安放四氟乙烯挡圈；采用修改沟槽尺寸来提高压缩率，应验算其最大压缩率和内径拉伸，两者应分别小于 25% 和 2%。

6.4.3 一种液压缸密封件装配方法

大型液压缸端盖与活塞杆的密封件，采用的是带夹织橡胶圈的 Yx 形密封件，这种密封圈在装配过程中有一定难度。在装配 Y 形密封圈时，一定要使唇口对着有压力的油腔侧才能起密封作用。液压缸端盖与活塞杆之间的密封属于滑动密封，装配不当直接影响液压缸的质量和工作性能。

图 6-48 是由导向圈、压圈组成的一种导向装置，不仅能满足 V 形、U 形密封圈的装配，而且满足装配难度较大的夹织橡胶圈 Yx 轴用密封圈的装配。在实际生产中，可以根据 GB/T 10708.1—2000 中规定的密封件尺寸和现场使用的液压缸尺寸来配做装配工装。

将夹织橡胶圈 Yx 轴用密封圈，用手自右向左推入导向圈，Yx 密封圈唇口朝向高压油腔，唇口必须推入导向圈内。再将带密封圈的导向圈推入密封盖的固定槽中，然后推压圈将密封圈挤入密封槽内，来完成装配。此种导向结构应用于轴

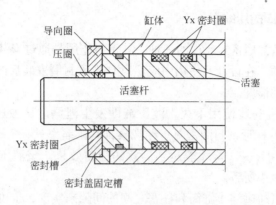

图 6-48　交流口安全保护原理图

密封的各种动、静密封圈装配，结构简单，操作方便。

6.4.4　密封材料与工作介质

密封材料与工作介质之间存在着相互适应的问题。

6.4.4.1　密封材料及其特性

（1）丁腈橡胶。它是用得最为广泛的密封件材料，具有优良的耐油性能。其含有丙烯腈而具有极性，对非极性和弱极性油类、溶剂具有优异的抗耐性。丙烯腈含量越高，耐油性越好，但耐寒性降低。丁腈橡胶可在100℃工作环境下长期工作，短时工作温度允许到120℃。它不耐酮、酯和氯化烃等介质，在含有极压添加剂的油中，当温度超过110℃时，即发生显著的硬化、变脆。同时，硫、氯、磷化合物会引起橡胶解聚，造成损坏。因此，丁腈橡胶不能在磷酸酯系液压油中以及含极压添加剂的齿轮油中使用。

（2）硅橡胶。它具有卓越的耐高温、低温性能，在所有橡胶材料中具有最宽广的工作温度范围；优异的耐臭氧、氧、光和耐候老化性能。一般的硅橡胶对于低浓度的酸、碱有一定的抗耐性，对乙醇、丙酮等介质也有很好的抗耐性；特殊的氟硅橡胶具有优良的耐油、耐溶剂性。

（3）氟橡胶。其耐热性能可与硅橡胶媲美，可在250℃下长期工作，短时可耐300℃高温。极优越的耐腐蚀性能是氟橡胶的特点之一，它对燃料油、液压油（液）、有机溶剂、浓酸、强氧化剂等作用具有稳定性且优于其他各种橡胶。但其品种不同也有差异，如在燃料油、液压油以及双酯类、硅酸酯类润滑油和沸水等介质环境中23型氟橡胶性能比26型氟橡胶差。配方中配合剂也对性能有影响，如用过氧化物硫化体系比氨类、酚类硫化体系制品具有更好的耐热水性能。

（4）三元乙丙橡胶。它具有优良的耐老化性、耐臭氧性、耐候、耐热性，有突出的耐蒸汽性能，能耐醇、酸、强碱和氧化剂等化学品，但不耐脂肪族、芳香族类溶剂，因此，不适宜一般矿物油系润滑油及液压油。其制品可以在120℃环境长期使用，最高使用温度150℃，最低极限温度 −50℃。

（5）聚四氟乙烯。聚四氟乙烯具有很高的化学稳定性和良好的自润滑特性。它与弹性体的组合（如斯特封、格来圈）或嵌入弹簧钢片（如泛塞密封）充分发挥了其良好的耐磨性和广泛的耐溶剂、耐腐蚀性。同时，由弹性体或弹簧钢片给予其预紧力，提供了初始密封力。对于泛塞密封，当系统压力升高时，主要密封力由系统压力形成，从而保证由零压到高压都具有可靠的密封性能。由此，可适用于一般的液压系统，也可用于恶劣工况以及某些特殊介质环境。

（6）聚氨酯橡胶。它具有优异的耐磨性和良好的不透气性，耐油、耐氧及臭氧老化。其制成的往复动密封产品常用于石油基液压油、难燃液压液的中高压液压缸等。其最大的弱点就是水解性，不耐水、蒸汽、酸碱及酮类。

（7）丙烯酸酯橡胶。它的耐热、耐臭氧老化性能和耐油性能优异。最高使用温度可达180℃，断续或短时使用可达200℃左右，在150℃热空气中数年性能无明显变化。常温下耐油性能与丁腈橡胶接近，但在热油中优于丁腈橡胶许多。在低于150℃的油中，具有近似氟橡胶的耐油性能。在更高温度的油中，仅次于氟橡胶。对含极压添加剂的油十分稳定，使用温度可达150℃，间断使用时使用温度可更高些。此外，丙烯酸酯橡胶耐动植物、合成润滑油和硅酸酯类液压油，而耐寒、耐水、耐溶剂性能差。

表6-4是密封件常用橡胶材料性能特点及应用。表6-5是几种耐油橡胶耐热、耐油性能比较。

表6-4　密封件常用橡胶材料性能特点及应用

材料名称		代号	使用温度/℃	特　点	应　用
天然橡胶		NR	−50～120	弹性和低温性能好，但高温性能差，耐油性差，在空气中容易老化	用于水、醇类介质，不宜在燃料油使用
丁腈橡胶	中丙烯腈（丁腈-26）	NBR	−30～120	耐油、耐磨、耐老化性好，但不适用于磷酸酯系液压油及含极压添加剂的齿轮油	应用广泛，适用于耐油性要求高的场合
	高丙烯腈（丁腈-40）		−30～120	耐燃料油、汽油及矿物油性能最好，丙烯腈含量高则耐油性能好，但耐寒性较差	
乙丙橡胶		EPDM	−50～150	耐热、耐寒、耐老化、耐臭氧性、耐酸碱性、耐磨性好，但不耐一般矿物油系润滑油及液压油	可用于过热蒸汽，但不可用于矿物油、液氨和氨水中
硅橡胶		MPQ	−70～260	耐热、耐寒性能极佳，但机械强度差。在汽油、苯中溶胀大，在高压水蒸气中发生分解	可用于高、低温下高速旋转的场合

续表6-4

材料名称	代号	使用温度/℃	特 点	应 用
氟橡胶	MPF	−20 ~ 250	耐油、耐热、耐酸、碱性能极佳，几乎耐所有润滑油、燃料油，耐真空性好，但耐寒性和耐压缩永久变形性不好	用于耐高温、耐腐蚀的场合，但对酮、酯类溶剂不适用
氯丁橡胶	CR	−40 ~ 130	耐老化性、耐臭氧性、耐热性比较好，耐燃性在通用橡胶中为最好。耐油性次于丁腈橡胶，耐酸、碱、溶剂也较好	用于易燃性介质及酸、碱溶剂，不能用于芳香烃及氯化烃油介质
聚氨酯橡胶	PU	−20 ~ 80	优异的耐磨性和良好的不透气性，耐油、耐氧及臭氧老化。弱点是水解性、不耐水、蒸气、酸碱及酮类	用于石油基液压油、难燃液压液的中、高压液压缸
丙烯酸酯橡胶	ACM	−10 ~ 170	耐热与耐氧抗老化性能和耐油性能优异，对含极压添加剂的油十分稳定。耐寒、耐水、耐溶剂性能差	常温下耐油性能与丁腈橡胶接近，在热油中优于丁腈橡胶
填充聚四氟乙烯	PIFE	−260 ~ 260	耐磨性极佳，耐热、耐寒、耐溶剂、耐腐蚀性能好，具有极低的透气性，但弹性极差，膨胀系数大	用于高温或低温条件下的酸、碱、盐、溶剂等强腐蚀介质

表6-5 几种耐油橡胶耐热、耐油性能比较

品 种	ASTMNo1	ASTMNo3	热空气	密封件可使用温度/℃
丁腈橡胶	良	良	中 ~ 良	−40 ~ 120
氟橡胶	优	优	优	−40 ~ 200
硅橡胶	中	中	优	−60 ~ 200
丙烯酸酯橡胶	优	优	优	−10 ~ 170

6.4.4.2 密封材质与液压油（液）的相容性

液压油的颗粒污染来源之一是密封件材料与液压油不相适应而产生的"碎屑"或"磨屑"。密封件因"溶胀"被损坏产生的"碎屑"或被"抽提"出的未被结合的无机物和填充补强材料不仅导致密封件损坏、失效，同时污染油品并使其变质、失效。

液压系统中广泛使用叶片泵，在其工作压力大于6.9MPa时，磨损问题变得突出，因而在液压油中使用了抗磨剂。为了适应在高温热源和明火附近的液压系统，使用抗燃的磷酸酯、水-乙二醇液压液、水包油和油包水乳化液等。根据实际需要，还有抗氧、防锈等各种类型复合添加剂配置的不同用途液压油（液）

被研制，如抗磨液压油复合剂类型中的无锌型（无灰型）抗磨液压油复合剂，是含有烃类硫化物、磷酸酯、亚磷酸酯等，同时含硫、磷和氮三种元素的 S-P-N 极压抗磨剂。在极压工业齿轮油中，也以 P-S 型极压剂为主。

表6-6 列出了各种液压油（液）与常用密封材料的相容性。密封件产生"溶胀"或"抽提"的原因是液压油中添加剂所含有的各种化学元素及其浓度，依据"相似相溶"的原理，对不同的密封材质产生不同的影响，也即是密封材料的耐介质性能。

例如：

Shell Omala 320 齿轮油和 Shell Omala 460 齿轮油中显示极性的磷（P）元素浓度在 0.03% 左右，所以丁腈橡胶因含有丙烯腈基团而具有极性，具有优良的耐油性能，却不适宜该类型油品的介质条件。

表6-6 各种液压油（液）与常用密封材料的相容性

密封材料	普通矿物液压油	水-乙二醇液压液	磷酸酯液压液	油包水乳化液
丁腈胶	适 应	适 应	不适应	适 应
硅橡胶	适 应	适 应	适 应	适 应
氟橡胶	适 应	适 应	适 应	适 应
乙丙胶	不适应	适 应	适 应	不适应
天然胶	不适应	适 应	不适应	不适应
氯丁胶	适 应	适 应	不适应	适 应
聚四氟乙烯	适 应	适 应	适 应	适 应
尼 龙	适 应	适 应	适 应	适 应
聚氯乙烯塑料	适 应	适 应	不适应	适 应
丙烯酸塑料	适 应	适 应	不适应	适 应
苯乙烯塑料	适 应	适 应	适 应	适 应
环氧塑料	适 应	适 应	不适应	适 应

6.4.5 新型密封件的应用

随着密封技术的发展，新型的密封结构不断涌现。

6.4.5.1 C 形密封装置

C 形密封装置全称为 C 形双面组合密封装置，无轴用、孔用之分。它由 C 形截面的空心开口橡胶圈 2 和填充 PTFE 或含油尼龙制成的内保护挡环 3、外保护挡环 1 等部分组成，如图 6-49 所示。

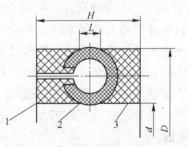

图 6-49 C 形密封装置
1—外保护挡环；2—C 形
橡胶圈；3—内保护挡环

C形密封装置的液压缸在活塞的密封部位装有方向相反的两组密封件，每组对一个方向起密封作用。密封件利用调整压盖固定在活塞上，它既可用于活塞密封，也可用于活塞杆密封。

空载时，利用橡胶圈装配时的过盈量，使得工作面上有一定的预压力。工作时，压力油推动活塞运动，并通过外保护挡环上的孔道进入橡胶圈内腔，使橡胶圈内的工作压力近似等于液压缸内腔的压力。当油压增高时，工作压力也会随油压的增高而增大。橡胶圈内压的增高使两侧的保护挡环膨胀，与缸壁间的间隙减少，进一步增强了密封效果。

6.4.5.2 H形密封装置

H形圈的剖面如图6-50所示。其材料通常为橡胶。在其两端唇口处设计了2个半圆形的凸台，其槽截面积形式为H形（直径D等于或略小于液压缸内径；宽度B与标准的Yx形密封圈的宽度相等，且$B=2L$），主要用在活塞密封上。

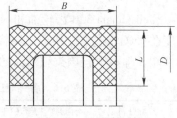

图6-50 H形密封件

H形密封装置的液压缸活塞的密封部位装有两个完全相同的H形沟槽，H形圈与沟槽形成空腔。活塞上与沟槽相对应的位置，开有若干个横向和纵向的小孔，两者相互连通，并与H形圈的空腔相通。H形圈的密封机理为每个H形圈对一个方向起密封作用。

H形圈安装与C形圈类似。空载时，利用H形圈凸台所受的预压力保持与液压缸壁的紧密接触。工作时，压力油推动活塞运动，并通过活塞上的小孔进入H形圈内腔，使得H形圈内腔的工作压力近似等于液压缸内腔的压力，并随油压增高而增大。在工作压力的作用下，H形圈膨胀，使得整个外圈及凸台都紧贴缸壁，防止了泄漏。

6.4.5.3 H形和C形密封装置的特点与应用

（1）密封效果好，使用寿命长。两种密封装置均具有较强的自补偿能力。只要在材质允许的承压范围内，油压越高，工作压力越大，密封性就越好。即使橡胶件老化失去弹性而造成密封不良，在它们强大的自补偿能力作用下，液压缸在高压状态下也能继续使用。这样，不但密封可靠，而且大大提高了密封件的使用寿命。已有实例证明，C形和H形密封装置的自补偿能力均高于Y形密封装置，在液压缸修复中，用它们代替原有的Yx形密封件，寿命可提高1~4倍。

（2）改造简单，安装方便。用C形和H形密封装置取代Yx形密封件，除安装部位作简单的改动外，不需其他任何复杂的改造。液压缸其他各部位尺寸，技术性能如推力、运动速度、行程等均不受任何影响。同时，这两种密封均已按

Yx 形密封标准进行了系列化，更换简便。

Yx 形在安装时，唇口易受损。C 形圈与缸壁是弧面接触。H 形圈的唇口为两个半圆形凸台，它们主要靠自补偿密封，安装时过盈量小，不会发生倒边、扭曲等现象，操作简单，安装方便。

（3）加工成本低，经济实用。H 形圈密封对橡胶圈尺寸制造精度要求不高。即使 H 形圈直径与油缸内径相差 1～2mm 也不会影响装配和使用。其价格与 Yx 形密封圈差不多。C 形密封装置中的保持挡环由具有自润滑性的材料制成，使它的价格比 Yx 形圈的价格稍高，但同其他组合密封形式（如洪格尔密封）相比，其价格要低得多。由此不难看出，H 形和 C 形密封装置均具有较高的性价比，用它们取代 Yx 形圈经济、实用。

6.4.5.4 新型聚氨酯密封件

聚氨酯弹性体以其优异的耐油、耐磨及抗撕裂性能和优良的抗臭氧性而被用作气缸和液压缸的动密封件，尤其是锻压机械和工程机械中的高压液压缸的动密封件。但是，普通的聚氨酯密封件耐热和耐水性能均较差，一般国产的聚氨酯密封件无法在含水的介质中使用，且液压系统介质的工作温度也不能高于 80℃。因此，使聚氨酯密封件的使用范围受到限制。

德国麦克-弗罗伊登贝克流体密封技术公司生产的聚氨酯密封件，在耐热和耐水性能方面均有较大突破，使用温度范围扩展为 −30℃ ～ +110℃。且可在液压系统工作温度低于 50℃ 的含水介质中正常使用，也可在液压系统瞬时温度 +110℃ 的条件下短时工作，从而拓展了聚氨酯密封件的使用范围。

应用于液压缸的聚氨酯密封件就其断面结构形式而言，主要为采用 U 形断面结构的唇形密封圈。此外，也有适用于液压缸活塞杆动密封系统，用作副密封用的滑环、由聚氨酯材料制作的轴用密封件（OMS）和用于活塞动密封系统的双唇口结构的 SIMKO300 双向密封件中的双唇口密封体等。尽管聚氨酯密封件的结构形式很多，但构成聚氨酯密封件主体的还是 U 形密封圈。另外，由于聚氨酯 U 形密封圈具有结构简单、安装尺寸小、装配方便，且价格便宜、使用可靠等优点，因而被广泛用于液压缸和气缸的往复运动密封系统中。然而，由于聚氨酯弹性体自身的摩擦系数略高于橡胶材料，因此若液压缸和密封件的结构设计不当，尤其在长行程和薄壁缸的工况下则会因润滑条件的恶化而引发液压缸的爬行和颤震，以及因液压缸和密封件结构设计不当导致在使用过程中密封件从间隙被挤出造成的密封圈"根切"和"刷圈"等故障。为解决上述弊端，麦克-弗罗伊登贝克公司研制和推出了一种全新的、高寿命且有恒定低摩擦力，适用于低压（<15MPa）和低速（<0.5m/s）及高频率短行程换向工况下工作的 LF300 聚氨酯 U 形密封圈。

新型低摩擦 LF300 聚氨酯 U 形密封圈如图 6-51 所示。

LF300 聚氨酯 U 形密封圈具有以下特点：截面不对称，内密封唇较短；密封唇缘经过机械加工，尺寸精度高；具有最佳的预紧力（唇缘的径向紧箍力）；密封副滑移面呈波浪形；摩擦力低，工作时无爬行和颤震；流体动力回流功能好；抗间隙挤出能力强；具有良好的静态和动态密封性能；安装腔体符合 ISO 5597（或 GB2879）要求；既能单独用作主密封，也可在密封系统中用作副密封。

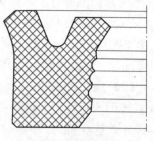

图 6-51 新型低摩擦 LF300 聚氨酯 U 形密封圈

6.4.6 液压系统泄漏及治理

6.4.6.1 泄漏机理分析

泄漏是指在液压元件及系统容腔内流动或暂存的流体，少量越过容腔边界，由高压侧向低压倒流出的现象。产生泄漏的主要原因：一是组成液压密封工作腔的各零件间有间隙；二是两侧存在压差，即间隙是主要的泄漏通道。泄漏分内泄漏和外泄漏。内泄漏是工作介质从高压腔向低压腔的泄漏，即窜油；外泄漏是工作介质从工作腔向元件和系统外部的泄漏，即漏油。

6.4.6.2 常见泄漏现象

液压系统的泄漏问题在使用过程中还不可避免。表 6-7 列出的是部分液压设备检修过程中经常发生的泄漏现象。

表 6-7 部分液压设备常见泄漏现象

泄漏设备	泄漏部位	主要泄漏现象
CPC-10 叉车	倾动缸	挡圈损坏，挤出间隙咬伤密封圈，造成漏油
	提升缸	开始使用，短时间泄漏，拆开无异常。低压时，泄漏；高压时，泄漏停止
长江 25T 吊车	伸缩缸	伸缩缸尺寸长。防尘圈密封唇有油，往复伸缩过程中逐步形成油滴
	支腿缸	支腿偏心动载荷大，密封圈摩擦磨损加剧，造成漏油
K184 压裂机组	液压马达	压力高导致密封过分磨损，出现泄漏

6.4.6.3 泄漏原因分析

静密封失效的原因主要是：管接头松动产生泄漏，振动破坏静密封或降低密封圈的使用寿命；密封材料与介质不相容，造成密封圈变质失效；拉伸、压缩量不当，致使密封圈产生永久变形，或接触应力不够产生泄漏；安装时损伤密封圈；O 形圈断面尺寸不够，弹性不足，不能补偿偏心和振动的影响。

动密封失效的原因一般有以下几种情况：装配不良、尺寸不当或混入杂质引起密封件损坏；温度高、压力大，造成密封材料变质劣化或间隙咬伤；表面粗糙度大、电镀不匀、摩擦运动速度大，造成密封件磨损加剧；密封材料选用不当、润滑不良等引起干摩擦，损坏密封件。

6.4.6.4 泄漏防治措施

防治泄漏应着重从以下四方面优先考虑：

（1）密封圈的选用。选用密封圈时应全面分析，准确把握使用条件，根据使用条件选择密封装置。要特别注意工作压力，速度、温度、工作介质、工作环境、振动等因素对密封件的影响。另外，强烈的冲击、振动极易引起管路系统接头松动，造成管接头静密封外泄漏。经验证明，应设置管路防振支架，并采用防松管接头。

（2）密封件的保存及密封装置的维护。大多数密封圈是由以合成橡胶为主的高分子材料制成的，必须十分注意因氧化变质引起的性能下降。密封件的保存要用聚乙烯密封，装在纸箱中，以隔绝热、氧气、油、水、紫外线等促进材料劣化的各种因素。

（3）密封件的安装。安装密封件要认真清除沟槽内和周边的金属粉末等异物，还应注意不能残存切削液、防锈油等使用清洗液，也要注意清洗液与密封圈材料的相容性，并在清洗后做干燥处理。密封圈材料是远比金属材料容易损伤的橡胶、塑料，安装时必须十分注意，不要损伤密封件。安装时的变形要严格控制。特别是一些塑性材料的密封圈和合成橡胶中的耐热材料，变形后一般不会立即回复。

（4）密封圈与沟槽的配合。密封性能的优劣不仅取决于密封圈的问题，密封圈与沟槽、密封圈与被密封面的配合对密封性能影响也非常重要。如动密封面加工精度不够，会造成密封圈的异常磨损；尺寸精度不够、密封圈间隙不合适，会造成间隙挤出、咬伤或密封圈与配合面的黏附咬合等。

6.4.7 液压缸动密封外泄漏故障分析与排除实例

6.4.7.1 故障现象及初步分析

某液压油缸的结构如图 6-52 所示。它主要包括锁头、端盖、弹簧、筒体及密封组件等。压力油液由进油口进入液压缸后，随着压力的逐渐升高，压力油克服弹簧预紧力后压缩弹簧，使锁头产生向下运动。当系统开始卸载时，油缸内油液压力迅速降低，当液压力与弹簧力失去平衡后，弹簧

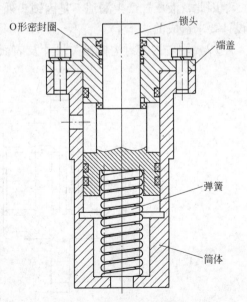

图 6-52 液压缸结构简图

将推动锁头活塞向上运动。至此，该单作用液压缸完成一个工作循环。

该液压油缸在锁头与端盖发生相对滑动时或动作后出现的外泄漏现象。为准确定位故障发生的部位，进行了四组（每组 6 台液压油缸）试验，结果发现：

（1）在该单作用液压缸动作后将液压系统卸载时，发现第一组 5 号及第二组 5 号单作用液压缸端盖锁头上部缝隙处有微量油液渗出。将油液擦掉，30min 后仍有微量油液渗出。

（2）对第三组及第四组液压缸动作试验后，发现第三组 2 号、4 号、5 号和第四组 1 号、6 号液压缸端盖锁头上部缝隙处均有油液渗出。其中，第三组的 5 号出现大量泄漏。将所有泄漏油液擦掉，30min 后仍出现油液渗出现象。

通过以上实验，初步判断泄漏原因主要在液压密封方面，主要是端盖 O 形密封圈（见图 6-52）的密封问题。影响该端盖 O 形密封圈密封状况的因素主要包括锁头外径及其外表面光洁度、端盖内密封沟槽相关尺寸及其表面光洁度、O 形密封圈型号。

6.4.7.2 故障原因分析

下面采用排除法对该液压缸产生漏油现象的可能原因进行分析。

（1）锁头外径及外表面光洁度。锁头外径如果偏小或者锁头表面有毛刺、棱边，均可使单作用液压缸动作时 O 形密封圈无法起到密封作用，导致液压油沿上述缝隙渗出至单作用液压缸锁头外部。经过拆卸后重新测量出现泄漏的 7 件单作用液压缸的锁头外径，发现均未出现尺寸超差现象，并且这 7 件锁头的外表面没有毛刺或棱边等影响其表面光洁度。

因此，液压缸产生漏油不是因锁头外径尺寸加工误差及外表面光洁度不满足设计要求造成的。

（2）端盖内密封沟槽相关尺寸及表面光洁度。如图 6-53 所示，在端盖内对

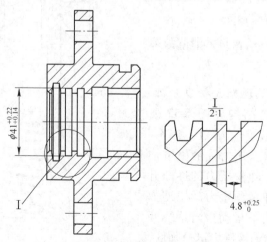

图 6-53 端盖内密封沟槽相关尺寸

密封圈密封作用有影响的沟槽尺寸为内直径 $\phi 41^{+0.22}_{+0.14}$mm 及沟槽宽度 $4.8^{+0.25}_{0}$mm。对拆卸下来的 7 件单作用液压缸端盖进行测量，得出的测量数据见表6-8。

表6-8 7件单作用液压缸端盖的测量数据

要求值	实 测 值						
	1组-5号	2组-5号	3组-2号	3组-4号	3组-5号	4组-1号	4组-6号
$\phi 41^{+0.22}_{+0.14}$	$\phi 41.10$	$\phi 41.10$	$\phi 41.09$	$\phi 41.06$	$\phi 41.43$	$\phi 41.15$	$\phi 41.03$
$4.8^{+0.25}_{0}$	4.85	4.91	4.88	4.85	4.95	4.90	4.80

可以看出，3组5号单作用液压缸端盖加工尺寸严重超差，这与该位置出现大量泄漏现象吻合；其他端盖内密封沟槽内直径加工尺寸也都存在偏大的现象。

在拆卸过程中还发现在密封沟槽中有部分细小沙粒，并且通过拆卸工作状态正常的液压缸端盖也发现其中有部分细小沙粒。

通过对比分析可以得出结论：端盖内密封沟槽内直径加工尺寸偏大是造成液压缸泄漏的一个主要原因，沟槽内表面光洁度也是影响液压缸泄漏的原因之一。

（3）O形密封圈型号及尺寸。在拆卸7件液压缸过程中并未发现有O形密封圈破损的情况。该液压缸端盖内选用密封圈型号为 34.5mm × 3.55mm，查阅《机械设计手册》发现，该型号的密封圈用于活塞杆动密封时所设计的密封沟槽内直径为 39.995 ~ 41.1mm。从以上实测数据可以看出，该沟槽尺寸与所选用O形密封圈型号不匹配。因此，设计中所选用的O形密封圈型号尺寸与沟槽设计尺寸不匹配，是造成液压缸泄漏的主要原因。

6.4.7.3 O形密封圈的计算及选型

从以上分析可以看出，影响该单作用液压缸锁头外泄漏的原因为：

（1）所选用的O形密封圈型号尺寸与沟槽设计尺寸不匹配。

（2）端盖密封沟槽内直径加工尺寸偏大及沟槽内表面存在细小杂质。

从O形密封圈密封机制可知，O形密封圈良好的密封效果很大程度上取决于O形密封圈尺寸与沟槽尺寸的正确匹配，以形成合理的密封圈压缩量与拉伸量。若O形密封圈压缩量过小，就会引起泄漏；压缩量过大，则会导致O形密封圈橡胶应力松弛而引起泄漏。同样，O形密封圈在工作中拉伸过度，会使其截面直径 d 变小，而造成压缩率降低，以致引起泄漏。往复运动O形密封圈装入沟槽内而起预密封作用的示意图如图6-54所示。

液压密封原理中用压缩率 W 和拉伸率 α 来衡量O形密封圈的预密封作用。

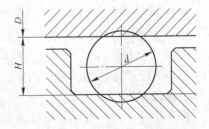

图6-54 O形密封圈预密封作用示意图

压缩率

$$W = \frac{d' - H}{d'} \tag{6-3}$$

式中 d'——O 形密封圈在工作状态下的实际截径；

   H——沟槽深度。

拉伸率

$$\alpha = \frac{D + d}{d_1 + d} - 1 \tag{6-4}$$

式中 D——轴径；

   d——O 形密封圈在拉伸前的初始截径；

   d_1——O 形密封圈的内径。

对于不同形式的密封，O 形密封圈的压缩率及拉伸率选取也不同。针对于单作用油缸锁头处的往复运动密封，国内 O 形密封圈压缩率的选取范围一般是 10%～20%，拉伸率的选取要求是 1.5%～2.0%。拉伸量太大，不但会导致 O 形密封圈安装困难，同时也会因截面直径发生变化而使压缩率降低，以致引起泄漏。拉伸后的 O 形密封圈的实际截径 d' 与拉伸前的初始截径 d 有以下经验公式：

$$d' = \sqrt{\left| \frac{1.35}{100\alpha} - 0.35 \right|} \times d \tag{6-5}$$

所使用的 O 形密封圈型号为 34.5mm × 3.55mm。已知参数 $d = 3.55$mm、$H = 3.11$mm、$D = 34.94$mm、$d_1 = 34.5$mm，根据式（6-3）～式（6-5），可计算在拉伸状态下的压缩率 $W = 3.115\%$、拉伸率 $\alpha = 1.156\%$、拉伸后实际截径 $d' = 3.21$mm。

因此，由于所选型号的 O 形密封圈在拉伸状态下的截径 d' 变小，导致该密封圈在使用过程中的压缩率变小，也即压缩量不能满足往复运动密封的要求，致使该单作用油缸内油液通过 O 形密封圈与密封沟槽之间的间隙缓慢泄漏。

通过查阅相关设计手册，预采用 O 形密封圈 35.5mm × 3.55mm 替换原有密封圈。采用式（6-3）～式（6-5）进行计算，可得到在拉伸状态下的压缩率 $W = 22.25\%$、拉伸率 $\alpha = -1.434\%$、拉伸后实际截径 $d' = 4$mm。

从计算结果可以看出，当采用 35.5mm × 3.55mm 密封圈后的压缩率为 22.25%，比推荐值稍大，理论上可以满足使用要求，但是安装到位后，该密封圈的截径 d' 比初始截径 d 稍大。所以，在安装过程中该密封圈并非处于拉伸状态，而是处于微量压缩状态。因此，安装时要注意防止密封圈被啃伤，避免造成严重的油液泄漏。

综上所述，液压缸端盖处油液泄漏原因主要是所选 O 形密封圈型号尺寸与沟槽设计尺寸不匹配。更改合适的 O 形密封圈型号后，理论上可以解决该单作用液压缸动密封外泄漏的问题。

6.4.7.4 液压缸端盖密封改造

在现场将第三组 5 号液压缸端盖换成加工尺寸合格的端盖，并且将 7 件有漏油现象的液压缸端盖密封沟槽内的杂质清理干净。用 35.5mm×3.55mm O 形密封圈替换原来的 O 形密封圈，在装配完成后进行 100 次液压缸锁头伸缩动作，然后关闭系统，24h 后无任何泄漏现象发生。

然后，将部分液压缸端盖 O 形密封圈再次更换为 34.5mm×3.55mm O 形密封圈，动作液压缸锁头 5 个伸缩循环后油液渗漏故障复现，从而证实该液压缸端盖处油液泄漏的主要原因是所选 O 形密封圈型号与沟槽设计尺寸不匹配。

针对以上故障原因，制定了相应的液压缸端盖改造措施：

（1）对现有的液压缸，清理端盖密封沟槽内的杂质，并重新测量沟槽深度，对不满足设计要求的予以修复处理。

（2）将所有液压缸端盖的动密封更换成型号为 35.5mm×3.55mm 的 O 形密封圈。

采用以上改造措施后，选择 4 组共 24 件单作用液压缸进行了 100 次伸缩动作试验，无任何泄漏现象发生，从而彻底解决了该单作用液压缸动密封外泄漏的故障。

参 考 文 献

[1] 黄志坚. 新型液压元件及装拆维修[M]. 北京：化学工业出版社，2013.

[2] 黄志坚. 看图学液压系统安装调试[M]. 北京：化学工业出版社，2011.

[3] 黄志坚. 液压元件使用与维修150例[M]. 北京：中国电力出版社，2011.

[4] 黄志坚. 液压设备及故障图解分析[M]. 北京：机械工业出版社，2010.

[5] 陆望龙. 实用液压机械故障排除与修理大全[M]. 长沙：湖南科学技术出版社，2006.

[6] 张利平. 液压阀原理、使用与维修[M]. 北京：化学工业出版社，2005.

[7] 徐福玲，陈小明. 液压与气压传动[M]. 北京：机械工业出版社，2005.

[8] 许利君. 液压泵安装及其系统的使用要求[J]. 液压气动与密封，2012(2).

[9] 蔡立新. 影响齿轮泵寿命的因素分析[J]. 新疆农机化，2002(2).

[10] 毕新胜. 双联齿轮泵拆卸注意事项[J]. 新疆农机化，2002(1).

[11] 刘媛丽. TQY系列塔机液压顶升系统故障排除[J]. 工程机械，2008(12).

[12] 陈伟，胡清远，高德雪，等. 某产品液压系统双联齿轮泵的故障分析[J]. 四川兵工学报，2009(6).

[13] 赵应樾，寿明侠. CBG系列齿轮泵的修理[J]. 工程机械维修，2000(10).

[14] 胡艳萍. 1800美吨挤压机1号双联叶片泵损坏原因分析[J]. 江西冶金，2005(1).

[15] 郭文华，王淑芹，谢玉兰. 对YB型叶片油泵维修的探讨[J]. 哈尔滨轴承，2003(1).

[16] 李海波，齐忠华. 现场上限式变量叶片泵的使用及调节[J]. 液压与气动，2003(10).

[17] 周奇阳. 液压泵站压力低故障的分析[J]. 液压与气动，2012(7).

[18] 张魁元，张明伟. 汽车起重机液压泵的修理[J]. 工程机械维修，2005(12).

[19] 张自亮. 全液压更换阳极装置柱塞泵的使用与维修[J]. 液压与气动，2005(9).

[20] 文晓庆，季会群. 恒压变量柱塞泵压力波动分析[J]. 流体传动与控制，2005(4).

[21] 郑开陆. 斜盘式轴向柱塞伺服双联变量泵应用的要点[J]. 液压与气动，2005(9).

[22] 王新民. 液压变量柱塞泵失压故障的排除[J]. 矿山机械，2004(4).

[23] 戴金山，邢帮学. 柱塞泵的快速修复[J]. 建筑机械，2005(1).

[24] 张勤，智强. 闭式液压系统液压泵的零位调整[J]. 液压气动与密封，2010(6).

[25] 欧阳林子，黄立峰，陈仰贤. 径向柱塞泵的故障及诊断方法研究[J]. 甘肃科学学报，2003(1).

[26] 杨永军，王建杰，缪兵. 单向阀造成的液压泵吸空故障[J]. 设备管理与维修，2004(2).

[27] 杨庆山，杨永刚. 单向阀的研磨和压修[J]. 工程机械维修，2001(2).

[28] 吴乐兵. 液控单向阀的平衡回路系统故障与改进[J]. 淮南职业技术学院学报，2004(1).

[29] 田振君，张乃强，廉博. 卸卷小车液压系统故障分析与处理[J]. 液压与气动，2012(6).

[30] 王长华，程汉新，陈卫平. 带阻尼调节器的电液换向阀的巧用[J]. 液压与气动，2003(1).

[31] 周志强. 减少液控换向阀换向冲击的方法[J]. 重型机械，2005(5).

[32] 陈伦军. 电液换向阀引出的系统故障[J]. 液压与气动, 2000(3).

[33] 马英学. 先导溢流阀故障排除一例[J]. 设备维修与管理, 2004(6).

[34] 徐家祥, 温跃清. 溢流阀的选用与故障诊断[J]. 起重运输机械, 2011(1).

[35] 许勇军, 何帮贵. 溢流阀调压失灵故障浅析[J]. 科学时代, 2011(11).

[36] 贺培峰. 运用逻辑逼近法诊断液压设备故障[J]. 港口装卸, 2006(4).

[37] 岳丽敏, 张思婉. 浅析减压回路使用时的注意事项[J]. 郑州铁路职业技术学院学报, 2011(1).

[38] 展如新, 孟俊焕. 压力控制阀的修理[J]. 农机使用与维修, 2005(4).

[39] 王剑华. 针对三种压力阀的比较研究[J]. 液压与气动, 2003(12).

[40] 刘忠伟. 顺序阀的典型应用[J]. 通用机械, 2004(11).

[41] 王伟. 使用调速阀应注意的问题[J]. 机床与液压, 2004(5).

[42] 徐长寿, 鲁春艳. 叠加阀的新技术在组合机床上的应用[J]. 机床与液压, 2010(24).

[43] 张剑慈, 杨世锡. 立式液压机械的故障分析与改进措施[J]. 机床与液压, 2004(5).

[44] 史纪定. 二通插装阀故障分析与排除[J]. 液压气动与密封, 2003(3).

[45] 钱欣, 季宏斌, 钱鹏. 二通插装阀的工作原理与故障排除[J]. 中国棉花加工, 2004(3).

[46] 徐灵. 连轧棒材线冷床区液压系统的改进及故障排除[J]. 冶金设备, 2004(5).

[47] 姚世珍. 插装阀式电磁溢流阀故障的分析及解决[J]. 液压与气动, 2004(7).

[48] 杨振国, 张鉴, 陈伟庆, 等. 大型火电机组电液伺服阀的失效分析与预防[J]. 华东电力, 2002(3).

[49] 王瑞, 段立霞. 电液伺服阀故障分析及维护措施[J]. 安阳大学学报, 2003(2).

[50] 薛曙明, 蒋学英. MOOGE760Y 电液伺服阀在冷轧机中的应用与维护[J]. 铝加工, 2004(2).

[51] 张小洁. 电液伺服阀高频自激振荡问题的研究及解决方案[J]. 战术导弹控制技术, 2003(4).

[52] 卢立新. 舵机电液伺服系统零偏、零漂分析[J]. 机电设备, 2005(2).

[53] 周维纲. 电液伺服阀的保养及零位校准[J]. 精密制造与自动化, 2007(4).

[54] 杨耕新. 基于电液比例技术的内河船舶液压舵机改造[J]. 江苏船舶, 2010(2).

[55] 马俊功, 王世富, 王占林. 用电液比例阀改造液压油缸试验台[J]. 机械, 2006(2).

[56] 曹华锋. 天生桥一级水电厂机组调速器系统溜负荷原因分析[J]. 红水河, 2004(2).

[57] 秦海兵, 于开伟, 赖国辉, 等. D500-12 型煤气鼓风机调速液控系统故障分析与处理[J]. 冶金动力, 2004(5).

[58] 刘会永, 刘宗宏, 牟东, 纪长林. 压力补偿器在液压系统中的应用[J]. 煤矿机械, 2010(6).

[59] 王厚岩. B690 液压刨床滑枕爬行故障处理[J]. 冶金设备管理与维修, 2012(3).

[60] 郝立华, 孟政. 液压缸的安装、调整、维护与常见故障分析[J]. 中国科技纵横, 2012(16).

[61] 段江忠. 登高平台消防车伸缩臂液压缸回缩故障分析及解决方法[J]. 起重运输机械, 2004(12).

[62] 王秀贞，王振山，胡伟，等. 钢包回转台举升液压缸的故障分析及设计改进[J]. 液压与气动，2004(12).

[63] 刘斌. 支腿液压缸工作过程中回缩现象分析[J]. 工程机械，2008(11).

[64] 靳玉川. WBY2300路拌机工作马达的修复[J]. 工程机械与维修，2001(10).

[65] 张俊亮，杨青玉. 液压马达柱塞压盘的自制[J]. 水泥，2003(6).

[66] 倪少龙. 进口液压马达的修复[J]. 中国设备工程，2005(4).

[67] 郑庆功，刘永生. 某船液压起货机油马达故障的排除[J]. 世界海运，2007(2).

[68] 盛小明，胡学武. 气囊式蓄能器装配与测试工艺研究[J]. 新技术新工艺，2006(1).

[69] 李长志. 一种蓄能器监测充氮装置[J]. 设备管理与维修，2003(12).

[70] 马保印. 制动系统活塞式蓄能器的故障分析及排除[J]. 陕西水利，2008(S3).

[71] 程素萍. 过滤器的选择[J]. 机械管理开发，2003(3).

[72] 侯龙，毛明华. 如何鉴别过滤器滤芯质量优劣[J]. 液压与气动，2002(8).

[73] 王建永，汤慧萍. 影响液压滤芯寿命的因素[J]. 过滤与分离，2004(4).

[74] 王同庆. 液压过滤器的选择与设计[J]. 过滤与分离，2002(2).

[75] 陈永朝，马素萍，秦洪冰. 高炉液压系统中油液污染的危害及防治[J]. 机床与液压，2010(10).

[76] 卢黎明. "O"形密封圈压缩率的应用分析[J]. 中国设备工程，2003(4).

[77] 韩光成，魏刚，谯宗田，张永强. 插装阀在中板轧机液压平衡系统的应用与维护[J]. 甘肃冶金，2013(1).

[78] 肖世耀. 比例阀的维修方法[J]. 工程机械与维修，2010(2).

[79] 王秀君，李永奇，范华志，张孝元. 液压缸气爆故障的分析与消除[J]. 工程机械，2013(2).

[80] 杨友生. MDEL900搬运机起升机构马达故障分析[J]. 港口装卸，2012(4).

[81] 贾明. 液压缸密封件装配的一种方法[J]. 设备管理与维修，2009(2).

[82] 蒋玲玲，张凯. 某型单作用液压缸动密封外泄漏故障分析与排除[J]. 润滑与密封，2013(4).